U0441257

高等职业教育“十三五”新形态规划教材

计算机文化基础

主　编　康　华　陈少敏
副主编　张　捷　郑思思　刘苗苗

北京理工大学出版社
BEIJING INSTITUTE OF TECHNOLOGY PRESS

内容提要

本教材是一本介绍计算机基础知识和应用的教材，系统地对计算机基础知识、操作系统软件、文字处理软件、表格制作软件、幻灯片制作软件等各种计算机应用技术进行了讲解。全书采用实例操作引导的方式，循序渐进，从基本的概念切入，讲述计算机发展的历史、计算机硬件的组成结构、数制与编码、Windows 7 操作系统的基本操作方法；讲解 Word 2010、Excel 2010、PowerPoint 2010 的应用和操作技能；介绍数据通信、计算机网络、互联网的基础知识。本书最大的特点是根据实例操作逐步讲解，并附有大量的演示图例，将操作技能完整地展现出来。本教材每个项目后均有习题，便于学生迅速提高计算机应用知识。

本书适合作为高职院校计算机应用基础类课程的教材使用，也可供计算机爱好者的入门参考。

图书在版编目（CIP）数据

计算机文化基础 / 康华，陈少敏主编 .—北京：北京理工大学出版社，2018.7
ISBN 978 - 7 - 5682 - 5967 - 5

Ⅰ.①计…　Ⅱ.①康… ②陈…　Ⅲ.①电子计算机 - 基本知识　Ⅳ.①TP3

中国版本图书馆 CIP 数据核字（2018）第 163546 号

出版发行 / 北京理工大学出版社有限责任公司
社　　址 / 北京市海淀区中关村南大街 5 号
邮　　编 / 100081
电　　话 /（010）68914775（总编室）
（010）82562903（教材售后服务热线）
（010）68948351（其他图书服务热线）
网　　址 / http：//www. bitpress. com. cn
经　　销 / 全国各地新华书店
印　　刷 / 北京高岭印刷有限公司
开　　本 / 787 毫米 × 1092 毫米　1/16
印　　张 / 14
字　　数 / 320 千字
版　　次 / 2018 年 7 月第 1 版　2018 年 7 月第 1 次印刷
定　　价 / 39. 80 元

责任编辑 / 李志敏
文案编辑 / 李志敏
责任校对 / 周瑞红
责任印制 / 施胜娟

前言

信息时代背景下的高职教育蓬勃发展，高职课程改革工作也日新月异。为寻求突破，我们编写了《计算机文化基础》，旨在针对传统教学中的重点知识进行讲授，紧紧抓住学生的知识结构、认知特征，将知识点项目化，将枯燥的讲授变为生动的体验。

本教材选择了贴近学生现实生活的情景引入项目，将单一、枯燥的知识点贯穿于趣味性强的项目情景之中，使知识点巧妙地融合于项目中，使学生了解知识点的实用领域，从而融会贯通。

本书共分为 6 个章节，涵盖了计算机基础、Windows 7 操作系统、Office 2010 办公软件及计算机网络基础等知识。

第一章介绍计算机基础知识，包括计算机的发展历史、计算机的特点、二进制与字符编码、计算机系统的组成等。

第二章介绍 Windows 7 操作系统的使用，包括资源管理器、账户管理、控制面板等基本知识。

第三章介绍 Word 2010 的使用，包括页面设置、表格绘制、图文混排、页眉和页脚等文字处理的基本操作。

第四章介绍 Excel 2010 的使用，包括编辑数据、设置表格格式、公式与函数、数据管理、图表操作、数据透视表和数据透视图等基本知识。

第五章介绍 PowerPoint 2010 的使用，包括演示文稿的创建、放映效果的设置等一些基本操作技能。

第六章介绍计算机网络基础知识，包括网络的组成、互连设备、因特网接入方式、TCP/IP 协议、C/S 与 B/S 结构等知识。

本书由唐山科技职业技术学院康华及陈少敏担任主编，唐山科技职业技术学院的张捷、郑思思及东北石油大学秦皇岛分校刘苗苗担任副主编。本书第 1 章和第 2 章由陈少敏编写，第 3 章由郑思思编写，第 4 章和第 5 章由康华编写。第 6 章由张捷和东北石油大学秦皇岛分校刘苗苗编写。全书由康华统稿，陈少敏负责审定。

由于时间仓促，加之编者水平有限，书中难免有错误和不足之处，敬请广大读者批评指正。

编者

2018 年 3 月

目录 Contents

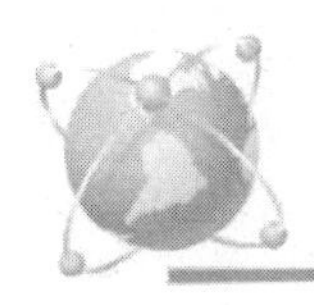

项目1 计算机基础知识

1.1 计算机的发展与展望

任务1 计算机是如何诞生的

计算机的产生和发展

一、任务描述

本任务讲述第一台电子计算机是如何诞生的。

二、相关知识与技能

概括地说，计算机就是用来计算的机器。从早期的手动计算到机械自动计算再到电动计算，人类对计算工具一直不懈地努力追求，直到研制出世界上第一台计算机 ENIAC。计算机的高速发展推动了人类社会的进步，并对人类生活产生了极其重要的影响。

世界上第一台全自动电子计算机 ENIAC（Electronic Numerical Intergrator And Calculator，电子数字积分计算机）如图 1－1 所示。

图 1－1 世界上第一台电子计算机 ENIAC

三、知识拓展

1945 年底，世界上第一台使用电子管制造的电子数字计算机在美国宾夕法尼亚大学莫尔电机学院被成功研制，人们于 1946 年 2 月 15 日举行了计算机的正式揭幕典礼。ENIAC 是一个庞然大物。这台电子数字计算机重 27 t，占地约为 167 m^2，并由 17 468 个电子管组成，功率为 150 kW。它每秒能进行加法运算 5 000 次，乘法运算 500 次。这比当时已有的计算装置要快 1 000 倍。

ENIAC 的出现奠定了电子数字计算机的发展基础，并宣告了一个新的时代的开始，揭开了电子计算机的发展和应用的序幕。

四、探索与练习

（1）世界上第一台使用电子管制造的电子数字计算机是在哪里研制的？

（2）ENIAC 诞生的背景是什么？

任务2 计算机的发展历程

一、任务描述

本任务讲述计算机在各个时期的发展情况及在各个时期所采用的主要电子元器件。

二、相关知识与技能

虽然 ENIAC 在功能上比不上现在最普通的一台微型计算机，且体积庞大、运算速度慢、耗电惊人、存储容量小，但在当时它的运算速度已经是最快的了，并且其运算精度和准度也是相当高的。

从 ENIAC 诞生至今，计算机以前所未有的速度飞速发展。人们通常习惯将计算机的发展历程分为“代”，然而对于“代”的划分并没有统一标准。在推动计算机发展的众多因素中，电子元器件的发展起着决定性的作用。计算机的主要元器件从电子管发展到晶体管、集成电路、大规模集成电路、超大规模集成电路。这使得计算机的体积减小，运算速度加快，耗电量大大减少。

三、知识拓展

按照主要元器件的发展阶段来划分，电子计算机的发展历程可划分为 4 代。

（1）第一代：电子管计算机（1946—1958 年）。

1946 年 2 月 15 日，ENIAC 的诞生是计算机发展史上的里程碑。1949 年，第一台存储程序计算机——EDSAC 在剑桥大学投入运行。ENIAC 和 EDSAC 均属于第一代电子管计算机。

第一代电子计算机采用电子管作为计算机的逻辑组件，并且内存储器采用水银延迟线或者磁芯，外存储器使用纸带、卡片或磁带。因为其受电子器件的限制，所以运算速度仅能达到每秒几千次，且内存容量也只有几千字节。当时的计算机软件也处于发展初期，并且仅使用机器语言作为便携程序，直到 20 世纪 50 年代末才出现了汇编语言。

第一代计算机体积庞大、造价极高且故障率较高，因此当时仅应用于科学研究和军事研究领域。

（2）第二代：晶体管计算机（1958—1964 年）。

1957 年，晶体管在计算机中使用。美国成功研制了全部使用晶体管的计算机，于是第二代计算机诞生了。

第二代计算机采用晶体管作为计算机的逻辑组件。其内存储器采用磁芯，且外存储器有磁盘、磁带等。其运算速度也有很大的提高，即扩大到每秒几十万次。在程序设计方面，影响最大的是 FORTRAN 语言，随后又出现了 COBOL、ALGOL 等高级语言。

与第一代计算机相比，由于晶体管的制造技术完全成熟，并已逐渐取代电子管，且晶体管体积小、重量轻、成本低、速度快、功耗小，因此以晶体管为主要器件的第二代计算机已成功应用于大学、军事和商用部门，并用于数据处理和事务处理。

（3）第三代：集成电路计算机（1964—1971 年）。

1958 年德州仪器的工程师 Jack Kilby 发明了集成电路（IC），并将三种电子元件结合到一片小小的硅片上，以使更多的元件被集成到单一的半导体芯片上。1962 年 1 月，IBM 公司开始采用双极型集成电路。

第三代计算机采用小规模集成电路 SSI（Small Scale Integration）和中规模集成电路 MSI（Middle Scale Integration）。内存储器采用半导体存储器，且外存储器使用磁带或者磁盘。其运算速度可达几十万到几百万次每秒。在程序设计技术方面，其也有很大的发展，并形成了三个独立的系统：操作系统、编译系统和应用程序。

由于存储器进一步发展且集成电路计算机的体积更小、重量更轻，因此其价格更低，计算机也开始广泛地应用于各个领域。

（4）第四代：大规模集成电路计算机（1971 年至今）。

第四代计算机的逻辑器件采用大规模集成电路 LSI（Large Scale Integration）和超大规模集成电路 VLSI（Very Large Scale Integration）。大规模集成电路可以在一个芯片上容纳几百个元件，而超大规模集成电路可以在一个芯片上容纳几十万个元件。在一个仅有硬币大小的芯片上容纳如此数量的元件，使得计算机的体积不断减小、价格不断下降，且其功能和可靠性不断加强。计算机的运行速度可以达到几千亿次到十万亿次每秒。

由于计算机的操作系统向虚拟操作系统发展，且应用软件已成为现代工业的一部分，因此计算机的发展进入以计算机网络为特征的时代。

四、探索与练习

（1）从第一台计算机诞生到现在，计算机的发展经历了哪几个阶段？

（2）简述计算机的发展过程。

（3）简述计算机的设计原理。

（4）目前微型计算机中的逻辑元件是什么？

任务 3　计算机的发展趋势

一、任务描述

本任务通过回顾过去和现在计算机技术的发展，展望未来新型计算机的发展方向。

二、相关知识与技能

随着科技的进步以及计算机技术、网络技术的飞速发展，计算机的发展又进入了一个崭新的时代。科学家们一直在努力探索新的计算机材料和计算机技术，以便能研究出更快、更好、功能更强的计算机。

三、知识拓展

目前，集成电路的计算机在短期内还不会退出历史舞台，而一些新型的计算机正在研究中。随着新的元器件及其技术的发展，新型的超导计算机、光子计算机、量子计算机、生物计算机、纳米计算机，将会在 21 世纪走进人们的生活，并遍布各个领域。

1. 超导计算机

超导计算机是使用超导体元器件的高速计算机。1962 年，英国物理学家约瑟夫逊提出了“超导隧道效应”理论，即由超导体—绝缘体—超导体组成器件，并在两端加电压，那么电子会像通过隧道一样无阻挡地从绝缘介质中穿过去，并形成微小电流。与传统的半导体计算机相比，使用约瑟夫逊器件的超导体计算机的耗电量仅为其千分之一，并且执行一条指令所需的时间也要快百分之一。

2. 光子计算机

光子计算机即全光数字计算机。与传统硅芯片计算机不同，光子计算机用光束代替电子进行运算和存储。与电子计算机相比，光子计算机的“无导线计算机”信息传递平行通道的密度极大。例如，一枚直径5分硬币大小的棱镜，它的通过能力超过全世界现有电话电缆的许多倍。科学家们预计，光子计算机的进一步研制将成为21世纪的高科技课题之一。

3. 量子计算机

量子计算机利用粒子的量子力学效应，例如光子的极化、原子的自旋等，来表示0和1以进行存储和计算。量子元件的使用将可使计算机的工作速度提高1 000倍，而功耗减少至1/1 000。专家乐观估计，量子计算机将在2016年至2026年间进入商业化阶段。

4. 生物计算机

生物计算机把生物工程技术产生的蛋白质分子作为原材料制成生物芯片，并以波的形式传送信息。其传送速度比现代计算机提高了上百万倍，且能量消耗极小，因此更易于模仿人脑的功能。生物计算机被称为继超大规模集成电路后的第五代计算机。

5. 纳米计算机

纳米计算机的基本元器件尺寸只有几纳米到几十纳米（1 μm = 1 000 nm）。在现代大规模集成电路中，元器件的尺寸约为0. 35 μm。只有研究人员另辟蹊跷，才能突破0. 1 μm界，并实现纳米级器件。

四、探索与练习

（1）思考、探讨一下未来计算机在我们的工作和生活中会有哪些应用？

（2）思考一下在未来十年，计算机将怎样与你亲密接触？

（3）在新技术兴起的今天，信息技术的发展将会有什么新的变化呢？

1. 2 计算机的特点及应用

任务4 计算机的特点

计算机的特点及应用

一、任务描述

本任务描述计算机所具有的其他工具无可比拟的特点。

二、相关知识与技能

计算机之所以能被广泛地应用到人类社会的各个领域，与它自身所具有的特点是分不开的。

三、知识拓展

计算机的主要特点表现在以下5个方面。

1. 运算速度快

运算速度是指计算机每秒所执行指令的数目。随着新技术的发展，计算机的运算速度在不断地提高。目前，我国已经研制出每秒钟可计算万亿次的巨型机。

2. 计算精度高

计算机采用二进制进行编码，且数的精度是由这个数的二进制码的位数决定的。位数越多，则精度就越高。目前，计算机的有效数字已经有几十位，其精度也可达到上亿位。

3. 具有超强的记忆能力和可靠的逻辑判断能力

计算机主要通过存储器来记忆大量的计算机程序和信息。各种文字、图形、声音等同时被转换成计算机能够存储的数据形式，并存储起来，以供以后使用。

计算机的逻辑判断功能是指计算机不仅能够进行算术运算，还能进行逻辑判断，从而能够实现工作的自动化，并模仿人的某些智能活动。

4. 高度自动化且支持人机交互

人们只需要将事先编好的程序输入计算机中。当人发出指令时，计算机便在该程序的控制下自动执行程序中的指令，从而完成指定的任务。当人要干预时，又可实现人机交互。

5. 通用性强

计算机可应用于不同的场合，并且只需执行相应的程序即可完成不同的工作。

四、探索与练习

（1）计算机之所以能被广泛地应用，是因为它具有哪些其他工具所无可比拟的特点？

（2）计算机所具有的超强的记忆能力和可靠的逻辑判断能力体现在哪里？

任务5　计算机的应用领域

一、任务描述

本任务论述现代社会中计算机的各个应用领域。

二、相关知识与技能

在现代社会中，计算机被广泛地应用到许多领域和场合中。

三、知识拓展

近年来，计算机技术得到了飞速发展，并且超级并行计算机技术、高速网络技术、多媒体技术、人工智能技术等相互渗透。这改变了人们使用计算机的方式，从而使计算机几乎渗透到人类生产和生活的各个领域，也对工业和农业有极其重要的影响。计算机的应用领域已渗透到社会的各行各业，并正在改变着传统的工作、学习和生活方式，从而推动着社会的发展。计算机的主要应用领域有以下 8 大方面。

1. 科学计算

在早期，科学计算是计算机的主要应用领域。对于一些复杂的数学问题、计算量大且精度要求高的问题，人工无法解决，但利用计算机可以解决，并达到人工计算无法达到的精度。计算机在处理计算量大、时间性强的数值计算中表现出巨大威力。

2. 数据和信息处理

计算机数据处理包括数据采集、数据转换、数据组织、数据计算、数据存储、数据检索和数据排序等方面。信息处理的特点是：数据量大但不涉及复杂的数学运算，有大量的逻辑判断和输入输出，时间性较强，传输和处理的信息可以包括文字、图形、声音、图像等。

目前，数据处理已广泛地应用于办公自动化、企事业计算机辅助管理与决策、情报检索、图书管理、电影电视动画设计、会计电算化等行业。

3. 计算机辅助系统

（1）计算机辅助设计。

计算机辅助设计（Computer Aided Design，简称 CAD），是利用计算机系统辅助设计人员进行工程或产品设计，以实现最佳设计效果的一种技术。它已广泛地应用于飞机、汽车、机械、电子、建筑和轻工等领域。

（2）计算机辅助制造。

计算机辅助制造（Computer Aided Manufacturing，简称 CAM），是利用计算机系统进行生产设备的管理、控制和操作。例如，在产品的制造过程中，用计算机控制机器的运行，处理生产过程中所需的数据，控制和处理材料的流动以及对产品进行检测等。

（3）计算机辅助教学。

计算机辅助教学（Computer Aided Instruction，简称 CAI），是利用计算机系统并使用课件来进行教学。课件可以用高级语言来开发制作，并且它能引导学生循序渐进地学习，以使学生轻松自如地从课件中学到所需要的知识。CAI 的主要特色是交互教育、个别指导和因人施教。

4. 过程控制

在生产过程中，计算机对现场数据进行巡回检测，并由计算机按某种标准或最佳值进行自动调节和控制，称为计算机过程控制。它已在机械、冶金、石油、化工、纺织、水电、航天等领域或部门得到广泛的应用。

5. 人工智能

人工智能（Artificial Intelligence）是计算机模拟人类的智能活动，其包括：模式识别、景物分析、自然语言理解和生成、专家系统、机器人等。例如，目前已有能模拟高水平医学专家进行疾病诊疗的专家系统、具有一定思维能力的智能机器人等。

6. 电子商务

通过计算机和网络进行的商务活动，称为电子商务。电子商务是在 Internet 的广阔联系与传统信息技术系统的丰富资源相互结合的背景下应运而生的动态商务活动。世界各地的很多公司现在都已经开始使用 Internet 进行交易。

7. 计算机网络

计算机网络是计算机技术与现代通信技术相结合所构成的。计算机网络的建立不仅解决了一个单位、一个地区、一个国家的计算机与计算机之间的通信，各种软、硬件资源的共享，还大大促进了国际间的文字、图像、视频和声音等各类数据的传输与处理。

8. 多媒体技术

多媒体技术就是有声有色的信息处理与利用技术；多媒体技术就是对文本、声音、图像和图形进行处理、传输、储存和播发的集成技术。多媒体技术的应用领域非常广泛，并成功地塑造了一个绚丽多彩的多媒体世界。

计算机的应用已经成为人类大脑进行思维的延伸，并且成为人类进行现代化生产和生活的重要工具。

四、探索与练习

(1) 简述计算机的应用领域。

(2) 在现代社会中，计算机今后还会在哪些领域中广泛应用？

(3) 多媒体技术的应用有哪些？(写出4个以上)

(4) 什么叫计算机网络？计算机网络的功能主要有哪些？

(5) 网络按传输距离来分可以分为哪三种？

1.3 计算机中的数制和编码

任务6 计算机中数据的表示

一、任务描述

本任务讲述计算机中常用的几种数据单位，并介绍数据在计算机系统中的表示方式。

二、相关知识与技能

数据是指能被计算机接收和处理的符号集合。在计算机中，所有被处理的数据可以分为数值型数据和非数值型数据。例如字母、图像、声音和视频等数据，就属于非数值型数据。这两类数据在计算机中都是以二进制方式存储的。

三、知识拓展

计算机内部存储和处理的数据都是采用二进制表示的。下面介绍位、字节、字长的相关概念。

1. 位

位（bit），也称为比特，常用小写字母“b”表示。位是计算机存储设备的最小单位。一个二进制位只能表示两种状态，即用0或者1来表示一个二进制数位。

2. 字节

一个字节（Byte）由8位二进制数构成，常用大写字母“B”表示。字节是最基本的数据单位。在计算机内部，数据传送也是以字节为单位进行的。

常用的字节单位有KB、MB、GB、TB和PB，其相互之间的换算关系如下：

1 KB = 2^{10} B = 1 024 B；　　1 MB = 2^{10} KB = 1 024 KB；

1 GB = 2^{10} MB = 1 024 MB；　　1 TB = 2^{10} GB = 1 024 GB；

1 PB = 2^{10} TB = 1 024 TB。

3. 字长

字长（Word）是指CPU在单位时间内一次处理的二进制位数的多少。对于计算机硬件来讲，字长与数据总线的数目相对应。不同的计算机，其字长是不同的，常用的字长有8位、16位、32位和64位。字长是衡量计算机性能的一个重要标志。字长越长，则计算机的性能越好。

注意：这些数据单位之间的进制并不是1 000，而是1 024，即2的10次方。

四、探索与练习

（1）简述位、字节及字长的含义。

（2）哪些数据属于非数值型数据？

（3）在计算机内部，存储和处理的数据是怎样表示的？

任务7 数制及其特点

一、任务描述

本任务讲述数制的基本概念及数制的特点

二、相关知识与技能

数制也称计数制，是指用一组固定的符号和统一的规则来表示数值的方法。若按进位的方法进行计数，则称为进位计数制。计算机系统其实就是一种信息处理系统，计算机以二进制的形式进行信息的存储和处理。在计算机中，采用二进制是由计算机电路所使用的元器件的性质决定的。在计算机中采用了具有两个稳态的二值电路，且二值电路只能表示两个数码：0 和 1。低电位表示数码 0；高电位表示数码 1。

三、知识拓展

常用的数制有十进制、二进制、八进制和十六进制。一种进位计数制包含一组数码符号和三个基本因素：基数、数位、位权。

（1）数码：一组用来表示某种数制的符号。例如，二进制的数码符号是 0、1，八进制的数码符号是 0、1、2、3、4、5、6、7。

（2）基数：指该进制中允许选用的基本数码的个数。

十进制有 10 个数码符号：0、1、2，…、9；

二进制有 2 个数码符号：0、1；

八进制有 8 个数码符号：0、1、2、…、7；

十六进制有 16 个数码符号：0、1、2、…、9、A、B、C、D、E、F （其中 A－F 对应十进制的 10～15）。

（3）数位：一个数中的每一个数字所处的位置称为数位。

（4）位权：在某种进位计数制中，每个数位上的数码所代表的数值的大小，等于这个数位上的数码乘上一个固定的数值，那么这个固定的数值就是这种进位计数制中的该数位上的位权。

1. 十进制数

十进制计数（D）简称十进制。十进制数具有以下特点：

（1）具有 10 个不同的数码符号，分别为 0～9。

（2）每个数码符号根据它在这个数中的数位，按照“逢十进一”来决定其实际数值。十进制的位权是 10 的整数次幂。例如，十进制数 348.52 可表示为：

$$(348.52)_{10} = 3 \times 10^2 + 4 \times 10^1 + 8 \times 10^0 + 5 \times 10^{-1} + 2 \times 10^{-2}$$

2. 二进制数

二进制计数（B）简称二进制。二进制数具有以下特点：

（1）有 2 个不同的数码符号，分别为 0 和 1。

（2）每个数码符号根据它在这个数中的数位，按照“逢二进一”来决定其实际数值。二进制数的位权是 2 的整数次幂。例如，二进制数 11010.11 可表示为：

$$(11010.11)_2 = 1\times2^4 + 1\times2^3 + 0\times2^2 + 1\times2^1 + 0\times2^0 + 1\times2^{-1} + 1\times2^{-2}$$

二进制的优点是：运算简单，物理实现容易，存储和传送方便，可靠。

因为在二进制中只有 0 和 1 两个数字符号，并可以用电子器件的两种不同状态来表示一位二进制数，例如，可以用晶体管的截止和导通分别表示 1 和 0，或者用电平的高和低分别表示 1 和 0 等，所以数字系统普遍采用二进制。

二进制的缺点是：数的位数太长且字符单调，并且书写、记忆和阅读不方便。为了克服二进制的缺点，人们在进行指令书写、程序输入和输出等工作时，通常采用八进制数和十六进制数作为二进制数的缩写。

3. 八进制数

八进制计数（O 或 Q）简称八进制。八进制数具有以下特点：

（1）有 8 个不同的数码符号，分别为 0 ~ 7。

（2）每个数码符号根据它在这个数中的数位，按照“逢八进一”来决定其实际数值。八进制数的位权是 8 的整数次幂。例如，八进制数 123.45 可表示为：

$$(123.45)_8 = 1\times8^2 + 2\times8^1 + 3\times8^0 + 4\times8^{-1} + 5\times8^{-2}$$

4. 十六进制数

十六进制计数（H）简称十六进制。十六进制数具有以下特点：

（1）有 16 个不同的数码符号，分别为 0 ~ 9、A ~ F。由于十六进制数只有 0 ~ 9 这 10 个字符，因此 16 进制还要用其他的字母共计 16 个数字、符号，以便“逢十六进一”。

（2）每个数码符号根据它在这个数中的数位，按照“逢十六进一”来决定其实际数值。十六进制数的位权是 16 的整数次幂。例如：十六进制数 3AB.48 可表示为：

$$(3AB.48)_{16} = 3\times16^2 + 10\times16^1 + 11\times16^0 + 4\times16^{-1} + 8\times16^{-2}$$

各种数制的特点如表 1－1 所示。

表 1－1　计算机中常用的几种计数制

计数制	二进制	八进制	十进制	十六进制
规则	逢二进一	逢八进一	逢十进一	逢十六进一
基数	$r=2$	$r=8$	$r=10$	$r=16$
数码	0、1	0、1、2、…、7	0、1、…、9	0、1、…、9、A、B、C、D、E、F
位权	2^i	8^i	10^i	16^i
表示形式	B	O	D	H

四、探索与练习

（1）$(345)_8 = (\quad\quad)_{10}$

（2）$(13.25)_{10} = (\quad\quad)_2$

（3）$(1\,101.01)_2 = (\quad\quad)_{10}$

（4）$(B5.9)_{16} = (\quad\quad)_2$

(5) $(AB)_{16}=(\quad)_2$

任务8 二进制的运算

一、任务描述

本任务讲述二进制数的算术运算和逻辑运算

二、相关知识与技能

在计算机中，采用由“0”和“1”这两个基本符号所组成的二进制数。“1”和“0”正好与逻辑命题的“是”和“否”或“真”和“假”相对应，其为计算机实现逻辑运算和程序中的逻辑判断提供了便利的条件。

三、知识拓展

1. 二进制算术运算

二进制算术运算与十进制算术运算类似，并且同样可以进行四则运算，且其操作简单、直观，更容易实现。

二进制求和法则如下：

$$0+0=0;$$
$$0+1=1;$$
$$1+0=1;$$
$$1+1=10\text{（逢二进一）。}$$

二进制求差法则如下：

$$0-0=0;$$
$$1-0=1;$$
$$0-1=1\text{（借一当二）;}$$
$$1-1=0\text{。}$$

二进制求积法则如下：

$$0\times0=0;$$
$$0\times1=0;$$
$$1\times0=0;$$
$$1\times1=1\text{。}$$

二进制求商法则如下：

$$0\div0=0;$$
$$0\div1=0;$$
$$1\div0\text{（无意义）;}$$
$$1\div1=1\text{。}$$

在进行两数相加时，应先写出被加数和加数，然后按照由低位到高位的顺序，根据二进制求和法则，把两个数逐位相加即可。

【例1-1】 求1001101+10010=？

解： 1001101
  +)   10010
  =1011111

答：1001101+10010=1011111。

【例1-2】 求1001101-10010=？

解： 1001101
  -)   10010
  =0111011

答：1001101-10010=0111011。

2. 二进制逻辑运算

计算机的逻辑运算和算术运算的主要区别是：逻辑运算是按位进行的，并且位与位之间不像加减运算那样有进位与借位的联系。

逻辑运算主要包括三种基本运算：逻辑加法（又称“或”运算）、逻辑乘法（又称“与”运算）和逻辑否定（又称“非”运算）。此外，“异或”运算也很有用。

（1）逻辑“与”。

例如：$0 \wedge 0=0$，$0 \wedge 1=0$，$1 \wedge 0=0$，$1 \wedge 1=1$。

逻辑“与”的符号在不同软件中用不同的符号表示，例如AND、∧等。

（2）逻辑“或”。

例如：$0 \vee 0=0$，$0 \vee 1=1$，$1 \vee 0=1$，$1 \vee 1=1$。

“或”运算通常用符号OR、∨等来表示。

（3）逻辑“非”。

例如：!0=1，!1=0。

对某二进制数进行“非”运算，实际上就是对它的各位按位求反。

四、探索与练习

（1）在计算机内，为什么采用二进制数表示信息？

（2）几位二进制数对应一位十六进制数？

（3）什么是指令？计算机的指令由哪两部分组成？

任务9 不同数制间的相互转换

一、任务描述

本任务讲解各个数制之间的相互转换关系

二、相关知识与技能

在计算机内部，数是以二进制表示的，而人们习惯上使用的是十进制数。计算机从外界接收到十进制数后，要经过翻译，把十进制数转换为二进制数才能对其进行处理。在计算机运行结束后，它再把二进制数换算为人们习惯使用的十进制数输出。虽然，这个过程是由计算机自动完成的，但是对程序员来说，有时需要把十进制数转换为二进制数、把十六进制数或八进制数、把十六进制数转换为十进制数等。

三、知识拓展

使用计算机的人每时每刻都在与数打交道。将数由一种数制转换成另一种数制，称为数制间的转换。下面我们就来看看数制间是如何进行转换的。

1. 十进制数转换成 R 进制数

十进制数转换为 R 进制数分为整数部分的转换和小数部分的转换。

(1) 十进制整数转换成 R 进制整数。

十进制转换为二进制

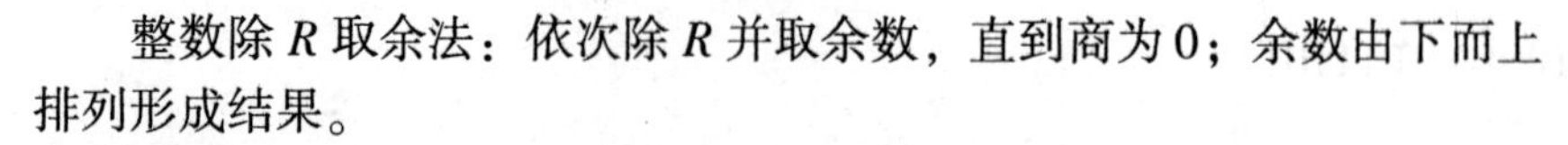

整数除 R 取余法：依次除 R 并取余数，直到商为0；余数由下而上排列形成结果。

【例1-3】　将十进制整数49转换为二进制整数。

解：

2|49　，余数＝1；　(二进制整数的最低位)
2|24　，余数＝0；
2|12　，余数＝0；
2|6　，余数＝0；
2|3　，余数＝1；
2|1　，余数＝1；　(二进制整数的最高位)
0

答：$(49)_{10} = (110001)_2$。

【例1-4】　将十进制整数49转换为八进制整数。

解：

8|49　，余数＝1；　(八进制整数最低位)
8|6　，余数＝6；　(八进制整数最高位)
0

答：$(49)_{10} = (61)_8$。

(2) 十进制小数转换成 R 进制小数

小数乘 R 取整法：将纯小数部分乘以 R 取整数，直到小数的当前值等于0或满足所要求的精度，最后将所得到的乘积的整数部分由上而下排列。

【例1-5】　将十进制小数0.6875转换为二进制小数。

0.6875
× 2
1.3750　1　(小数的最高位)
× 2
0.7500　0
× 2
1.5000　1
× 2
1.0000　1　(小数的最低位)

答：$(0.6875)_{10} = (0.1101)_2$。

【例1-6】　将十进制小数193.12转换为八进制小数。

解：

8 | 193 ，余数=1；（八进制整数的最低位）

8 | 24 ，余数=0；

8 | 3 ，余数=3；（八进制整数的最高位）

0

所以，$(193)_{10}=(301)_8$。

0.12

× 8

0.96　0　（小数的最高位）

× 8

7.68　7

× 8

5.44　5　（小数的最低位）

所以，$(0.12)_{10}=(0.075)_8$。

答：$(193.12)_{10}=(301.075)_8$。

2. R 进制数转换成十进制数

二进制转换为十进制

位权法：把各 R 进制数按位权展开求和。

转换公式为：$(F)_R=a_{n-1}\times R^{n-1}+a_{n-2}\times R^{n-2}+\cdots+a_1\times R^1+a_0\times R^0+a_{-1}\times R^{-1}+\cdots$

【例 1-7】 将二进制数 1001101.01 转化成十进制数。

解： $(1001101.01)_2=1\times2^6+0\times2^5+0\times2^4+1\times2^3+1\times2^2+0\times2^1+1\times2^0+0\times2^{-1}+1\times2^{-2}=(77.75)_{10}$

【例 1-8】 将八进制数 144 转化成十进制数。

解： $(144)_8=1\times8^2+4\times8^1+4\times8^0=(100)_{10}$

【例 1-9】 将十六进制数 7A3F 转化成十进制数。

解： $(7A3F)_{16}=7\times16^3+10\times16^2+3\times16^1+15\times16^0=(31295)_{10}$

二进制和八进制、十六进制相互转换

3. 二进制数与八进制数、十六进制数之间的转换

（1）二进制数转换为八进制数。$2^3=8$，也就是说 3 位二进制数可以表示 8 种状态，即 000～111这 8 个数分别代表 0～7。因为八进制可使用的数恰好是 0～7 这八个数，所以二进制数的 3 位与八进制数的 1 位相对应。以小数点为界，将整数部分从右向左每 3 位一组，且当最高一组不足 3 位时，在最左端添 0 补足 3 位；将小数部分从左向右每 3 位一组，且当最低一组不足 3 位时，在最右端添 0 补足 3 位。

（2）二进制数转换为十六进制数。$2^4=16$，也就是说 4 位二进制数可以表示 16 种状态，即 0000 ～1111 这 16 个数分别代表 0 ～9 加上 A ～F 这 16 个数。因为十六进制可使用的符号恰好是 0～F 这 16 个符号，所以二进制数的 4 位与十六进制数的 1 位相对应。以小数点为界，将整数部分从右向左每 4 位一组，且当最高一组不足 4 位时，在最左端添 0 补足 4 位；小数部分从左向右每 4 位一组，且当最低一组不足 4 位时，在最右端添 0 补足 4 位。

【例 1-10】 将二进制数 100110110111.0101 转换为八进制数

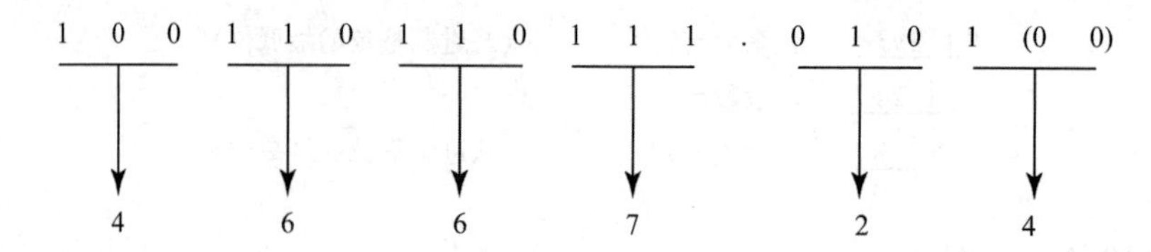

答：$(100110110111.0101)_2=(4667.24)_{16}$

【例 1-11】 将八进制数 324 转化为二进制数

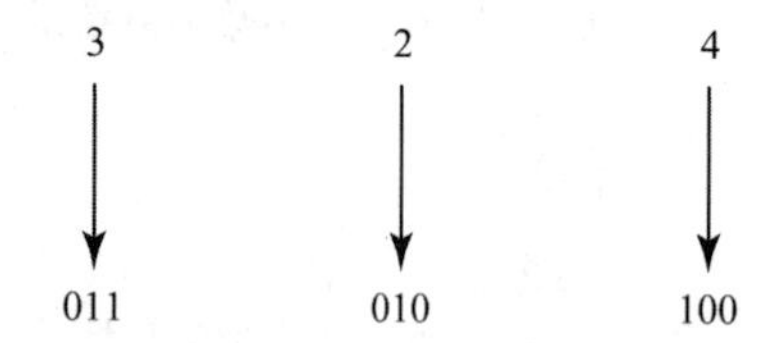

答：$(324)_8=(011010100)_2$。

各种进制数对照表如表 1-2 所示。

表 1-2 十进制数、二进制数、八进制数和十六进制数之间的对应关系

十进制数	二进制数	八进制数	十六进制数
0	0000	0	0
1	0001	1	1
2	0010	2	2
3	0011	3	3
4	0100	4	4
5	0101	5	5
6	0110	6	6
7	0111	7	7
8	1000	10	8
9	1001	11	9
10	1010	12	A
11	1011	13	B
12	1100	14	C
13	1101	15	D
14	1110	16	E
15	1111	17	F

四、探索与练习

（1）将 $(10110.11)_2$转换成十进制数。

（2）将下列十进制数转换成二进制数：$(42)_{10}$、$(10.25)_{10}$。

（3）将 $(60.75)_{10}$转换成二进制数、八进制数和十六进制数。

（4）将 $(A2.D6)_{16}$转换成等值的二进制数。

(5) 将 $(27)_{10}$转换对应的二进制数。

任务10　字符的表示及编码

一、任务描述

本任务讲解计算机中字符编码的相关知识。

二、相关知识与技能

所谓编码，就是采用少量的基本符号（例如使用二进制的基本符号0和1），并选用一定的组合原则，表示各种类型的信息（例如数值、文字、声音、图形和图像等）。为了使信息的表示、交换、存储或加工处理方便，在计算机系统中通常采用统一的编码方式。在输入过程中，系统自动将用户输入的各种数据按编码的类型转换成相应的二进制形式存入计算机存储单元中。在输出的过程中，再由系统自动将二进制编码数据转换成用户可以识别的数据格式，并输出给用户。

三、知识拓展

1. Unicode

世界上存在着多种编码方式。同一个二进制数字可以被解释成不同的符号，因此，要想打开一个文本文件，就必须知道它的编码方式。否则如果用错误的编码方式解读，就会出现乱码。为什么电子邮件常常出现乱码？就是因为发信人和收信人使用的编码方式不一样。

如果有一种编码将世界上所有的符号都纳入其中，并且为每一个符号都给予一个独一无二的编码，那么乱码问题就会消失。这就是Unicode。

在计算机科学领域中，Unicode（统一码、万国码、单一码、标准万国码）是业界的一种标准。Unicode基于通用字符集（Universal Character Set）的标准来发展，并且它为每种语言中的每个字符设定了统一并且唯一的二进制编码，以满足跨语言、跨平台进行文本转换、处理的要求。

通用字符集可以简写为UCS（Univeral Character Set）。早期的Unicode标准有UCS－2、UCS－4两种格式。UCS－2用两个字节编码，UCS－4用4个字节编码。Unicode用数字0－0x10FFFF来映射这些字符，最多可以容纳1114112个字符，或者说有1114112个码位。码位就是可以分配给字符的数字。UTF－8、UTF－16、UTF－32都是将数字转换为程序数据的编码方案。我们一般提到的Unicode，其实就是指UTF－16编码。所谓Unicode编码转换其实就是指从UTF－16到ANSI各个代码页编码（UTF－8、ASCII、GB2312/GBK、BIG5等）的转换。

2. ASCII码

在目前计算机中使用最广泛的字符集及其编码，是由美国国家标准局（ANSI）制定的ASCII码（American Standard Code for Information Interchange，美国标准信息交换码）。它已被国际标准化组织（ISO）定为国际标准，称为ISO 646标准。

ASCII码一共规定了128个字符的编码，比如空格“SPACE”是32（二进制00100000），大写的字母“A”是65（二进制01000001）。这128个符号（包括32个不能打印出来的控制符号），只占用了一个字节的后面7位，而最前面的1位统一规定为0，如表1－3所示。

表 1－3　ASCII 码表

低4位 \ 符号 \ 高3位		0	1	2	3	4	5	6	7
		0000	0001	0010	0011	0100	0101	0110	0111
0	0000	NUL	DLE	SP	0	@	P	、	p
1	0001	SOH	DC1	!	1	A	Q	a	q
2	0010	STX	DC2	″	2	B	R	b	r
3	0011	EXT	DC3	#	3	C	S	c	s
4	0100	EOT	DC4	$	4	D	T	d	t
5	0101	ENQ	NAK	%	5	E	U	e	u
6	0110	ACK	SYN	&	6	F	V	f	v
7	0111	BEL	ETB	‘	7	G	W	g	w
8	1000	BS	CAN	(	8	H	X	h	x
9	1001	HT	EM	)	9	I	Y	i	y
A	1010	LF	SUB	*	:	J	Z	j	z
B	1011	VT	ESC	+	;	K	[	k	{
C	1100	FF	FS	,	<	L	\	l	|
D	1101	CR	GS	－	=	M	]	m	}
E	1110	SO	RS	.	>	N	∧	n	~
F	1111	SI	US	/	?	O	–	o	DEL

四、探索与练习

（1）什么叫做 Unicode 编码？

（2）ASCII 是几位二进制字符编码？是什么的缩写？

（3）GB2312 简称什么？

1.4　计算机系统的组成

任务 11　系统的基本组成

计算机的组成

一、任务描述

本任务讲解计算机系统的组成部分及各部分的作用。

二、相关知识与技能

计算机系统由硬件系统和软件系统两部分组成。硬件系统是组成计算机系统的各种物理设备的总称。软件系统是为使用、管理和维护计算机而编制的各种程序、数据和文档的总称。软件系统是建立在硬件系统之上的，而硬件系统通过软件系统发挥其作用，因此整个计算机系统的这两个部分互相联系，缺一不可。如果把计算机系统看作一个人的话，那么硬件系统是人的身体，而软件系统则是人的思想。

三、知识拓展

一个完整的计算机系统由硬件系统和软件系统两大部分组成，如图 1－2 所示。

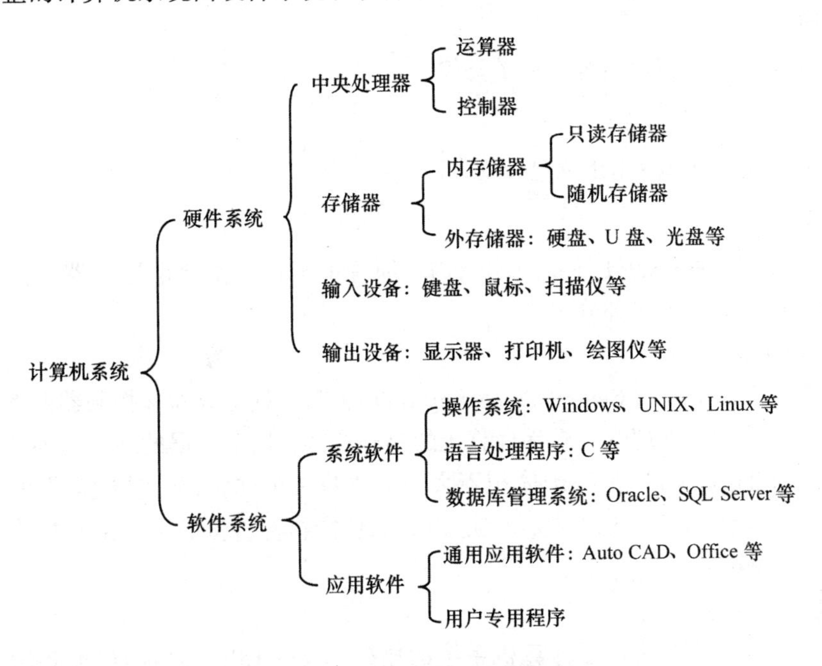

图 1－2　计算机系统的基本组成

1. 硬件系统

（1）硬件是指由电子部件和机电装置组成的计算机实体，是计算机的“躯体”。

（2）硬件是计算机工作的物质基础。计算机的性能，例如运算速度、存储容量、计算精度、可靠性等，在很大程度上取决于硬件的配置。

2. 软件系统

（1）软件是相对于硬件而言的，它包括计算机运行所需的各种程序、数据及其有关技术文档资料。

（2）软件系统保证计算机硬件的功能得以充分发挥，并为用户提供一个宽松的工作环境。软件系统是计算机的“灵魂”。

计算机硬件和软件是密不可分的。没有装置任何软件的计算机称为裸机，而裸机做不了任何工作。在裸机上配置了软件之后，即构成计算机系统。

四、探索与练习

（1）什么是硬件？什么是软件？它们有何关系？

（2）在计算机中，被用来传送、存储、加工处理的信息的表示形式是什么？

（3）电子计算机的组成结构是哪位科学家提出的？其基本思想是什么？

（4）将十进制数 $(0.8643)_{10}$ 转换成二进制数（小数点后保留 5 位）。

（5）简述微型计算机系统的组成。

任务12 硬件系统

一、任务描述

本任务讲解计算机硬件系统的相关知识。

二、相关知识与技能

各种计算机均属于冯·诺依曼型计算机。

三、知识拓展

冯·诺依曼型计算机的硬件系统的结构从原理上来说，主要由运算器、控制器、存储器、输入设备和输出设备5部分组成。

1. 中央处理器

中央处理器又称CPU（Central Processing Unit），其包括运算器和控制器两大部件。每台计算机至少有一个中央处理器。它是计算机的核心部件，用于数据的加工处理并使计算机各部件自动协调地工作。CPU是一个体积不大而元件集成度非常高、功能强大的芯片。由于计算机内所有的操作都受CPU控制，因此CPU的性能指标直接决定了由它构成的微型计算机系统的性能指标。

（1）CPU的主要参数。

CPU品质的高低直接决定了计算机系统的档次。反映CPU品质的最重要的指标是字长与主频。

①字长。作为一个整体参与运算、处理和传送的一串二进制数，称为一个“字”。组成该字的二进制数的“位数”，称为字长，即指CPU一次能处理数据的位数。在用字长区分计算机时，常把计算机称为“8位机”“16位机”“32位机”和“64位机”。字长越长，则数的表示范围越大，精度也越高。机器的字长还会影响机器的运算速度。

② 主频。主频也叫时钟频率，用来表示CPU内核工作的时钟频率（CPU Clock Speed），即CPU内数字脉冲信号震荡的速度。例如，在我们常说的“P4（奔四）1.8 GHz”中，1.8 GHz（1 800 MHz）就是CPU的主频。一般来说，因为一个时钟周期所完成的指令数是固定的，所以主频越高，则CPU的速度也就越快。主频是表征运算速度的主要参数。

（2）主流CPU介绍。

生产CPU的厂商除了占大部分市场份额的Intel公司外，市面上还有AMD、IBM和Cyrix、ITD、VIA、国产龙芯等。

① Intel公司。Intel是生产CPU的知名企业。它占有80 %多的市场份额，Intel生产的CPU就成了事实上的x86CPU技术规范和标准。最新的酷睿2已成为CPU的首选。

② AMD公司。目前除了Intel公司外，最有实力的就是AMD公司。AMD公司专门为计算机、通信和消费电子行业设计和制造各种创新的微处理器、闪存和低功率处理器。

③ IBM和Cyrix。美国国家半导体公司IBM和Cyrix合并后，终于拥有了自己的芯片生产线，且成品将会日益完善和完备。现在的MII性能也不错，尤其是它的价格很低。

④ IDT公司。IDT是处理器厂商中的后起之秀，但现在还不太成熟。

⑤ VIA威盛公司。VIA威盛是台湾一家主板芯片组厂商，它收购了前述的Cyrix和IDT的CPU部门，推出了自己的CPU。

⑥ 国产龙芯。GodSon，小名狗剩。它是国有自主知识产权的通用处理器，且目前已经有2代产品，已经能达到现在市场上Intel和AMD的低端CPU的水平。

如图1-3~1-5所示，这些CPU通常具有很高的性价比。

图1-3　Intel酷睿2四核CPU

图1-4　AMD羿龙 II X4 940处理器

图1-5　INTEL　Core i7 990X六核处理器

(3) 构成CPU的两大部件——运算器和控制器。

① 控制器。控制器是计算机的神经中枢。控制器按照计算机的工作节拍（主频），从存储器中取指令，再经过译码（分析指令），产生各种控制信号，从而指挥整个计算机有条不紊地、自动地执行程序。

② 运算器。运算器的任务是对信息进行加工处理。

2. 存储器

存储器分为内存储器与外存储器。内存储器通常被称为内存，外存储器通常被称为硬盘。内存容量的大小反映了计算机处理数据量的能力。内存容量越大，则计算机处理信息时与外存储器交换数据的次数越少，处理速度也越快。打个比方，CPU就像一个总导演安排节目进行表演，内存相当于一个表演的舞台，外存相当于后台。若舞台越大，则所能安排同时表演的节目就越多；若后台越大，则所能容纳的等待演出的节目就越多。

（1）内存储器。

内存储器设在主机内部，可以与 CPU 直接进行信息交换，又称为主存或内存，如图1－6所示。

① 随机存储器 RAM（Random Access Memory）：又称可存取存储器。由于它一般用于存放各种临时需要的信息和中间运算结果，因此断电会使内容丢失。

② 只读存储器 ROM（Read Only Memory）：这种存储器只能读不能写，但在系统停止供电的时候，它们仍然可以保存数据。因为速度比较慢，所以它只适合存储需长期保留的不变数据。

③ 高速缓冲存储器（Cache）：Cache 是一种介于 CPU 和内存储器之间的高速小容量存储器。

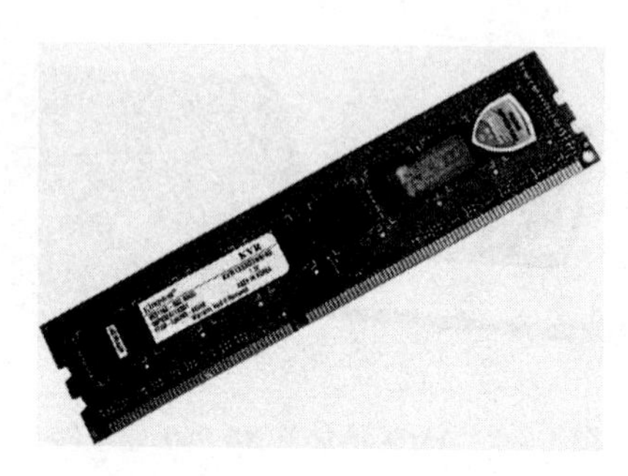

图1－6　金士顿4G DDR3 1333　内存

人们平常经常能够接触到存储器的容量，比如512 MB 的内存条、8 GB 的U盘、苹果32 GB 的电话等。这里所说的 KB、MB、GB 就是存储器容量大小的单位。存储器容量的单位是字节（byte 或 B），其是信息存储中最常用的基本单位。一个字节能存储 8 位二进制数。一个键盘字符在机内占一个字节。各单位之间的换算关系为：

1 KB＝1 024 B，1 MB＝1 024 KB，1 GB＝1 024 MB，1 TB＝1 024 GB。

（2）外存储器。

外存储器用来存储大量的暂时不需处理的数据和程序。其特点为：存储容量大，速度慢，价格低，在停电时能永久地保存信息。微机的外存储器有软盘、硬盘、光盘、U 盘。为了对外存储器进行读写操作，必须使用磁盘驱动器和光盘驱动器才能进行。

① 软盘。软盘容量小、速度低，但价格便宜、可脱机保存、携带方便。它主要用于数据备份及软件转存。目前 PC 机所用的软盘都是 3.5 英寸软盘，且容量为 1.44 MB。在 3.5 英寸磁盘中，当写保护口打开时其处于写保护状态，如图 1－7 所示。

② 硬盘。其特点是：固定密封、容量大、运行速度快、可靠性高。硬盘将磁盘片和驱动器做在一起，又叫固定盘。硬盘是 PC 机的主要信息（系统软件、应用软件、用户数据等）存放的地方。目前流行硬盘的容量有 120 GB、320 GB、500 GB、1 TB、2 TB、4 TB 等。硬盘著名品牌有 IBM、Seagate（希捷）、Quantum（昆腾）、Maxtor（钻石）等，如图 1－8 所示。

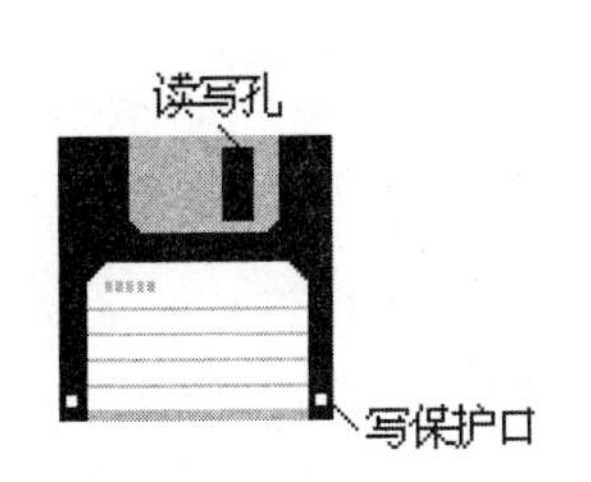

图1-7 3.5英寸软盘

图1-8 硬盘

(3) 光驱。

目前的光驱主要有两种：CD-ROM和DVD-ROM。其性能参数如下。

CD-ROM：36倍速、48倍速、52倍速；

DVD-ROM：8倍速、16倍速。

如图1-9所示为光驱外形

图1-9 光驱和光盘

3. 输入设备

输入设备的任务是把操作者所提供的原始信息转换成电信号，并通过计算机的接口电路将这些信号按顺序送入存储器中。常用的输入设备有：键盘、鼠标、扫描仪等，如图1-10所示。

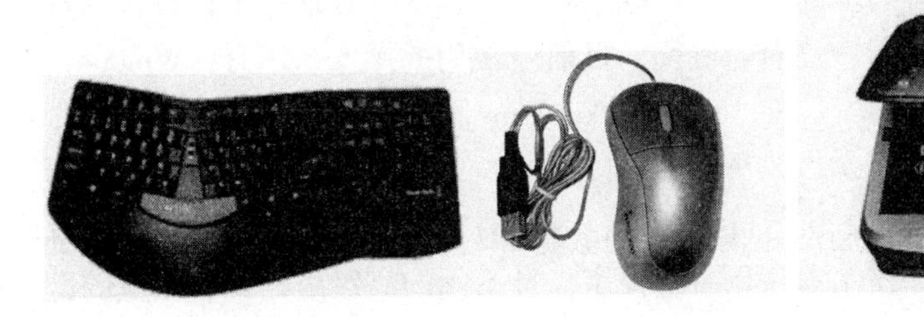

图1-10 键盘、鼠标、扫描仪

4. 输出设备

输出设备是将计算机的运算和处理结果以能被人们或其他机器所接受的形式输出。常用的输出设备有：显示器、打印机、音箱等，如图1-11所示。

图1-11 显示器、打印机、音箱

四、探索与练习

(1) 计算机硬件系统由哪些部分组成，各个部件通过什么连接?

(2) 中央处理器由哪些部分组成，各有什么功能?

(3) 计算机系统的主要性能指标有哪些?

(4) 显示器的主要指标有哪些?

(5) 简述内存储器和外存储器的区别（从作用和特点两方面入手）。

任务13 软件系统

一、任务描述

本任务讲解计算机软件系统的相关知识。

二、相关知识与技能

软件是计算机系统的重要组成部分。相对于计算机硬件而言，软件虽是计算机的无形部分，但它的作用很大。如果只有好的硬件，而没有好的软件，那么计算机的优越性便无法很好地显示。

三、知识拓展

计算机软件系统包括系统软件和应用软件。

1. 系统软件

系统软件是计算机系统中最靠近硬件一层的软件。其他软件一般都通过系统软件发挥作用。系统软件与具体的应用领域无关，例如编译程序和操作系统等。常见的系统软件有操作系统及其语言处理程序、数据库管理系统。

(1) 操作系统。

在计算机软件中，最重要的就是操作系统。它是最底层的系统软件，也是其他系统软件和应用软件在计算机上运行的基础。由于它控制着所有程序并管理整个计算机的资源，因此是计算机裸机和应用程序及用户之间的桥梁。目前最常用的操作系统有：Windows 2000/XP/Vista、Windows 7/8/10、Windows NT、UNIX、NetWare 等。

(2) 语言处理程序。

由于计算机只能直接识别、执行机器语言，因此要在计算机上运行高级语言程序，就必须配备语言处理程序。翻译程序本身是一组程序，且不同的高级语言都有相应的翻译程序。

(3) 数据库管理系统。

数据库管理系统是一种操纵和管理数据库的大型软件，用于建立、使用和维护数据库。

2. 应用软件

应用软件是指用户利用计算机的软、硬件资源，为解决某一实际问题而开发的软件。应用软件是为满足用户不同领域、不同问题的应用需求而设计的软件。它可以拓宽计算机系统的应用领域，扩大硬件的功能。应用软件也包括用户自己编写的程序。总之，应用软件是建立在系统软件的基础之上的，为人类的生产活动和社会活动提供服务的软件。

四、探索与练习

(1) 什么是计算机软件？它由哪几部分组成？各部分的作用是什么？

(2) 系统软件与应用软件有哪些区别？

(3) 主机与外围设备之间信息传送的控制方式有哪几种？

(4) 软件与程序的区别是什么？

(5) 数据库管理系统的作用是什么？

1.5 小结

本章共由四个学习单元组成。通过本章的学习读者能够了解计算机的相关基础知识。

第一个学习单元由 3 个任务组成，分别介绍了计算机是如何诞生的、计算机的发展历程、计算机的发展趋势。

第二个学习单元由 2 个任务组成。通过完成这 2 个学习任务，读者能了解计算机的主要特点、计算机的应用领域等。

第三个学习单元由 5 个任务组成。通过完成这 5 个学习任务，读者能了解计算机中数据的表示方法，计算机中的各个数制及其特点，各个数制之间的相互转化，信息在计算机中如何表示、处理以及字符编码的相关知识。

第四个学习单元由 3 个任务组成。通过完成这 3 个学习任务，读者能了解计算机系统的构成、计算机硬件和软件的相关知识、计算机硬件系统及计算机软件系统的组成及特点。

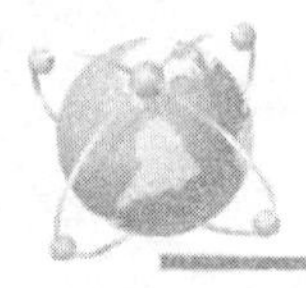

项目 2　操作系统基础（Windows 7）

2.1　Windows 7 的入门知识

任务 1　初识 Windows 7

一、任务描述

本任务讲解 Windows 7 的一些基本知识，以初步认识 Windows 7 系统。

二、相关知识与技能

Windows 7 是由微软公司（Microsoft）推出的操作系统，核心版本号为 Windows NT 6.1。Windows 7 可供家庭及商业工作环境下的笔记本电脑、平板电脑、多媒体中心等使用。2009 年 7 月 14 日 Windows 7 RTM（Build 7600.16385）正式上线，2009 年 10 月 22 日微软正式发布 Windows 7 。Windows 7 同时也发布了服务器版本——Windows Server 2008 R2。2011 年 2 月 23 日，微软正式发布了 Windows 7 升级补丁——Windows 7 SP1（Build7601.17514.101119 - 1850），另外还包括 Windows Server 2008 R2 SP1 升级补丁。Windows 7 系统的图标如图 2 - 1 所示。

图 2 - 1　Windows 7 系统的图标

三、知识拓展

1. Windows 7 的新特性

在 Windows 7 中，微软做出了数百种小改进和一些大改进。这些改进带来了一系列优点：更少的等待、更少的单击、连接设备时更方便、更低的功耗和更低的整体复杂性。Windows 7 的特色如下。

（1）易用。

Windows 7 做了许多方便的设计，例如快速最大化、窗口半屏显示、跳转列表（Jump List）、系统故障快速修复等。

（2）快速。

Windows 7 大幅缩减了 Windows 的启动时间。

（3）简单。

Windows 7 让搜索和使用信息更加简单，包括本地、网络和互联网搜索功能。

（4）安全。

Windows 7 包括改进了的安全功能，把数据保护和管理扩展到外围设备。

（5）特效。

Windows 7 的 Aero 效果华丽，有碰撞效果、水滴效果，还有丰富的桌面小工具。

（6）小工具。

Windows 7 的小工具更加丰富，小工具可以放在桌面的任何位置。

2. Windows 产品线

Windows 家族有丰富的系列产品，图 2－2 所示是产品线的说明。

Windows家族				
早期版本	For DOS	• Windows 1.0 (1985)	• Windows 2.0 (1987)	• Windows 2.1 (1988)
		• windows 3.0 (1990)	• windows 3.1 (1992)	• Windows 3.2 (1994)
	Win 9x	• Windows 95 (1995)	• Windows 98 (1998)	• Windows 98 SE (1999)
		• Windows Me (2000)		
NT系列	早期版本	• Windows NT 3.1 (1993)	• Windows NT 3.5 (1994)	• Windows NT 3.51 (1995)
		• Windows NT 4.0 (1996)	• Windows 2000 (2000)	
	客户端	• windows xp (2001)	• Windows Vista (2005)	• **Windows 7** (2009)
		• Windows 8 (2011)		
	服务器	• Windows Server 2003 (2003)	• Windows Server 2008 (2008)	
		• Windows Home Server (2008)	• Windows HPC Server 2008 (2010)	
		• Windows Small Business Server (2011)	• Windows Essential Business Server	
	特别版本	• Windows PE	• Windows Azure	
		• Windows Fundamentals for Legacy PCs		
嵌入式系统		• Windows CE	• Windows Mobile	• Windows Phone 7 (2010)

图 2－2　Windows 家族的产品

3. Windows 7 的版本

Windows 7 为了满足各个方面的不同需要，推出了多个版本，分别是家庭普通版（Home Basic）、家庭高级版（Home Premium）、专业版（Professional）、旗舰版（Utimate）。各个版本的特点如图 2－3 所示，在实际中可以根据需要进行选择。

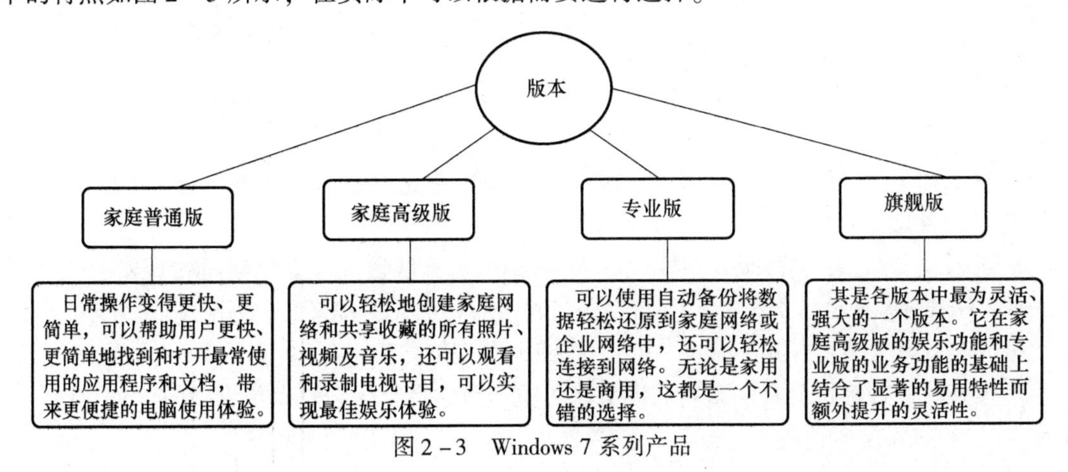

图 2－3　Windows 7 系列产品

四、探索与练习

（1）使用一下计算机实验室中的操作系统，并初步了解 Windows 7 系统。

（2）查阅资料，了解 Windows 系统的发展历史。

（3）查阅资料，了解除了 Windows 系统外，还有其他哪些操作系统。

任务2 安装 Windows 7

一、任务描述

本任务讲述如何通过光盘启动安装全新的 Windows 7 系统。

二、相关知识与技能

Windows 7 的安装方式包括升级安装和全新安装两种。下面以全新安装进行说明。

安装时的注意事项：

（1）备份数据，以避免数据丢失。

（2）测试应用程序在 Windows 7 上的兼容性。

（3）确认硬件条件是否满足安装 Windows 7 的需求。

安装 Windows 7 的操作步骤如下：

① 插入 Windows 7 光盘，选择从光盘进行启动，进入 Windows 7 安装界面，如图 2－4所示。

② 单击“下一步”按钮后，可以直接单击“现在安装”，如图 2－5 所示。

图 2－4 开始安装

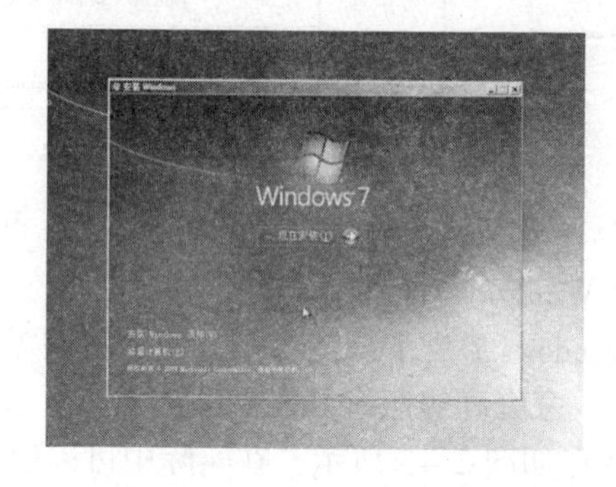

图 2－5 现在安装

③ 待计算机启动安装程序，完成后会看到许可条款。勾选“接受许可条款”，如图 2－6所示。

④ 单击“下一步”按钮后，此时选择安装类型，因是全新安装，故选择“自定义（高级）”选项，如图 2－7 所示。

⑤ 进入“自定义（高级）”选项后，会看到硬盘分区情况。如果只是希望安装操作系统，那么只需对系统分区类型为“系统”的盘符进行格式化，如图 2－8 所示。

⑥ 待格式化完成后，单击“下一步”按钮即可安装，如图 2－9 所示。

⑦ 安装时，计算机会自动重新启动数次。重启后，计算机会自动更新设置，如图 2－10 所示。

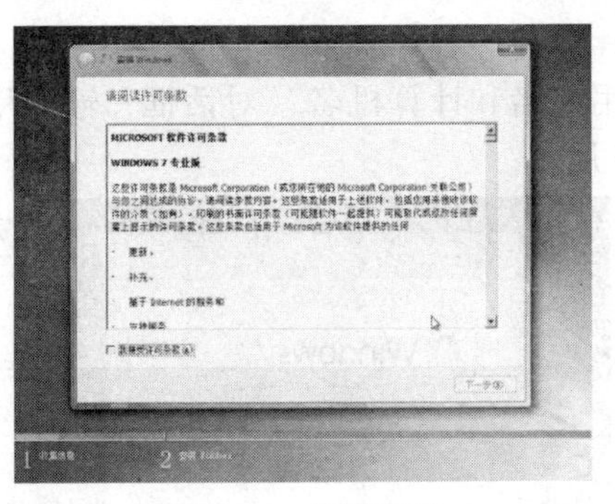

图 2－6　许可条款

图 2－7　选择安装类型

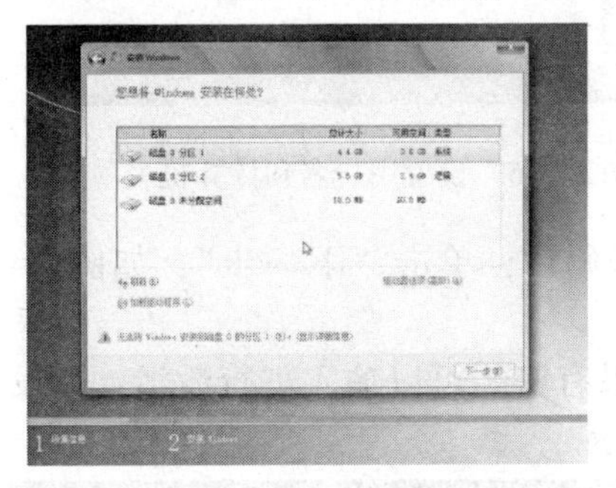

图 2－8　硬盘分区

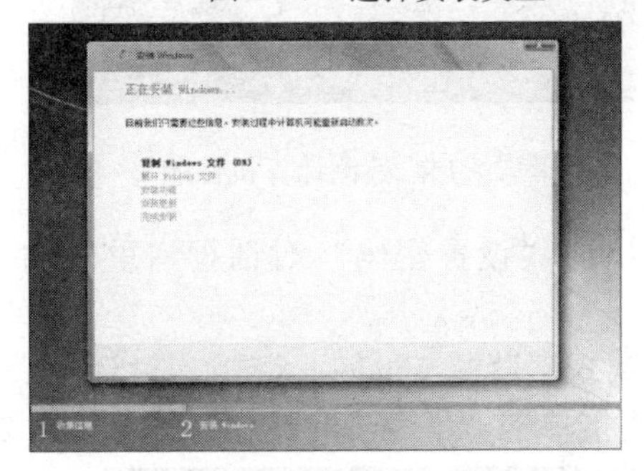

图 2－9　正在安装

⑧ 安装程序启动服务，如图 2－11 所示。

图 2－10　重启计算机并更新设置

图 2－11　安装程序启动服务

⑨ 重新进入安装界面，并完成最后的安装，如图 2－12 所示。

⑩ 计算机再次重启，如图 2－13 所示。

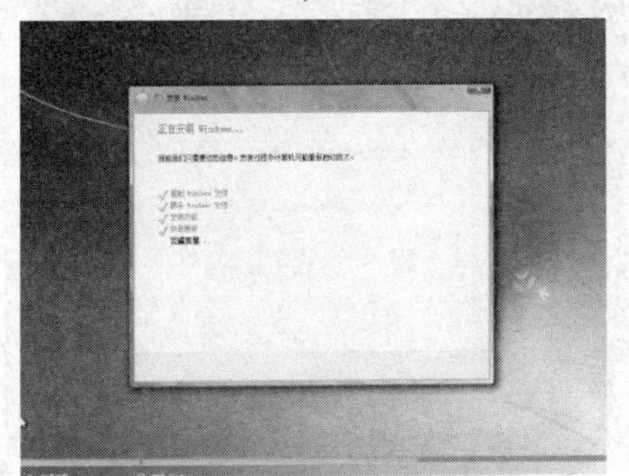

图 2－12　最后的安装

图 2－13　计算机再次重启

⑪ 重启之后检测计算机性能，如图2－14所示。

⑫ 进入设置Windows界面。首先弹出“设置用户名和计算机名”对话框，输入用户名和计算机名后，单击“下一步”按钮，如图2－15所示。

图2－14 检测计算机性能

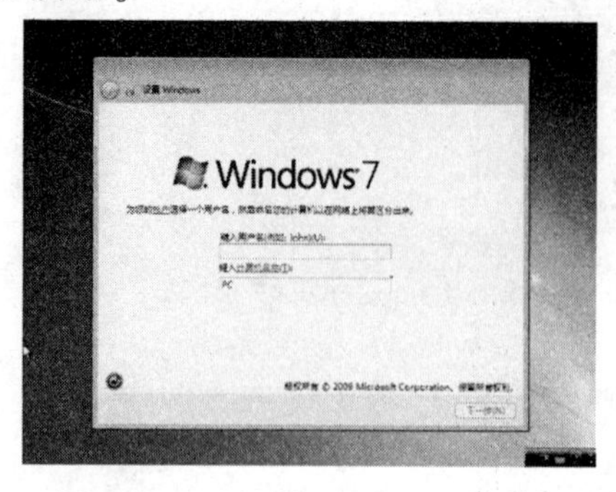

图2－15 设置用户名和计算机名

⑬ 出现“设置密码”对话框。重复输入两次密码后，单击“下一步”，如图2－16所示。

⑭ 出现“设置Windows密钥”对话框。此时如果有密钥可以输入进行激活；如没有，也可以直接单击“下一步”按钮继续，如图2－17所示。

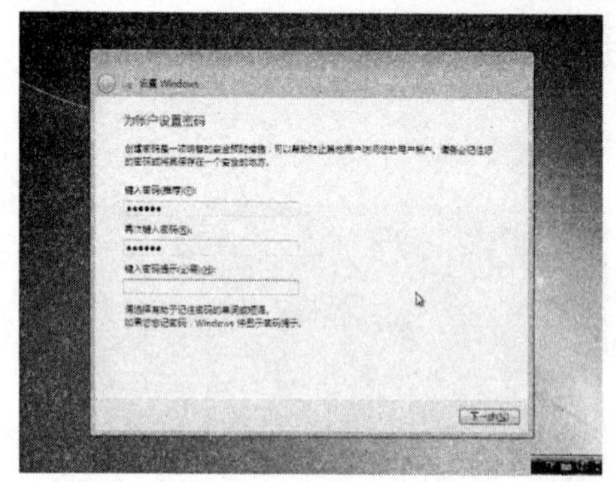

图2－16 密码设置

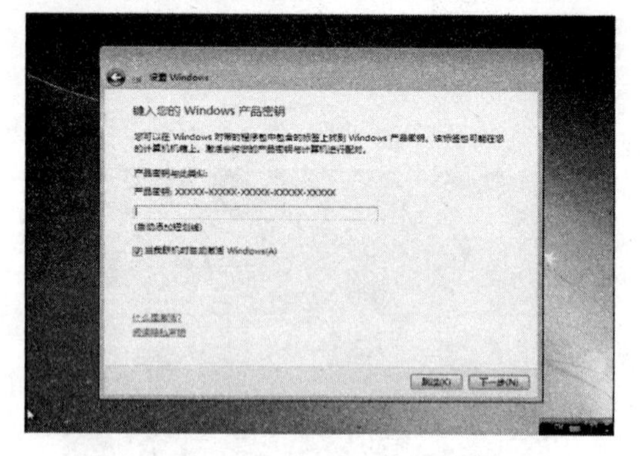

图2－17 Windows密钥设置

⑮ 出现“设置Windows自动保护更新”对话框。在默认情况下，选择“使用推荐设置”，如图2－18所示。

⑯ 出现“设置时间和日期”对话框。当设置完成后，单击“下一步”按钮，如图2－19所示。

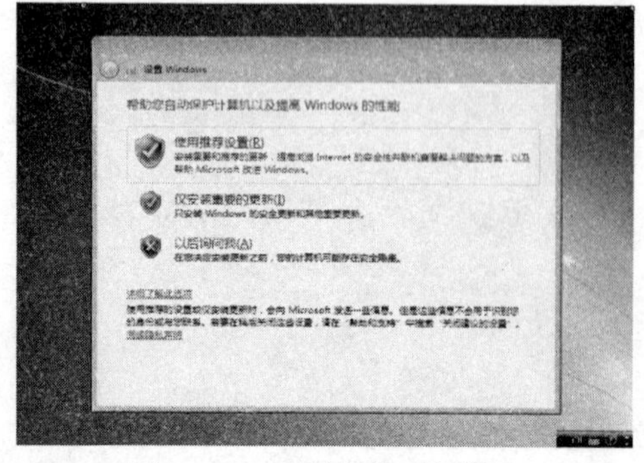

图2－18 自动保护更新设置

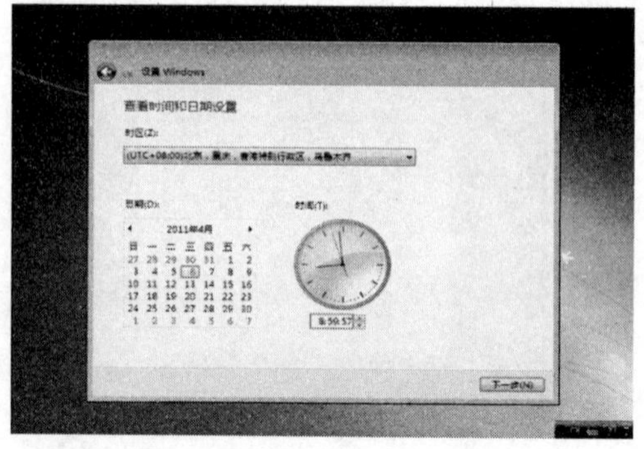

图2－19 时间和日期设置

⑰ 出现“选择计算机当前的位置”对话框。如果此时计算机接上网络，可以直接接入网络，并根据个人需要设置网络位置，如图2－20所示。

⑱ 计算机将完成最后设置，如图2－21所示。

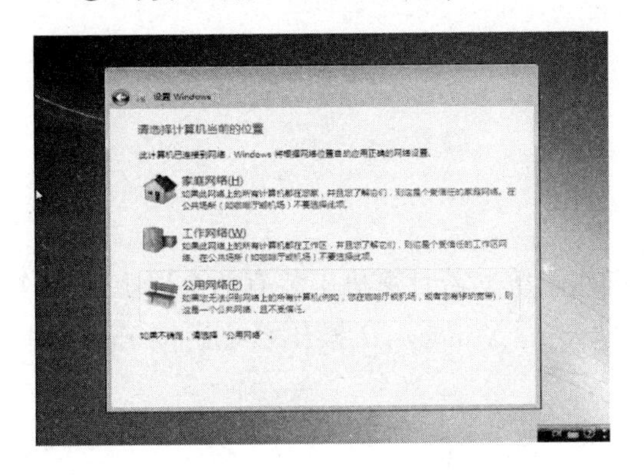

图2－20　选择计算机当前位置

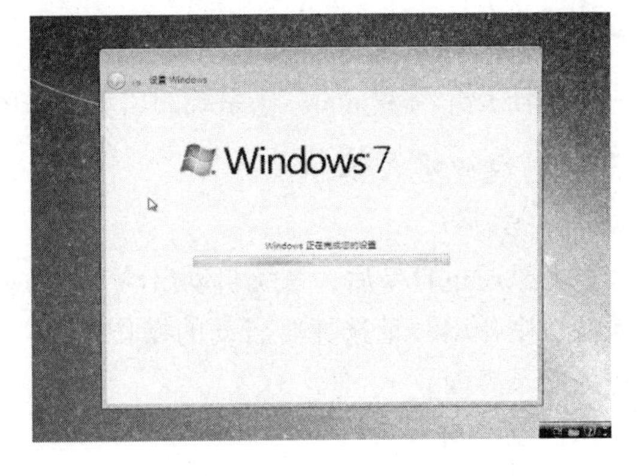

图2－21　最后的设置

⑲ 待计算机准备好桌面后，即可进入计算机并开始使用，如图2－22所示。

图2－22　准备桌面

三、知识拓展

Windows 7对硬件配置的要求很低，即使在较低配置的电脑上，比如上网本上，也能出色运行。

其硬件配置需求如下。

（1）CPU：1 GHz或更高，32位或64位。

（2）内存：1 GB或更高。

（3）硬盘：全新安装需要系统盘有16 GB或更高的可用磁盘空间；

升级安装需要系统盘符剩余16 GB或更高的可用磁盘空间。

（4）显示：支持DirectX 9，并有128 MB内存的图形显卡（开启Aero主题）。

（5）外围设备：DVD－R/W驱动器、Internet连接（用于下载测试版和获得更新）、移动存储设备（用于备份数据）。

四、探索与练习

（1）按照安装步骤，练习安装Windows 7。

（2）说明在安装过程中遇到的问题及解决的方法。

任务3　熟悉 Windows 7 的启动和关闭

一、任务描述

本任务介绍 Windows 7 系统的启动和关闭。

二、相关知识与技能

1. 启动

开机通过自检后，系统自动启动 Windows 7 操作系统。若计算机中装有两个以上的操作系统，则弹出“请选择要启动的操作系统”界面。选择 Windows 7 操作系统后按 Enter 键，进入登录界面。

2. 关闭计算机

关闭计算机时，应按正常方式退出系统，否则，有可能造成数据的丢失。

三、知识拓展

1. Windows 7 的启动

Windows 7 系统的登录界面提供“账户”栏和“关闭计算机”按钮。用户可以根据需要在“账户”栏中创建属于自己的账户。这样每个人就可以单独拥有自己的程序和文件。

在“账户”栏中单击账户图标后，输入密码，就进入该账户的 Windows 操作环境。

在“控制面板”的“账户和家庭安全”中，可以创建、更改或删除账户。

2. 注销 Windows 7 和切换

Windows 7 是一个多用户的操作系统，且每个用户都拥有自己设置的工作环境。当其他用户需要使用该计算机时，不必重新启动计算机，可采用“注销”或“切换用户”方式重新登录或切换。

在注销时，Windows 7 系统将先关闭尚未关闭的所有应用程序和文件。如果这些文件还没有保存，Windows 7 系统会提醒保存它们。

其操作步骤如下：

（1）单击“开始”→“关机”→“注销”命令，可以在不关闭计算机的情况下，先保存当前设置，再关闭当前用户，让其他用户登录使用该台计算机。

（2）单击“开始”→“关机”→“切换用户”按钮，可以在不退出当前登录的情况下切换到另一个用户，不用关闭正在运行的程序，而当下次返回时系统会保留原来的状态。

“切换用户”方式可保持当前程序的运行状态，并允许其他用户直接进行登录。当再次切换返回前一个用户时，可以继续使用该用户的程序和窗口。“注销”方式是先结束当前操作环境中所有正在运行的程序和文件，再关闭窗口，以让其他用户登录。

3. 关闭计算机

关闭计算机的操作步骤如下：

单击“开始”→“关机”命令，系统保存更改过的所有 Windows 7 设置，将当前内存中的全部数据写入硬盘中，然后自动关闭 Windows 7 系统，并关闭计算机电源。

4. “睡眠”和“休眠”

在 Windows 7 系统的关机菜单中，还有“睡眠”和“休眠”的命令选择。

计算机在“睡眠”状态时，会切断除内存外其他配件的电源，并且工作状态的数据将保存在内存中。需要唤醒时，只需要按一下电源按钮或者晃晃鼠标就可以快速唤醒电脑恢复睡眠前的状态。如果需要短时间离开电脑可以使用睡眠功能，既可以节电又可以快速恢复工作。

计算机在“休眠”状态下会把打开的文档和程序保存到硬盘的一个文件中，唤醒后从这个文件中读取数据，并载入物理内存，读取时速度要比正常启动时访问磁盘的速度快很多。如果较长时间不用电脑，可以选用休眠模式。

四、探索与练习

（1）启动系统，用一个用户名登录后，切换到另外一个用户，然后再关闭计算机。

（2）说明“切换用户”和“注销”命令的区别在哪里 。

（3）启动系统，用一个用户名登录后，打开一个程序，然后切换到另外一个用户，再次切换回第一次登录的用户，查看打开的程序是否还在打开状态。

（4）启动系统，用一个用户名登录后，打开一个程序，然后注销当前用户，再用另外一个用户名登录，再次注销当前用户，用第一次的用户名再次登录，查看打开的程序是否还在打开状态。

（5）说明“睡眠”和“休眠”命令的区别在哪里。

设置个性化桌面

任务4　认识桌面

一、任务描述

本任务以 Windows 7 为例，介绍桌面的使用与操作方法，并为进一步掌握和应用 Windows7 打下基础

二、相关知识与技能

Windows 7 的界面非常友好。通过 Windows 任务栏、开始菜单和 Windows 资源管理器，可以使用少量的鼠标操作来完成更多的任务。

启动 Windows 7 后，首先看到的是桌面，如图 2－23 所示。Windows 7 的桌面由屏幕背景、图标、「开始」菜单和任务栏等组成，Windows 7 的所有操作都可以从桌面开始。桌面就像办公桌一样非常直观，是运行各类应用程序、对系统进行各种管理的屏幕区域。在桌面上可以看到图标、开始菜单与任务栏。

三、知识拓展

为了保证产品的一致性，Windows 7 默认的界面外观设置并不一定能满足每个用户的要求，可以根据自己的习惯对桌面进行个性化设置，包括设置桌面的图标、图标尺寸、透明边框颜色、桌面背景图片以及声音主题等。

图 2－23 Windows 7 桌面

1. 更改外观主题

Windows 7 提供了多个外观主题，其中包含不同颜色的窗口、多组背景图片以及与其风格匹配的系统声音以满足个性化需求。

在桌面上的空白处单击鼠标右键选择“个性化”，打开如图 2－24 所示的“个性化设置”面板。

图 2－24 “个性化设置”面板

可以看到在“Aero”主题分类下预置了多个主题，直接单击主题即可将当前 Windows 7 界面的外观更换为所选主题。在“个性化设置”面板的“基本和高对比度主题”分类下提供了非透明的“Windows 7”基本“Windows 经典”以及高对比度的外观。

2. 自定义桌面背景

如果需要自定义桌面背景，可单击“个性化设置”面板下方的“桌面背景”图标，在“桌面背景”面板中可以单选或多选系统内置的图片，多选时注意鼠标指针对准图片左上角的复选框，单击“保存修改”按钮即可生效，如图 2－25 所示。

选择多张图片作为桌面背景后，图片会定时进行自动切换，在“更改图片时间间隔”的下拉菜单中可以设置切换的间隔时间。

图 2 – 25 “桌面背景”面板

3. 自定义窗口边框的颜色

系统内置主题提供了不同颜色的 Aero 效果，如果需要选择其他颜色或进一步自定义，可以单击“系统个性化设置”面板下方的“窗口颜色”图标，打开如图 2 – 26 所示的“窗口颜色和外观”设置面板。

图 2 – 26 “窗口颜色和外观”设置面板

4. 桌面图标

Windows 7 启动后，桌面上一般只有“回收站”图标，如果希望显示一些常用的其他图标，可以通过单击“个性化”窗口中的“更改桌面图标”设置面板，打开如图 2 – 27 所示的窗口进行选择。也可以通过单击“更改图标”按钮去更改图标的显示图像。

常用的图标有“计算机”“我的文档”“回收站”“网上邻居”等。其各自的功能如下。

（1）计算机：进入计算机内部核心的窗口，可以访问计算机中所有存储设备的文件，包括硬盘、光盘、可移动存储设备、网络连接设备及文档等。

（2）我的文档：计算机默认保存文档的文件夹，为用户提供一个迅速存取文档的地方。

（3）回收站：保存被删除的文件夹或文档，允许将已删除的文件恢复。

（4）网上邻居：可以与局域网内的其他计算机进行信息交流。

除了系统自带的程序图标外，桌面上一般还放置常用的应用程序图标、文档图标或快捷方式图标，以使用户能够更加快捷和方便地启动这些程序或打开文件。

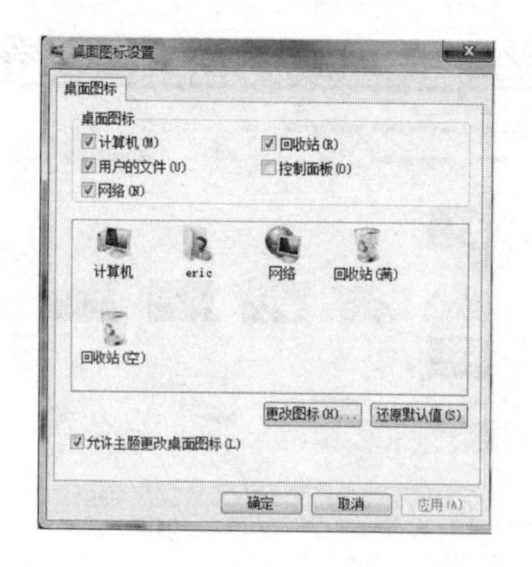

图 2-27 “更改桌面图标”设置面板

“快捷方式”是用来启动应用程序的一种简便快捷的方法。

四、探索与练习

（1）根据自己的喜好更改桌面的外观。

（2）将桌面外观更改成“Windows 经典”模式

（3）设置桌面背景图片，并使其每隔一分钟变换一次。

（4）根据自己的喜好更改窗口边框的颜色。

（5）在桌面上显示“计算机”和“回收站”图标。

2.2 Windows 资源管理器

任务 5 Windows 资源管理器的结构与操作

一、任务描述

本任务讲述 Windows 资源管理器的结构与操作方法。

二、相关知识与技能

Windows 资源管理器是 Windows 7 的主要操作界面，其采用图形设计，易于操作，易于浏览。对系统中各种信息的浏览和处理基本上都是在此窗口中进行，如图 2-28 所示。

Windows 7 中的“Windows 资源管理器”提供了查看文件和文件夹的新方法，例如，可以根据作者、标题、修改日期、标记、类型或其他标签或属性排列文档，还可以定制个性化视图，以便用最适合的方式查看和组织文件，而这些文件的实际存放位置可以在不同的目录里面。导航面板可帮助用户查找和组织各处的文件，并且简化移动或复制文件等常用的操

作，从而避免混乱并更好地利用空间。与此同时，Windows 7 文件预览功能还可以帮助用户在打开文件之前，对文件进行预览。

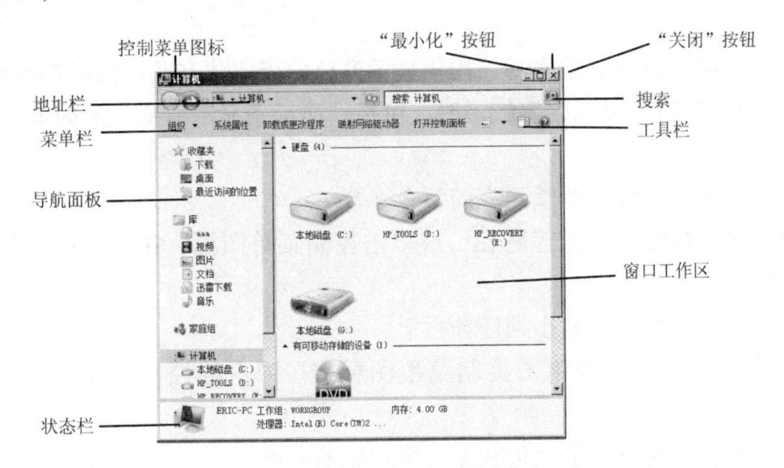

图 2-28 "Windows 资源管理器"窗口

当打开一个文件或者启动一个应用程序时，也会出现一个和"Windows 资源管理器"类似的窗口，对"Windows 资源管理器"的很多操作也同样适用于这些窗口。

三、知识拓展

1. 窗口的主要组成元素

(1) 窗口边框与窗口角：可以通过调整窗口边框以及窗口角来改变窗口的大小。

(2) 控制菜单图标：在标题栏的最左端，单击该图标会出现弹出菜单，用于控制窗口的操作。

(3) "最大化" "最小化" 和 "关闭" 按钮：位于标题栏的右端，用于改变窗口的状态。

(4) 菜单栏：包含对本窗口进行操作的命令，以及对正在运行的应用程序或打开的文档进行操作的命令。在菜单栏方面，Windows 7 的组织方式发生了很大的变化或者说简化，一些功能被直接作为顶级菜单而置于菜单栏上，如刻录功能、新建文件夹功能。

(5) 工具栏：Windows 7 不再显示单独的工具栏，一些有必要保留的按钮则与菜单栏放在同一行中。如视图模式的设置，单击按钮后即可打开调节菜单，在多种模式之间进行调整，包括 Windows 7 特色的大图标、超大图标等模式。

(6) 地址栏：一种特殊的工具栏。在地址栏中输入文件夹路径，单击旁边的"转到"图标，将打开该文件夹；若在地址栏中输入网址并回车，系统将自动启动 IE 并打开网页。Windows 7 的地址栏采用了被称为"面包屑"的导航功能，如果要复制当前的地址，只要在地址栏的空白处单击鼠标左键，即可让地址栏以传统的方式显示。

(7) 窗口工作区：窗口的内部区域，用于显示窗口内容。

(8) 导航面板：在这个面板中，整个计算机的资源被划分为五大类：收藏夹、库、家庭组、计算机和网络。

① 收藏夹：在收藏夹下的"最近访问的位置"中可以查看最近打开过的文件和系统功能，方便用户再次使用。

② 网络：在网络中，可以直接快速组织和访问网络资源。

③ 库：它将各个不同位置的文件资源组织在一个个虚拟的“仓库”中，这样可以极大提高使用的效率。

（9）状态栏：位于窗口的最底部，用于显示窗口的当前状态及当前操作等信息。

（10）滚动条：当窗口显示内容较多时，可拖动滚动条显示窗口外的内容。

2. 窗口的操作

（1）窗口最大化：将窗口调整到充满整个屏幕。

单击“最大化”按钮或双击标题栏；或单击控制菜单图标，在弹出的控制菜单中选择“最大化”选项。

（2）窗口最小化：将窗口缩小到任务栏上。

单击“最小化”按钮；或单击控制菜单图标，在弹出的控制菜单中选择“最小化”选项。

（3）窗口还原：将窗口从最大化状态还原到原来大小。

单击“还原”按钮或双击标题栏；或单击控制菜单图标，在弹出的控制菜单中选择“还原”选项。

（4）窗口关闭。

单击“关闭”按钮；或单击控制菜单图标，在弹出的控制菜单中选择“关闭”选项；或在菜单栏中选择“文件”→“关闭”选项；或按“Alt + F4”组合键。

（5）改变窗口大小。

将鼠标指针指向窗口的某一边框或角框上。当指针变成一个双向箭头时，按下鼠标左键拖动。窗口的大小随着鼠标拖动而改变，当窗口尺寸满足要求时，松开按键。

（6）窗口移动。

将指针指向窗口的标题栏，按下鼠标左键拖动，窗口随着鼠标的拖动移动，在窗口位置合适时，松开按键。

（7）窗口排列：打开多个窗口时，可以用排列的方法调整窗口的位置，改变窗口的排序方式。窗口的排列方式有“层叠窗口”“横向平铺窗口”“纵向平铺窗口”。

操作方法：在任务栏的空白处单击鼠标右键，弹出如图 2 – 29 所示的快捷菜单，根据需要选择菜单选项。

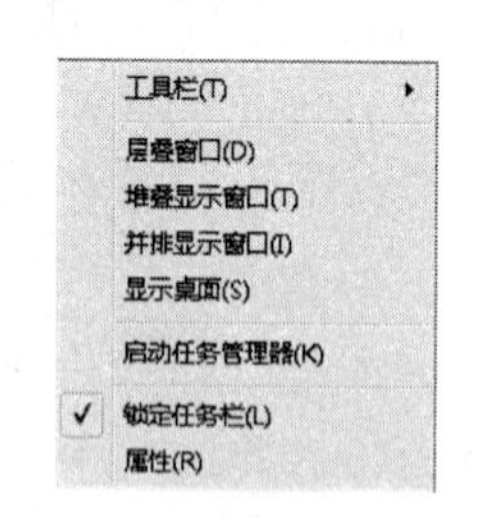

图 2 – 29 任务栏的快捷菜单

（8）窗口间的切换。同时运行多个应用程序时，会打开多个窗口，但只有一个处于活动状态，这个活动窗口的标题栏为深蓝色，并覆盖在其他窗口之上。非活动窗口则以深灰色为标题栏背景色。

切换窗口的操作方法如下：

① 将鼠标指针指向目的窗口并单击，即可切换到新的窗口。

② 当窗口处于最小化状态时，在任务栏上单击要选择的窗口的按钮，即可切换到新的窗口。使用“Alt + Tab”组合键可以在打开的窗口之间切换。

3. 文件和文件夹的操作

文件和文件夹的基本操作

文件（file）是存储在辅助存储器中的一组相关信息的集合，它可以是存放的程序、文档、图片、声音或视频信息等。为了便于对文件管理，系统允许用户给文件设置或取消有关的文件属性，如只读属性、隐藏属性、存档属性、系统属性。

目录（directory）是一种特殊的文件，用以存放普通文件或其他目录。磁盘格式化时，系统自动为其创建一个目录（称为根目录）。用户可以根据需要在根目录中创建低一级的目录（称为子目录或子文件夹）。在子目录中还可以再创建下一级的子目录，从而形成树形目录结构。目录也可以设置相应的属性。

路径（path）是从盘符经过各级子目录到文件的目录序列。因为文件可以在不同的磁盘、不同的目录中，所以在存取文件时，必须指定文件的存放位置。

在“Windows 资源管理器”中集中对文件或文件夹进行管理时，可以方便地对文件或文件夹进行打开、复制、删除和移动等操作，在“Windows 资源管理器”中可以选择两种方式进行以上的操作。

（1）第一种方式：以鼠标右键单击所选择的文件或文件夹，在弹出的菜单中选择希望进行的操作，如图 2－30 所示。对于复制和移动，还需要将鼠标移动到目标位置，再次单击鼠标右键，在弹出的菜单中选择“粘贴”。

图 2－30　利用右键处理文件

（2）第二种方式：在选择文件或文件夹后，单击窗口左上方的菜单栏上的“组织”菜单项，并在下拉菜单中选择相应的操作项，如图 2－31 所示。

“复制”是指一个文件及文件夹被重复“粘贴”多次，而“剪切”只能被“粘贴”一次，相当于文件或文件夹从一个地方移动到了另外一个地方。

图 2－31　利用菜单项处理文件

4. 库

如果在不同硬盘分区、不同文件夹或多台电脑及设备中分别存储了一些文件，那么寻找文件及有效地管理这些文件将是一件非常困难的事情。如图 2－32 所示，“库”可以帮助用户解决这一难题。在 Windows 7 中，“库”是浏览、组织、管理和搜索具备共同特性的文件的一种方式——即使这些文件存储在不同的地方。Windows 7 能够自动地为文档、音乐、图片以及视频等项目创建库。

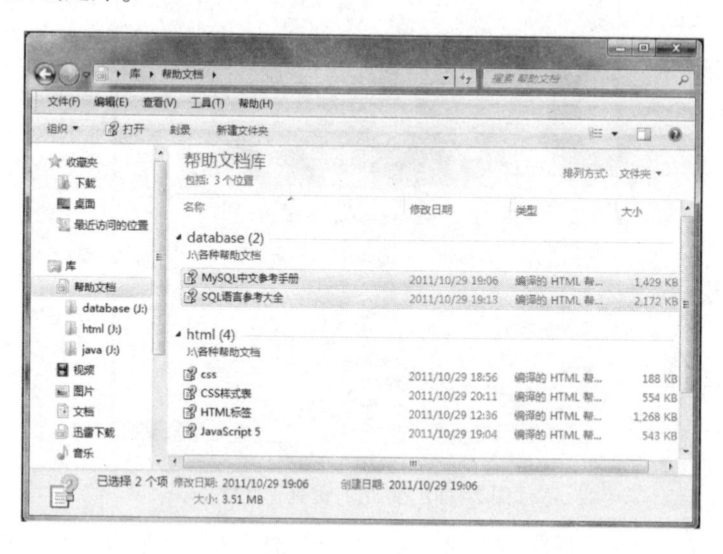

图 2－32　“库”窗口

“库”的一大优势是它可以有效地组织、管理位于不同文件夹中的文件，而不受文件实际存储位置的影响。用户无须将分散于不同位置、不同分区、甚至是家庭网络的不同电脑中的文件拷贝到同一文件夹中。“库”可以使用户避免保存同一文件的多个副本。只需要用右键单击某个文件夹，选择“包含到库中”，就可以为该文件夹选择加入到某个已有的“库”中或为其创建一个新的“库”。

在 Windows 7 中，通过“库”可以更方便地组织、管理与查看位于不同分区、不同文件夹的同一类文件。

5. 搜索功能

在搜索框中输入搜索关键词后回车，立刻就可以在资源管理器中得到搜索结果，如图 2 – 33 所示。其不仅搜索速度令人满意，且搜索过程的界面表现也很出色。

图 2 – 33 “搜索”窗口

此外，在搜索框中，还可以通过系统的智能和动态提示，进一步缩小搜索范围，使查询更有效。例如，可以依据文件的修改日期或文件类型，定义一个更加精准的搜索范围，单击后即可进行设置，如图 2 – 34 所示。搜索框还会将最近搜索的列表记忆下来，搜索的下拉菜单会根据搜索历史显示自动完成的功能。Windows 7 可以帮助用户进行更加智能的搜索，即根据之前的搜索提示输入建议，并动态过滤这些建议来缩小结果范围，以使用户更快地搜索到所需内容。

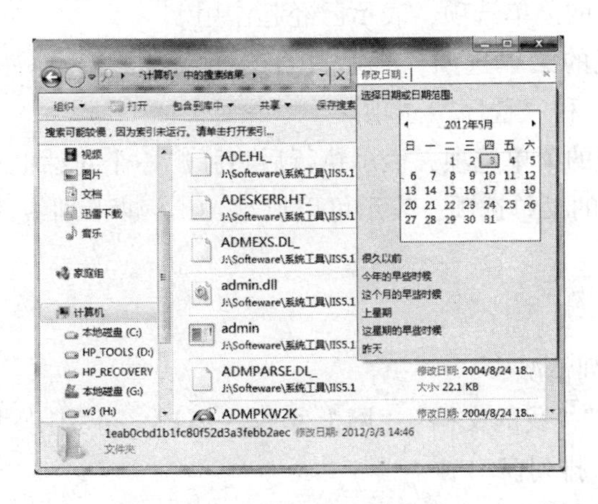

图 2 – 34 设置搜索条件

6. 预览功能

Windows 7 系统中添加了很多预览效果。用户不仅可以预览图片，还可以预览文本、Word 文件、字体文件等。这些预览效果可以使用户方便快速地了解其内容，如图 2 – 35 所示。按下快捷键“Alt + P”或者单击菜单栏的按钮，即可隐藏或显示预览窗口。

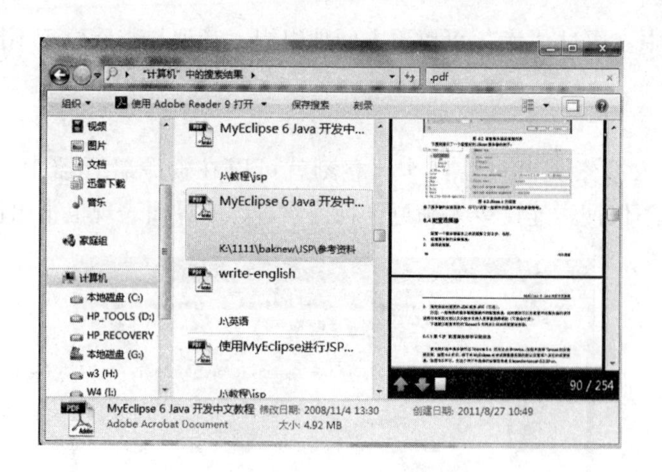

图 2－35 预览 PDF 文档

7. 菜单的使用

在图形界面系统中，菜单是一些应用程序、命令以及文件的集合。菜单的使用方法如下：

（1）直接用鼠标选择菜单栏中的菜单选项，可以执行选中的菜单选项。单击菜单以外的任何区域，可以退出菜单命令。

（2）用 Alt + “字母键”打开菜单栏中的菜单后，用 4 个方向键移动亮条到选择的菜单选项，按 Enter 键，则可以执行选中的菜单选项。按 Alt 键或 F10 键，可以退出菜单命令。

（3）正常的菜单选项是以黑色字符显示的，表示该菜单中的选项当前可以操作。

① 如果菜单选项为灰色，那么表示该菜单选项在当前情况下不能使用，如图 2－36 中的“创建快捷方式”选项。

② 带有“√”标记的菜单选项，表示已经起作用。

③ 带有“▶”标记的菜单选项，表示其含有子菜单，如图 2－36中的“新建”和“程序”选项。

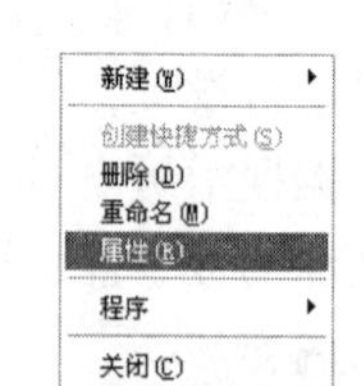

图 2－36 多种菜单选项命令

④ 带有“…”标记的菜单选项，表示执行后将弹出一个对话框。

⑤ 带有下划线字母的菜单选项，表示可以按“Alt ＋带下划线的字母键”，激活相应的菜单。

四、探索与练习

（1）观察窗口的排列情况。

（2）打开“计算机”“我的文档”“网上邻居”窗口，分别用“层叠窗口”“横向平铺窗口”“纵向平铺窗口”排列窗口。

（3）将 C 盘根目录下面的一个文件复制到 D 盘的根目录下。

（4）创建一个自己的库，然后将一个文件夹包括在这个库中。

（5）利用搜索框搜索一个文本文件，并利用预览窗口将其显示出来。

文本文件以后缀“. txt”结尾。

2.3 Windows 图形界面

任务6 认识任务栏

一、任务描述

本任务讲述任务栏及其使用方法。

二、相关知识与技能

用户可以通过 Windows 7 中的“任务栏”轻松、便捷地管理、切换和执行各类应用。所有正在使用的文件或程序在“任务栏”上都以缩略图显示；如果将鼠标悬停在缩略图上，则窗口将展开为预览状态，可以直接从缩略图关闭窗口。

在默认情况下，任务栏位于屏幕底部，如图 2－37 所示。它显示了系统正在运行的程序、打开的窗口以及当前系统时间等内容。最左端是「开始」菜单按钮，右边是若干个用竖线分隔的子任务栏，包括应用程序按钮分布区域、通知区域等。

图 2－37 Windows 7 桌面的任务栏

(1)「开始」菜单：启动计算机应用程序的起点，单击「开始」菜单按钮，可以打开「开始」菜单。

(2)“未启动程序按钮区域”：单击这些图标可以启动相应的应用程序。

(3)“启动程序按钮区域”：显示当前正在运行的应用程序和打开窗口的按钮。单击按钮可以进行应用程序的快速切换。

(4) 通知区域：位于任务栏的最右边，以显示系统启动后自动执行的任务，例如系统时间、输入法按钮、音量控制和网络图标等。随着这些图标数量的增加，系统会隐藏一些不常用的图标以增加任务栏的可用空间。

(5) 快速回到桌面按钮（该按钮在“Windows7 基本”的桌面主题下外观显示并不明显，在“Windows 经典”的桌面主题下外观显示非常明显）：单击该按钮可以快速显示当前桌面。

Windows 是一个多任务操作系统，可同时运行多个任务，但计算机的屏幕只有一个，位于前台的任务（即正在运行的应用程序）只有一个。通过单击任务栏中的应用程序按钮或图标，可以方便快速地在这些应用程序中进行切换。

用户可以根据自己的需要改变任务栏的宽度或者在任务栏的空白处按住鼠标，将其移至桌面的两侧或顶部；用户还可以改变任务栏的属性，将它隐藏，以及自定义任务栏。

用户可以将频繁使用的应用程序放到“任务栏”以便快速访问。同时“任务栏”设置以更加直观的方式提供更多信息，例如，可以在“任务栏”的图标上看到进度栏，这样一来，就不必在窗口可见的情况下才能知道任务的进度。

右击任务栏的空白处，在弹出的快捷菜单中选择“属性”命令，即可打开“任务栏和菜单属性”对话框，从而对任务栏外观、通知区域等进行设置。

三、知识拓展

1. 任务栏调整

Windows 7 系统的任务栏取消了 Windows Vista 和 Windows XP 中的快速启动这一项功能，它的系统默认设置是当启动某一个程序时，无论打开多少窗口，系统都会将它们重叠在这个图标中，而只要把鼠标移动到这个图标上的时候，这些重叠的窗口便会以缩略图的形式显示出来，以方便用户切换或者关闭任意窗口。

如果要想使用过去熟悉的模式，可以通过设置回到以前版本的模式。用右键单击任务栏，选择“属性”按钮，出现如图 2－38 所示的窗口，在“任务栏”选项中选择“从不合并”，这样设置后 Windows 7 任务栏就可以像 Windows XP 一样了。当然利用任务栏的“属性”窗口，也可以对任务栏进行其他个性化的定制。

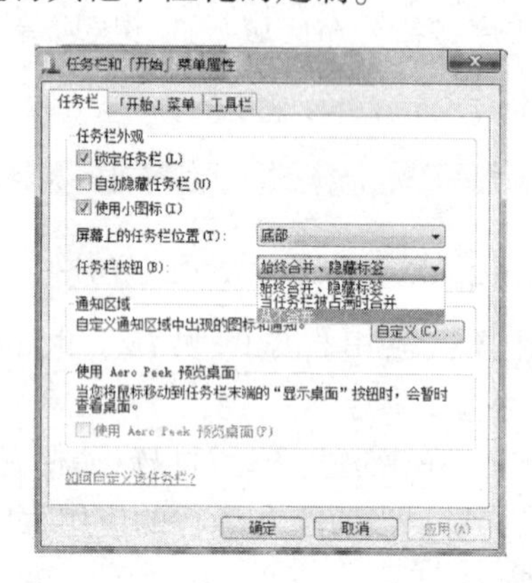

图 2－38　任务栏设置面板

2. 快速跳转列表

Windows 7 系统还有一个改进之处，就是关于程序的历史记录功能，其也称为任务栏上的快速跳转列表（Jumplist）。这个功能非常便于查看曾经使用的文件、网页和程序等，当在任务栏上用鼠标右键单击某个程序图标时，马上可以看到该程序弹出的菜单，如图 2－39 所示，其中就包含了大量的历史记录。比如网页浏览器，其中自己经常访问的网址马上就能从这里找到，单击进入即可免去输入网址的麻烦。如果想要删除快速跳转列表中的某一条历史记录时，右键单击选择“从列表中删除”选项就可以了。

3. 返回桌面

无论是工作还是娱乐，经常需要进行的一项操作就是返回桌面。在 Windows 7 系统中想要显示桌面，有以下三种方法可以快速实现：

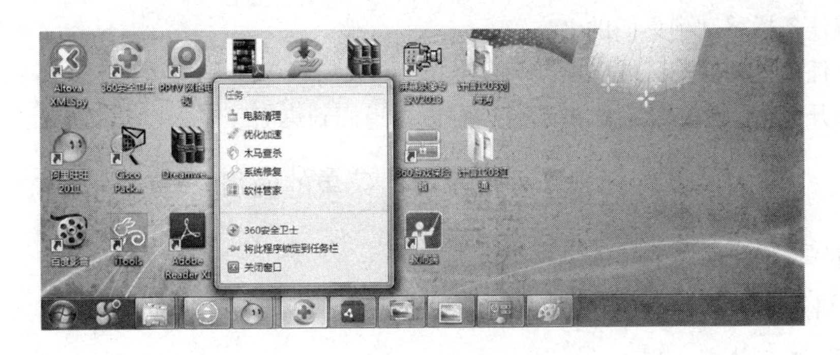

图 2－39　快速跳转列表

（1）右键单击 Windows 7 任务栏，在弹出的快捷菜单中单击“显示桌面”按钮即可。

（2）Windows 7 任务栏最右侧有一个隐藏按钮，只要鼠标滑动到这个区域，马上就可以看到 Windows 7 桌面，当前打开的窗口都变成了透明轮廓，一点也不影响查看桌面上的内容；当把鼠标移开这个位置后，窗口又全部自动恢复。

（3）单击一下 Windows 7 任务栏的最右侧则立即显示桌面，并将所有打开的窗口都最小化。

四、探索与练习

（1）在 Windows 7 系统中，系统自动为存档文件标注日期和时间，以供检索和查询。

发送电子邮件时，系统在邮件上标注本机的日期和时间。为保证系统时间的准确性，可以对其进行设置和调整。打开“日期和时间”对话框，练习调整系统的日期和时间。

在任务栏右端单击“时间”标记，在弹出的窗口中单击“更改日期和时间设置”的链接，可以打开“日期和时间”对话框，如图 2－40 所示。

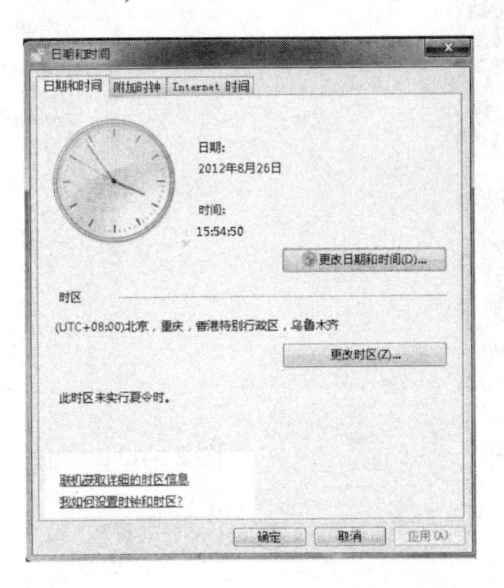

图 2－40　“日期和时间”对话框

（2）打开“任务栏和「开始」菜单属性”对话框，在“任务栏”选项卡中观察“任务栏外观”和“通知区域”选项的设置情况以及各选项的功能。

（3）将任务栏移动到桌面的上方。

（4）在任务栏的通知区域隐藏“网络连接”图标。

（5）打开多个程序，然后尝试通过多种方法返回到桌面。

任务7　「开始」菜单的使用

一、任务描述

本任务讲述 Windows 7 的开始菜单的使用方法。

二、相关知识与技能

在 Windows 系统中，「开始」菜单提供了启动程序、打开文档、搜索文件、系统设置以及获得帮助的所有命令。「开始」菜单的顶端显示出当前登录的用户名，左侧的部分会自动调整，用来显示最近使用过的应用程序，如图 2-41 所示。左下方的“所有程序”菜单项中包含了该计算机系统中已经安装的应用程序，用鼠标指向它，会出现级联菜单，显示其中的应用程序和下一层的级联菜单。可以自定义「开始」菜单中的其他部分，以方便使用。

在安装某个应用程序时，其安装程序通常会自动在「开始」菜单的“所有程序”子菜单中为该程序添加一个快捷方式。

在 Windows 7 中，可对「开始」菜单样式进行自定义。其方法如下：

（1）在任务栏的空白处或「开始」按钮上右击，在弹出的快捷菜单中选择“属性”命令，弹出“任务栏和「开始」菜单属性”对话框，如图 2-42 所示。

（2）在“「开始」菜单”选项卡中单击“自定义”按钮，可以进一步自定义「开始」菜单中的项目。

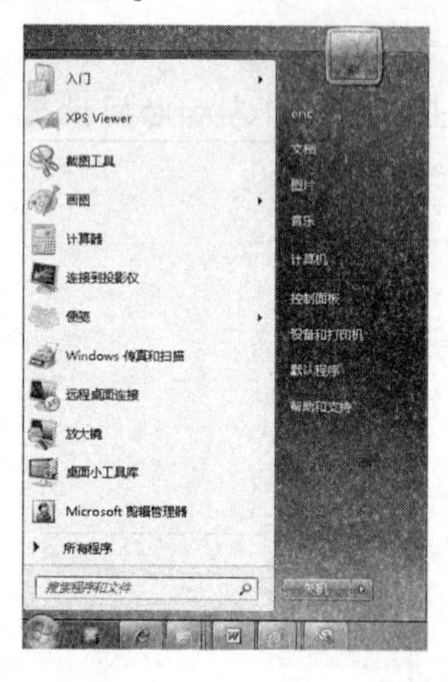

图 2-41　「开始」菜单

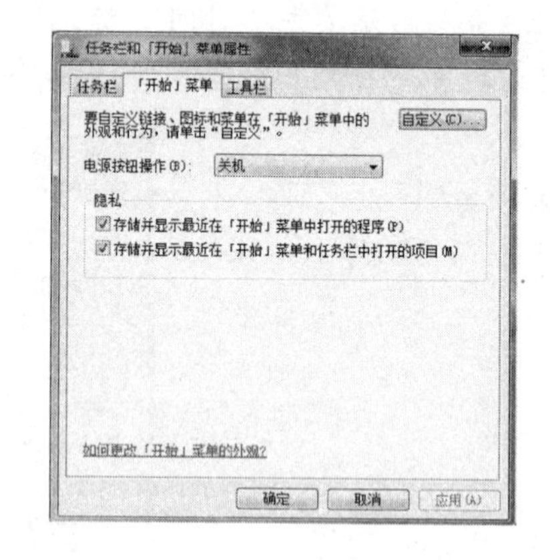

图 2-42　“任务栏和「开始」菜单属性”对话框

三、知识拓展

1. 宽幅菜单

Windows 7 采用的是宽幅「开始」菜单。与 Windows 传统样式的「开始」菜单相比，这种菜单的优势在于自身并列结构能够显示大图标外观，同时可显示常用程序列表和 Windows 内置功能区域。常用程序列表能够显示使用频率较高的应用程序，无须转到“所有程序”

列表即可快速打开常用项目。菜单会根据每个程序的使用频率进行排序，使用频率较高的程序会被置于顶端，如果希望某个程序不受自动排序的影响而始终显示在列表中，可以用鼠标右键单击程序，选择“附到开始菜单”。

2. 搜索框

搜索框在「开始」菜单的左下角，如果知道程序名称的关键字，通过搜索框可以让程序的使用变得更加简单，无须在程序列表中层层检索。例如：输入“QQ”，即可找到QQ程序。并且搜索结果是动态筛选，当输入包含搜索程序名称的第一个关键字时，筛选会立刻开始，输入越准确，搜索结果也就越精确。

搜索框还具备“运行”对话框功能，并且所有的运行命令在这里都有效。

3. 快速跳转菜单

Windows 7 系统除了在任务栏中提供了快速跳转菜单之外，在「开始」菜单中也增加了此功能。在以前的 Windows 系统中，最近打开的文件都集中在一个文件夹列表中，可通过二级菜单的方式快速启动这些文件。而在 Windows 7 系统中，该功能融于各自的程序里面，使用起来非常顺手。在「开始」菜单中，将鼠标移动到某个程序后，其右侧马上显示出使用该程序最近打开的内容，包括浏览器、Word、Excel、影音播放器等都支持此功能，如图 2－43 所示。

图 2－43 “快速跳转”菜单

一般来说，Windows 7 系统默认在上述程序右侧的列表中只能显示最近打开的 10 个项目，但可以根据自己的需要来调整设置这个限制。设置时，右键单击 Windows 7 任务栏的空白处，选择“属性”按钮，在“任务栏和开始菜单属性”对话框中，切换到“开始菜单”标签下，然后单击自定义按钮，打开“自定义开始菜单”对话框，在“要显示在跳跃列表中的最近使用过的项目数”这一项中根据自己的需要进行设置就可以了。

四、探索与练习

（1）通过「开始」菜单启动画图程序。

（2）利用搜索框打开 Word 程序。

（3）设置「开始」菜单，使“控制面板”在菜单中“显示为链接”。

（4）通过「开始」菜单的“快速跳转菜单”功能打开以前打开过的一个 Excel 文档。

（5）将显示在跳跃列表中的最近使用过的项目数调整为 5。

2.4 管理应用程序

任务8 管理应用程序介绍

一、任务描述

本任务讲述通过“程序和功能”面板管理应用程序的方法。

二、相关知识与技能

从「开始」菜单打开控制面板，并单击“程序”选项，然后再单击“程序和功能”选项，就可以打开 Windows 7 的“应用程序管理器”窗口，如图 2－44 所示。通过该窗口可以查看和管理系统中已经安装的程序。在这里也可以对安装的程序进行卸载、修复和更新等操作。

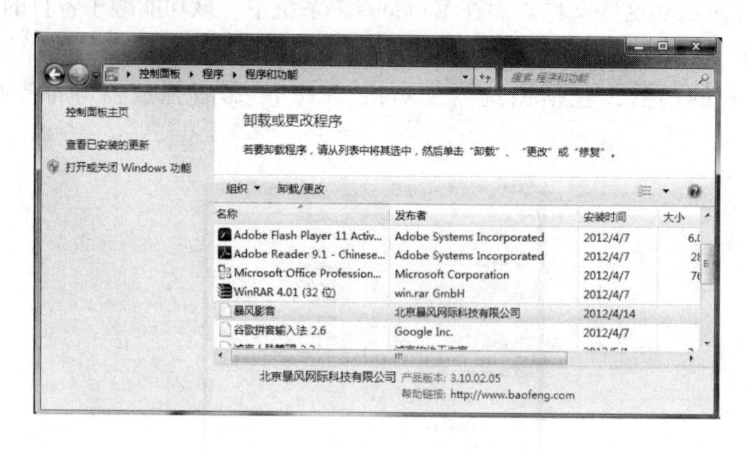

图 2－44 “程序和功能”面板

三、知识拓展

1. 管理已安装的程序

通过使用 Windows 7 自带的应用程序管理器，不仅可以看到系统中已经安装的所有程序的详细信息，还可以管理、修改或者卸载这些程序。这些操作都很简单，只需要单击鼠标就可以完成。

在默认情况下，应用程序管理器将会以“详细信息”的形式显示所有已安装的程序。其除了显示程序的名称，还会同时显示程序发行商的名称，以及安装时间和程序大小等信息。如果还希望其显示安装程序的其他信息，也可以添加。例如，如果希望其显示安装程序的“上一次使用日期”这个信息，可以在“名称”栏（或“发布者”栏等）上右击，在弹出的对话框中单击“其他”选项，在“选择详细信息”对话框中勾选“上一次使用日期”复选框，单击“确认”按钮，就会出现“上一次使用日期”这一列信息。

除了可以选择希望看到的属性，用户还可以选择按照什么方式排列这些程序。例如，如果希望让所有程序按照使用日期来排列，并且最近使用过的排列在最前面，只需要单击“上一次使用日期”这一列的名称就可以了。

用户不仅可以使程序按照一定顺序排列，还可以对所有程序按照一定规律进行筛选。例如现在硬盘空间告急，想要卸载所有占用磁盘空间比较多的软件。可以将鼠标指针放在“大小”一列的名称上，待右侧出现一个带有下三角箭头的按钮后，单击这个按钮，系统就会自动弹出一个下拉菜单，如图 2－45 所示，只要按照需要，选择所需的选项即可。

图 2－45　对程序大小进行筛选

2. 更改或修复应用程序

如果应用程序提供了更改或者修复的选项，那么当这样的程序被选中后，在 Windows 7 的“应用程序管理器”窗口的工具栏上就会出现“更改”或者“修复”按钮。单击相应的按钮后即可完成对应的操作。

通常对程序进行更改或者修复操作的时候，都需要提供程序的安装文件，有些软件(例如 Microsoft Office 2003 以上的版本）考虑到了这一点，会在初次安装的时候将所需的安装文件缓存到硬盘中，这样可以直接安装；有些软件则没有这种功能，这时就必须提供安装光盘或者手动指定硬盘上保存的安装文件的位置。

3. 卸载不再需要的程序

在“应用程序管理器”窗口中，选中不再需要的应用程序，然后单击工具栏中的“卸载”按钮，即可运行该程序的卸载程序。

除此之外，还可以通过双击程序的方式直接卸载程序；或者在程序名称上单击鼠标右键，在弹出的菜单中选择“卸载”选项。

如果同时有两个甚至更多账户登录，但其他账户都属于非活动状态，这时若要在处于活动状态的账户下卸载应用程序，则 Windows 7 将会给出提醒，因此为了安全起见，在打算卸载其他程序时，如果还有其他账户登录到系统，最好先将其他非活动账户完全注销。

大部分程序在卸载后依然会在系统中留下一些记录，其中有些是设计人员的疏忽导致的，有些则是有意的。例如，由应用程序创建的数据文件通常不会在程序卸载的时候被删除，同时会保留的可能还有程序的自定义设置。

只有使用和Windows兼容的安装程序安装的软件，才可以通过这种方法安全卸载。有些程序是可以不用安装直接使用的（一般称为绿色软件）。这类程序在不需要的时候只要手工删除所有相关文件即可，不需要特意卸载。

4. 管理已安装的系统更新

在"应用程序管理器"窗口中，单击窗口左侧任务列表中显示的"查看已安装的更新"链接，可以打开"已安装更新管理器"对话框。这里列出了通过Windows Update网站安装的所有更新程序。

在这里也可以用不同视图查看更新，或者对更新进行筛选和排序。选中可以卸载的更新后，通过单击工具栏上的"卸载"按钮可以将其卸载。

因为更新程序的特殊性，有些更新在安装好之后是无法卸载的。而且除非确认某个更新卸载后不会导致严重的系统问题，否则不建议卸载已经安装的更新，因为这样做会导致系统变得不安全或者不稳定。

四、探索与练习

（1）安装一个新的应用程序。

（2）更改已经安装的"Microsoft Office"应用程序，并添加或者删除一些功能。

（3）卸载一个安装好的应用程序。

（4）通过"应用程序管理器"的排序功能，找到最近占用磁盘空间最大一个程序。

（5）卸载一个最近使用得较少的应用程序。

2.5 账户管理

任务9 Windows 7中的账户管理

创建一个新用户

一、任务描述

本任务讲述如何对系统中的用户和组进行管理。

二、相关知识与技能

登录Windows 7系统，必须有一个用户账号。它定义了Windows 7用户的所有信息，包括用户名和用户登录密码。在Windows中设置了用户以后，不但可以保护本机的安全，也可以保护网络中的数据的安全。

1. 用户的管理

在Windows 7中，用户账号是由本地计算机管理员（即Administrator）创建、管理的。当用户登录计算机时，Windows 7将检验该用户的用户名和密码。

（1）创建本地用户。

在Windows 7安装完成后，系统自动创建两个账号，即Administrator和Guest。其中，Administrator为管理员账号，具有本地计算机上的最高权限，对本地计算机有绝对的控制权；Guest 是为系统中没有自己账号的用户设置的，该账号只具有较小的权限。所以，在计算机上创建本地用户需要由 Administrator 或者具有与之相当权限的用户进行。

① 由 Administrator 或者具有与之相当权限的用户登录计算机，右键单击“计算机”图标，在快捷菜单中选择“管理”命令，打开“计算机管理”对话框。

② 双击展开“本地用户和组”项。选择其中的“用户”选项，在右边窗口中将显示出所有已经存在的用户账号，如图 2－46 所示。

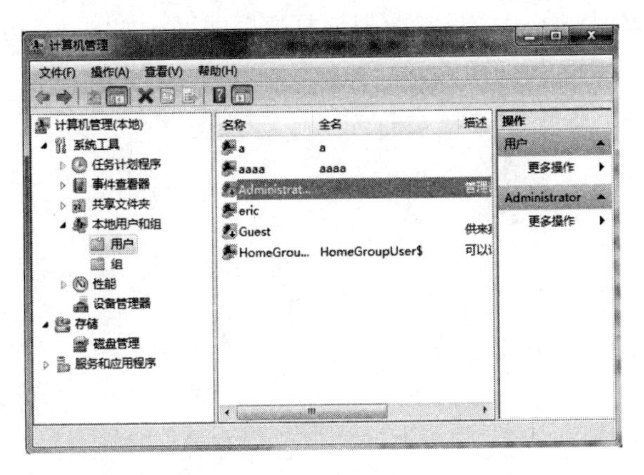

图 2－46　“用户”窗口

③ 在右边窗口中单击鼠标右键，在快捷菜单中选择“新用户”命令。打开“新用户”对话框，如果 2－47 所示。

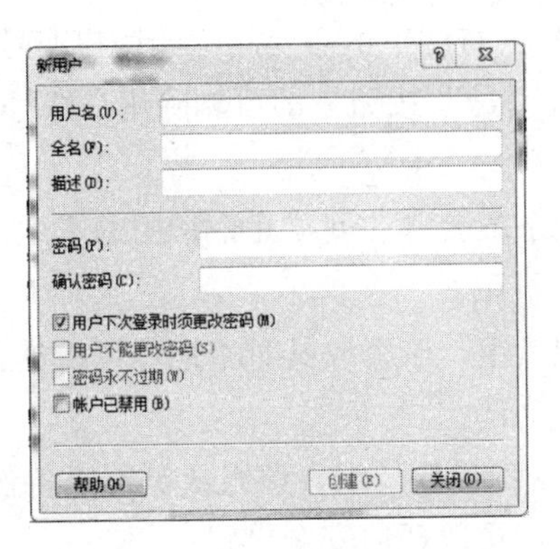

图 2－47　“新用户”对话框

④ 在对话框中输入用户名、密码等信息。在“确认密码”框中输入相同的用户密码，然后单击“创建”按钮，即可完成本地用户的创建。用户还可以继续添加其他新账号。单击“关闭”按钮结束用户创建。

新创建的用户在没有被管理员授予一定的权限时，将被添加到用户组中。该组的用户是受限用户，他们只能操作计算机并保存文档，而不能对系统文件或配置进行更改。管理员可以将新建的用户添加到其他的组中，以改变他们的权限。

（2）禁用和删除用户账号。

在 Windows 7 中，要防止本地用户在本机登录，可以禁用或者删除其账号。

① 按照上面的方法打开“计算机管理”对话框，并在“本地用户和组”项中展开“用户”选项。

② 双击需要停用的用户账号，打开其属性对话框，选中“账号已禁用”复选框，单击“确定”按钮即可。此时，在被停用的账号图标上将会出现一个标记，以表明该用户账号已停用。若要重新启用该用户账号，只需取消该复选框即可，如图 2－48 所示。

图 2－48 “用户”属性窗口

③ 若要删除某个用户账号，右键单击需要删除的用户账号。在快捷菜单中选择“删除”命令，在弹出的提示框中单击“是”按钮，即可删除用户账号。

2. 用户组的管理

在安装好 Windows 7 后，系统会自动创建几个常用的本地工作组。各个工作组都已经预设了对本地计算机的不同操作权限。

① Administrator 组：管理员组。该组成员对本地计算机具有完全的控制权，它是系统中唯一被赋予所有内置权限和能力的组。

② Backup Operators 组：备份操作员组。该组成员可以备份或恢复计算机中的文件，他们可以登录或关闭系统，但不能更改任何安全设置。

③ Power Users 组：标准用户组。该组用户可以更改计算机的设置和安装程序，但不能查看由其他用户创建的文档。

④ Users 组：受限用户组。该组用户可以运行程序并保存文档，但不能更改计算机的设置、安装程序以及查看由其他用户创建的文档。

⑤ Guests 组：来宾工作组。该组允许临时用户使用 Guests 账号登录计算机，他们被赋予极小的权限。Guests 组中的用户可以关闭系统。

⑥ Replicator 组：该组支持目录复制功能。只有 Replicator 组中的成员才能使用域用户账号登录到域控制器的备份服务器中。

本机默认的账号和管理员自己创建的账号都被添加到不同的组中，计算机通过组来授予用户在本地计算机上执行任务的权力。

(1) 新建组。

① 由 Administrator 或者具有与之相当权限的用户登录计算机，右键单击“我的电脑”图标，在快捷菜单中选择“管理”命令，打开“计算机管理”对话框。

② 在左边窗口中双击展开“本地用户和组”项。选择其中的“组”选项，如图 2－49 所示，右边窗口将显示已创建的本地组。

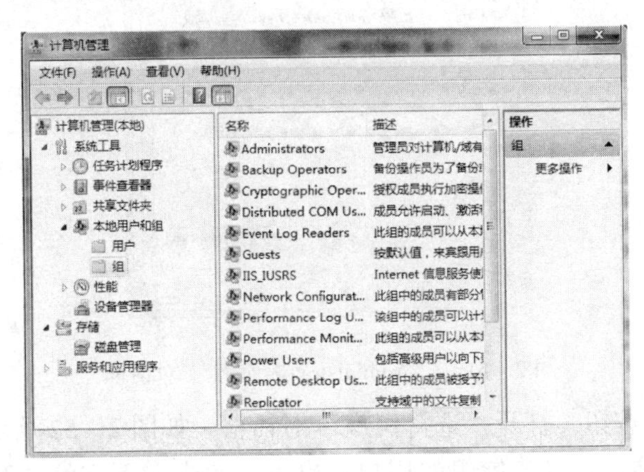

图 2－49 “组”窗口

③ 在右边窗口中的空白处单击鼠标右键。在快捷菜单中选择“新建组”命令，并打开“新建组”对话框，如图 2－50 所示。

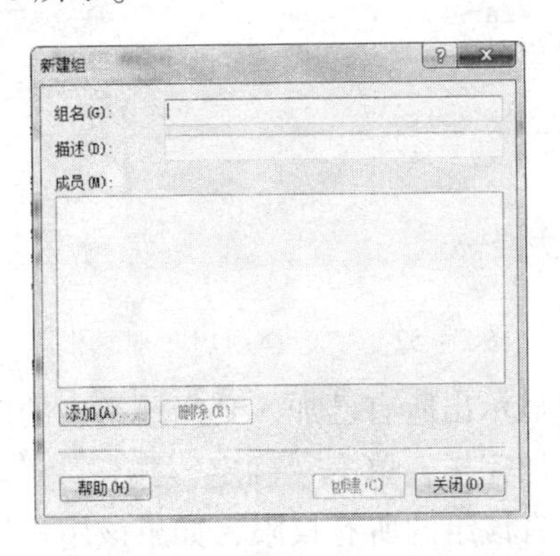

图 2－50 “新建组”对话框

④ 在“组名”框中输入新建组的名称。在“描述”框中输入组账号的描述文字，然后单击“创建”按钮，完成工作组的创建。

(2) 在组中添加用户。

在组中添加用户，实际上就是将组的权力赋予组中的用户，一个组中可以包括多个用户，一个用户也可以从属于多个组。在 Windows 7 中，Administrator 组、Power Users 组、Users 组中的用户都有权在本地组中添加用户，其区别在于，Administrator 组中的用户有权力在所有本地组中添加用户；Power Users 组中的用户只能在 Power Users 组、Users 组、Guests 组中添加用户；Users 组中的用户只能在自己创建的本地组中添加用户。

① 按照上面的方法打开“计算机管理”对话框，并在“本地用户和组”项中展开“组”选项，右边窗口将显示出已经创建的组。

② 在右边窗口中，右击需要添加用户的组，在快捷菜单中单击“添加到组”命令，打开如图2－51所示的对话框。

图2－51 “Administrators 属性”对话框

③ 单击“添加”按钮，打开“选择用户”对话框，如图2－52所示。在该对话框下方的用户列表中输入需要添加到当前组的用户；也可以单击左下方的“高级”按钮，查找到可以添加到当前组的用户，直接进行选择。单击“确定”按钮返回属性对话框。

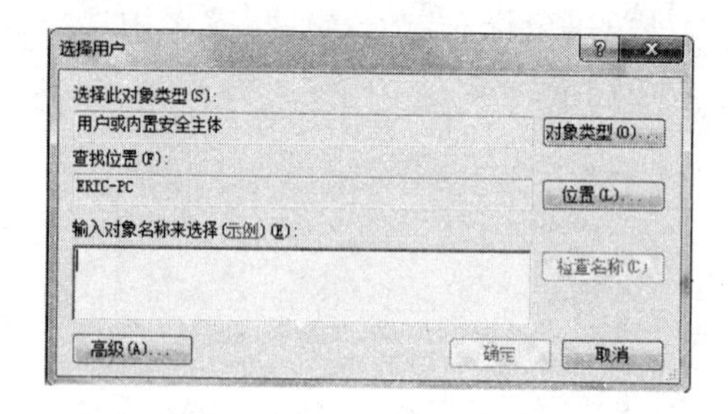

图2－52 “选择用户”对话框

④ 此时，“成员”列表将显示出所有已加入到当前组中的用户。使用相同的方法可以添加多个用户到当前的组中。添加完毕，单击“确定”按钮。

被添加到组中的用户将具有该组的所有权限，如果该用户从属于多个组，那么它将具有多个组的权限，并以最高的权限组的权限为准。

（3）删除组。

在 Windows 7 中，除了系统默认的组外，其他新创建的本地组都可以被删除。其中，Administrator 组中的用户可以删除任何已创建的组，而 Users 组和 Power Users 组中的用户只能删除自己所创建的组。

① 打开“计算机管理”对话框，并在“本地用户和组”项中展开“组”选项，右边窗口将显示出已经创建的组。

② 右键单击需要删除的本地组，在快捷菜单中选择“删除”命令。在弹出的提示框中单击“是”按钮即可删除本地组。

三、探索与练习

（1）新建一个用户。

（2）新建一个组。

（3）将新建的用户添加到新建的组中去。

（4）禁用新建的用户。

（5）将新建的用户删除。

2.6 控制面板

任务10 控制面板的使用

一、任务描述

本任务讲述控制面板的使用方法。

二、相关知识与技能

控制面板是 Windows 系统中重要的设置工具之一，它集中了电脑的所有相关设置，以方便用户查看和设置系统状态。单击 Windows 7 桌面左下角的「开始」按钮，从开始菜单中选择“控制面板”就可以打开 Windows 7 系统的控制面板，如图 2－53 所示。

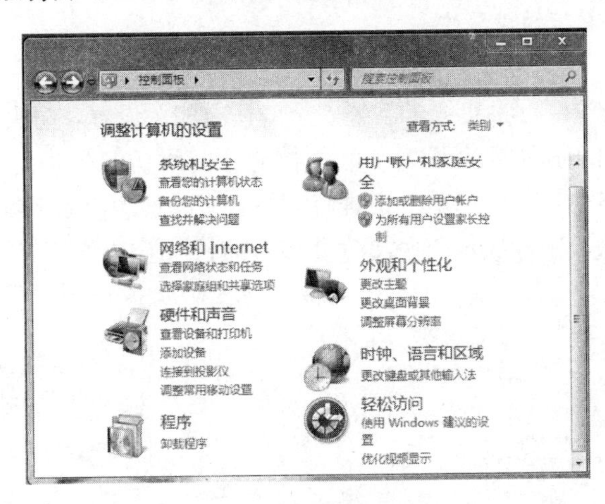

图 2－53 控制面板

Windows 7 系统的控制面板默认以“类别”的形式来显示功能菜单，分为“系统和安全”“用户账户和家庭安全”“网络和 Internet”“外观和个性化”“硬件和声音”“时钟、语言和区域”“程序”“轻松访问”等类别，每个类别下会显示该类的具体功能选项。

除了“类别”外，Windows 7 控制面板还提供了“大图标”和“小图标”查看方式，只需单击控制面板右上角“查看方式”旁边的小箭头，从中选择自己喜欢的形式就可以了。

三、知识拓展

1. 快速查找 Windows 7 控制面板应用

（1）通过搜索快速查找 Windows 7 控制面板功能。

控制面板提供了好用的搜索功能，只要在控制面板右上角的搜索框中输入关键词，回车后即可看到控制面板功能中相应的搜索结果，这些功能按照类别做了分类显示，极大地方便用户快速查看功能选项。

（2）用地址栏导航快速查找 Windows 7 控制面板功能。

用户还可以充分利用 Windows 7 控制面板中的地址栏导航，快速切换到相应的分类选项或者指定需要打开的程序。单击地址栏中每类选项右侧向右的箭头，即可显示该类别下的所有程序列表，从中单击需要的程序即可快速打开相应程序，如图 2－54 所示。

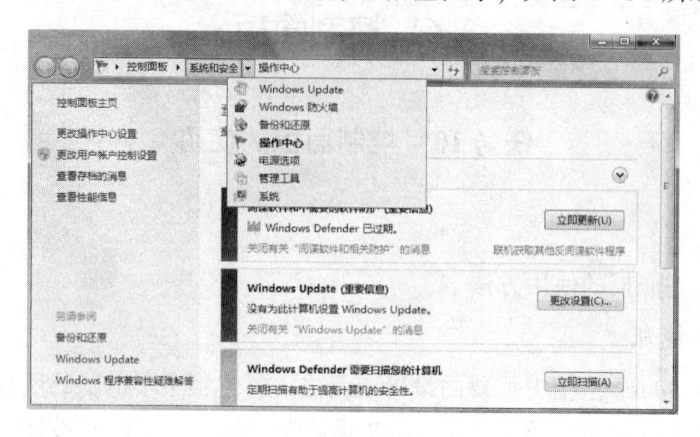

图 2－54　快速切换到相应的分类

2. Windows 7 控制面板的设置中心

（1）操作中心。

Windows 7 的“操作中心”集合了系统安全的所有相关设置：防火墙、Windows Update、病毒防护、Defender、Internet 安全设置、账户控制、网络访问保护等；系统维护的相关设置：检查问题报告、备份、检查更新、疑难解答等，实时检测操作系统在启动和运行过程中的问题，并在通知区域以图标提示用户及时处理。通过“控制面板”→“系统和安全”→“操作中心”命令，可以打开“操作中心”面板，如图 2－55 所示。

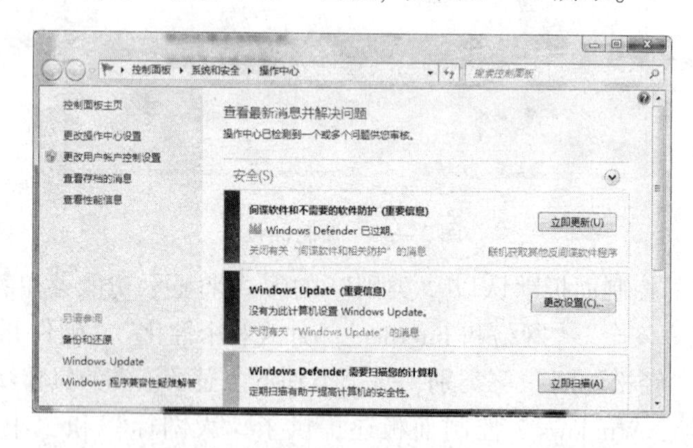

图 2－55　“操作中心”面板

（2）移动中心。

Windows 7 的“移动中心”针对笔记本的无线移动、方便演示、电池支持等应用特点，将笔记本的显示器亮度、声音、电源、无线连接、投影、同步等常用设置融合在一起，方便快捷。通过“控制面板”→“硬件和声音”→“Windows 移动中心”命令，可以打开“移动中心”面板，如图 2－56 所示。

图 2－56　“移动中心”面板

（3）网络和共享中心。

Windows 7 的“网络和共享中心”将所有与网络相关的设置集中在一起，如正在连接的网络属性、设置新的网络连接、家庭组及共享选项等各种设置。通过“控制面板”→“网络和 Internet”→“网络和共享中心”命令，可以打开“网络和共享中心”面板，如图 2－57 所示。

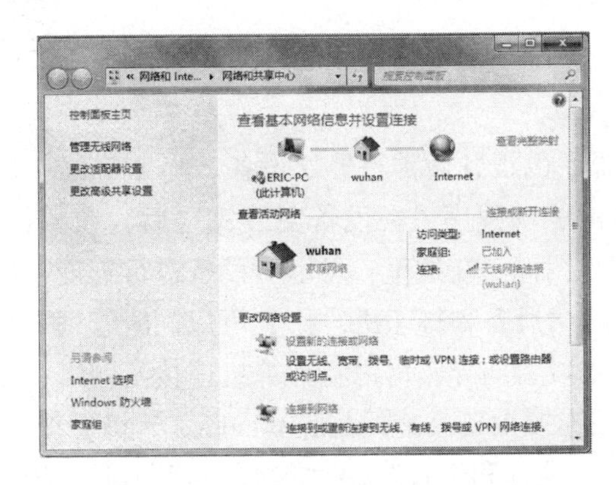

图 2－57　“网络和共享中心”面板

（4）轻松访问中心。

Windows 7 的“轻松访问中心”可以帮助刚接触电脑或有一些身体障碍的用户能更轻松地操作电脑，其具有人性化的放大镜、屏幕键盘、语音控制等操作电脑的新方式。通过“控制面板”→“轻松访问”→“轻松访问中心”命令，可以打开“轻松访问中心”面板，如图 2－58 所示。

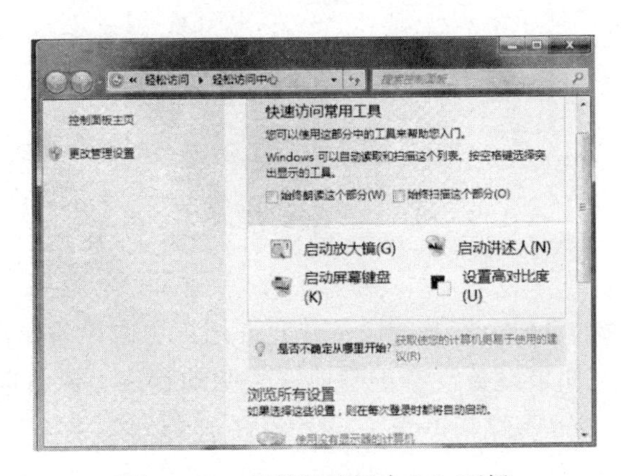

图 2－58　“轻松访问中心”面板

（5）同步中心。

Windows 7 的“同步中心”可以将用户经常造访的局域网内的文件夹同步到本地，并定时检测其内容是否改变，这样即使对方不在线，也能随时调用其文件了。通过“控制面板”→“同步中心”命令，可以打开“同步中心”面板，如图 2－59 所示。

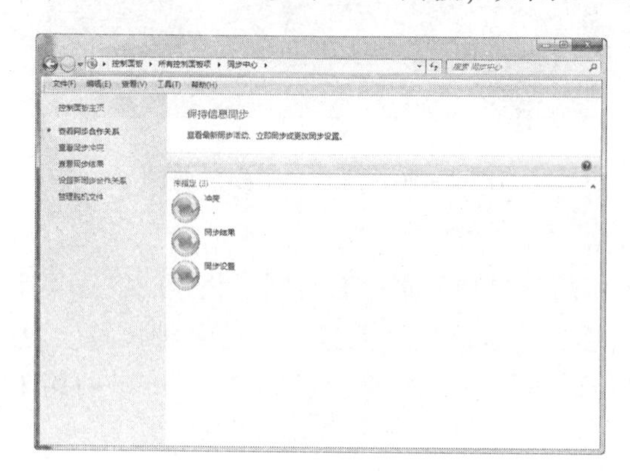

图 2－59 “同步中心”面板

（6）设备和打印机。

“设备和打印机”中显示的设备通常是外部设备。当 Windows 7 检测到一个设备，它会自动下载和安装设备所需的驱动程序。在设备安装完之后，在“设备与打印机”文件夹中就会出现该设备的逼真照片图标。在这里，可以对设备进行管理，如对鼠标或网络摄像头进行设置。而在 Windows 7 的“设备和打印机”中，可以同时管理一台设备中诸如打印、扫描等多种不同功能。使用添加设备向导，可以将计算机连接至网络、Wi－Fi 和蓝牙（Windows 7 支持蓝牙 2.1）设备。在连接设备完成之后，Windows 7 将下载和安装设备所需的驱动程序。通过“控制面板”→“硬件和声音”→“设备和打印机”命令，可以打开“设备和打印机”面板，如图 2－60 所示。

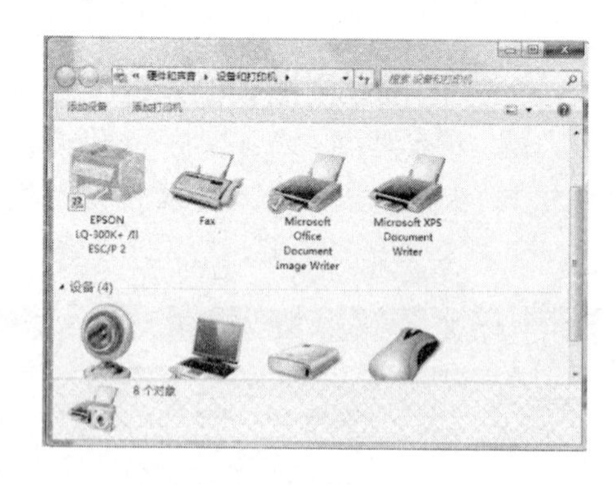

图 2－60 “设备和打印机”面板

（7）设备管理器。

“设备管理器”显示计算机上安装的设备并允许用户更改设备属性。其还可以为不同的硬件创建硬件配置文件。如果设备没有正确地安装驱动程序，设备前将会显示问号或惊叹号。通过“控制面板”→“硬件和声音”→“设备管理器”命令，可以打开“设备管理器”窗口，如图 2－61 所示。

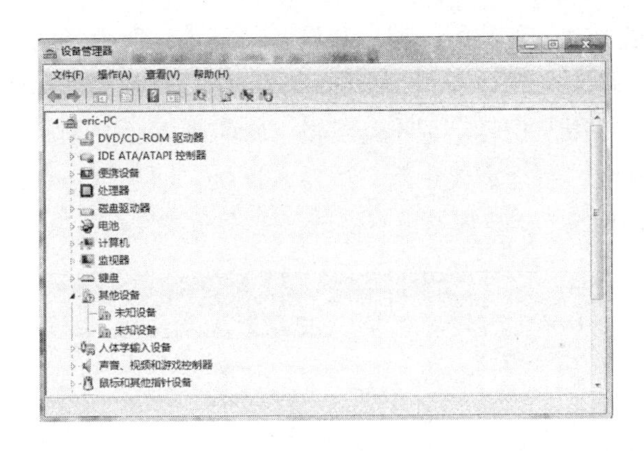

图 2-61“设备管理器”窗口

四、探索与练习

(1) 在“控制面板”中通过搜索查找“键盘”设置面板，对键盘进行设置。

(2) 在“控制面板”的“轻松访问中心”中启动“屏幕键盘”。

(3) 通过“控制面板”的“桌面小工具”面板添加一些桌面小工具。

(4) 打开“网络和共享中心”，查看目前的网络连接情况。

(5) 打开“设备管理器”，查看是否有设备没有正确地安装驱动程序。

2.7 安全设置

任务 11 Windows 7 的安全设置

一、任务描述

本任务介绍系统的防火墙、账户控制（UAC）、家长控制。

二、相关知识与技能

Windows 7 采用多层防护系统。通过 Windows7 的安全性设计，计算机将更易于使用，同时安全性能也将得到提升，从而更好地应对日益复杂的安全风险。Windows 7 系统不仅融入了更多的安全特性，而且原有的安全功能也得到改进和加强。下面将分别介绍 Windows 7 系统的防火墙、账户控制（UAC）、家长控制。

1. Windows 防火墙

Windows 7 中的防火墙不仅具备过滤外发信息的能力，而且针对移动计算机增加了多重作用防火墙策略的支持，更加灵活而且更易于使用。

Windows 防火墙设置

对于 Windows 7 防火墙，通过控制面板中的选项就可以完成所有相关的设置和调整。打开控制面板，进入“系统和安全”分类后，在右侧就可以看到“Windows 防火墙”选项，单击后进入“Windows 防火墙”面板，如图 2-62 所示。

在 Windows 7 中，Windows 防火墙默认将网络划分为“家庭或工作网络”和“公共网络”。在不同的网络情况下，可以轻松方便地切换配置文件，选择不同级别的网络保护措施。如当处于家庭网络中时，其他的计算机和设备都是用户所熟悉的，那么这时的配置文件就允许传入连接，用户可以方便地互相共享图片、音乐、视频和文档库，也可以共享硬件设备，如打印机等；而如果用户携带笔记本到机场、咖啡吧等公共场所，那么在无线连接公共网络时必须重视连接安全，可能需要中断一些传入连接，通过Windows防火墙可以方便地将网络位置切换为“公用网络”，以获得更有保障的安全防护。

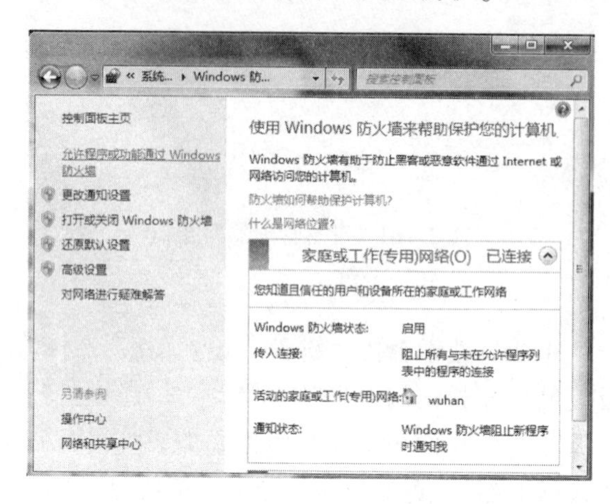

图2-62 “Windows防火墙”面板

对于不同网络位置的配置状况，用户也可以进行一些微调和设置。单击“Windows防火墙”界面左侧的“更改通知设置”或“防火墙开关”选项，都可以进入“自定义设置”界面，如图2-63所示，在此便可以对各种网络位置的设置进行微调，如防火墙开启、通知方式、阻止传入连接等。Windows防火墙会阻止不在可允许程序名单上的程序的连接，但在通常情况下，用户可以在公共网络中阻止所有传入连接以提高安全性，但是这并不会影响一般的网页浏览和即时通信。

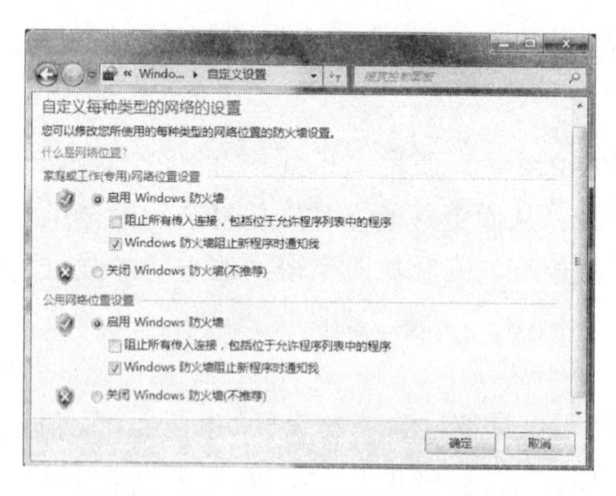

图2-63 “自定义设置”界面

如何更改自己的网络位置呢？在控制面板中依次选择“网络和Internet”→“网络和共享中心”命令，单击界面上“查看活动网络”选项下当前网络类型的链接，然后在弹出的“设置网络位置”窗口中选择即可。

如果对 Windows 7 防火墙的种种设置比较了解，那么可以在面板左侧单击“高级设置”按钮，进入高级安全设置控制台，如图 2－64 所示。在这里，可以为每种网络类型的配置文件进行设置，编辑入站、出站规则等。

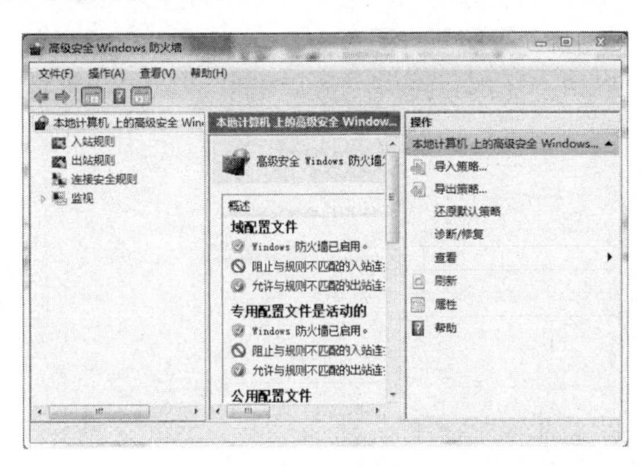

图 2－64　“高级安全 Windows 防火墙”界面

在防火墙的“允许的程序”设置中，可以对允许通过防火墙进行通信的程序进行设置和管理，可以将要用到的程序都添加进来，赋予它们进行通信的权限。

2. 账户控制

“账户控制”（UAC）可以对电脑的重要更改进行监视并询问用户是否许可更改，以阻止恶意程序损坏系统。当用户试图更改某个设置时，如果其权限不够，系统就会向管理者发送一个请求。当系统管理员下次登录系统时就会看到一个对话框。对话框中显示了用户需要更改的设置或者要安装的应用程序。系统管理员要仔细查看这些信息，以判断其是否会破坏系统的稳定性。然后可以通过这个对话框告诉操作系统，允许或者拒绝用户的更改操作。最后，系统会把系统管理员的这个决定反馈给用户，用户就可以继续后续的操作了。如果系统管理员同意的话，用户就可以安装应用程序或者更改操作系统的配置。

在 Windows 7 中，UAC 提供了四个级别的设置，让用户可以通过具有管理员权限的账户对 UAC 的通知设置进行微调。

最高的级别是“始终通知我”，即用户安装应用软件或者对应用软件进行升级、应用软件在用户知情或者不知情的情况下对操作系统进行更改、修改 Windows 设置等，计算机都会向系统管理员汇报。

第二个级别为“仅在应用程序尝试改变计算机时”通知系统管理员。这个级别是操作系统的默认控制级别。它与第一个级别的主要差异就在于应用程序改变 Windows 设置时是否通知系统管理员。在这个级别下，即使操作系统中有恶意程序在运行，也不会给操作系统造成多大的负面影响。因为恶意程序不能够在系统管理员不知情的情况下修改系统的配置，如更改注册表、更改 IE 浏览器的默认页面、更改服务启动列表等。为此对于大部分用户来说，特别是企业用户来说，这个安全级别已经够用。

第三个级别与第四个级别的安全性逐渐降低，最后到所有行为都不通知管理员为止。

作为系统管理员需要了解各个级别控制的具体内容，然后根据企业的实际情况来设置安全级别。通常安全级别越高，操作系统越安全。

若想对 UAC 进行设置，可在控制面板的“系统和安全”选项中单击“操作中心”按钮，进入后选择“更改用户账号控制设置”选项，如图 2－65 所示。打开设置界面后，即可根据自己的需要来选择安全级别。在每一个安全级别中都有说明和推荐级别。

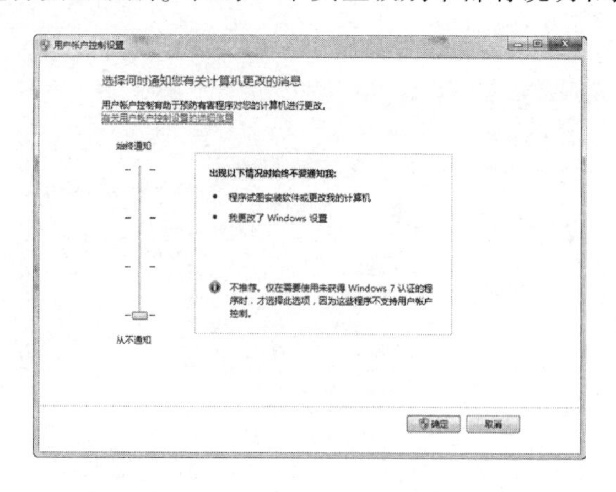

图 2－65 “用户账户控制设置”界面

3. 家长控制

Windows 7 的“家长控制”（Parental Controls）让父母能够更加自信、友好地管理孩子对计算机的使用。启用“家长控制”可为孩子创建一个账户，并对该账户进行设置，通过时间限制、游戏分级、允许和阻止特定程序来使孩子安全地使用电脑和网络。

“家长控制”的主要特征如下：

（1）控制孩子使用计算机的时间。

（2）对游戏分级。

（3）允许和阻止特定程序。

作为 Windows 7 的一项安全功能，“家长控制”并没有被放置在控制面板的“系统和安全”选项中，而是被放在“账户和家庭安全”选项中，如图 2－66 所示。

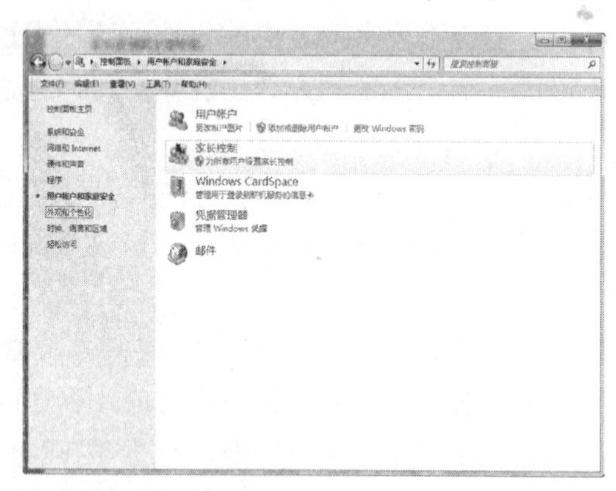

图 2－66 “家长控制”面板

要使用“家长控制”，首先管理员账户必须有设置密码，否则任何用户都可以跳过和关闭“家长控制”功能；其次为孩子专门创建一个账户。在“家长控制”界面中，单击“创建一个账户”按钮，然后根据提示完成剩下的创建步骤。以新建一个名称为“a”的账户为例，如图 2－67所示。

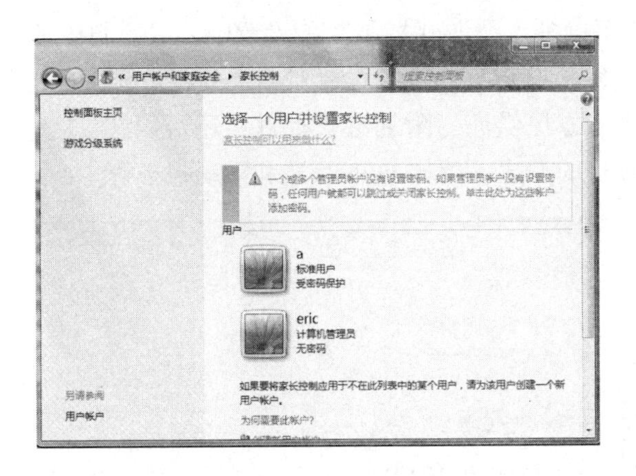

图 2－67　新建一个账户

完成创建后，单击要设置“家长控制”的账户“a”，进入控制界面，然后在“家长控制”界面下，选择“启用，应用当前设置”选项，如图 2－68 所示。

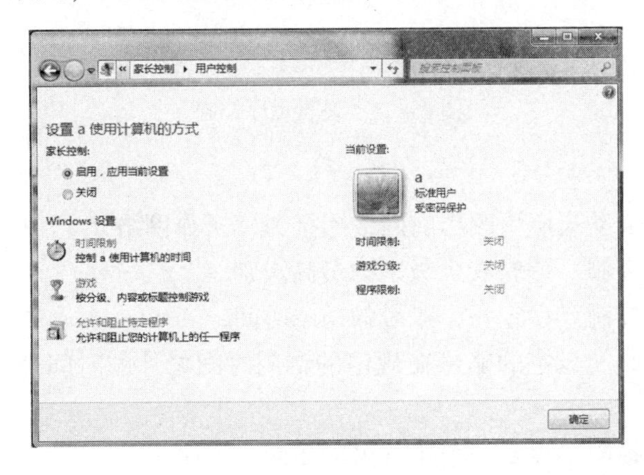

图 2－68　控制设置

接下来，便可以为孩子的账户调整要控制的设置。其中最主要的时间限制可以禁止孩子在非指定的时段登录计算机，如图 2－69 所示。在这里，可以为一周中的每一天设置不同的登录时段，只要在时间表格中将禁止的时段标上蓝色记号即可。如果在分配的时间结束后其仍处于登录状态，那么账户将自动注销。

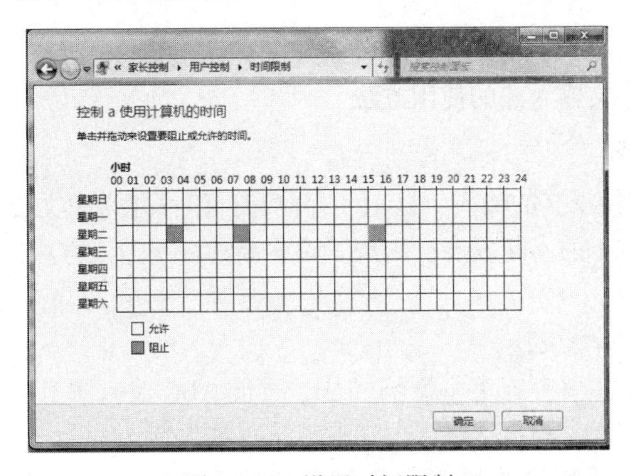

图 2－69　设置时间限制

通过图 2－68，也可以进入“游戏控制”的设置中，以控制孩子对游戏的访问。

除此之外，通过“家长控制”还可以设置对指定的账户允许运行哪些程序，如图 2－70 所示。通过安装来自第三方提供商的附加家长控件，还可以在“家长控制”中使用这些控件来管理孩子使用计算机的方式，例如 Web 筛选和活动报告等。

图 2－70　设置程序控制

三、探索与练习

（1）通过 Windows 防火墙更改当前网络连接为“工作网络”。

（2）通过“账户控制”调整安全级别为最高级别。

（3）通过“家长控制”设定一个账号的访问时间。

（4）用“家长控制”设定的账号在规定的访问时间之外的时间登录计算机，观察出现的情况。

（5）通过“家长控制”设定一个账号可以访问的程序。

2.8　书写中文文档

任务 12　中文输入法的使用

一、任务描述

本任务讲述常用中文输入法的使用方法。

二、相关知识与技能

Windows 7 系统支持汉字的输入、显示、存储和打印，并为中文提供了一个方便的应用环境。随着汉字输入技术的不断发展，出现了许多新的汉字输入方法，汉字编码方案有数百种之多。

1. 常用汉字输入法的类型

常用的汉字输入法主要有五笔字型输入法、智能 ABC 输入法、全拼输入法、微软拼音输入法等。归纳起来，常见的汉字输入方法有以下 3 种类型。

（1）拼音输入法。采用汉语拼音作为汉字的输入编码，以输入拼音字母实现汉字的输入。

(2) 字形输入法。把一个汉字拆成若干偏旁、部首(字根),或者拆成若干种笔画,以此作为汉字的基本部件,使这些部件与键盘上的键对应,根据字形拆分部件的顺序。

(3) 音形输入法。其是把拼音方法和字形方法结合起来的一种汉字输入方案,一般以音为主,以形为辅,音形结合,取长补短。

随着计算机技术的发展,智能型的汉字输入技术也进入了应用阶段。例如,语音输入和手写输入主要针对那些输入字数不多、对速度要求不高的情形。语音输入通过发声来输入汉字,计算机需要配备声卡、麦克风和语音输入软件;手写输入通过在特制的手写设备上书写文字来输入汉字。

2. 中文输入法的添加、选择和切换

拼音输入法是 Windows 操作系统自带的输入法之一,启动计算机后,在任务栏的右端有一个语言栏,以图标形式嵌入任务栏中,可以用鼠标拖动或执行"显示语言栏"操作使其变为浮动的工具栏。

在输入汉字的过程中,若希望每次启动系统后其能自动切换到自己需要的中文输入法状态,或希望添加其他中文输入法,可以通过系统的输入法属性设置实现。

(1) 输入法选择。Windows 7 系统默认的输入法语言是英语。若需要经常使用某种汉字输入法,可以将这种输入法设置为默认输入法,使 Windows 7 系统启动时同时启动该中文输入法。

设置默认输入法的方法是:右击输入法工具栏,在弹出的快捷菜单中选择"设置"选项,弹出"文字服务和输入语言"对话框,如图 2-71 所示。

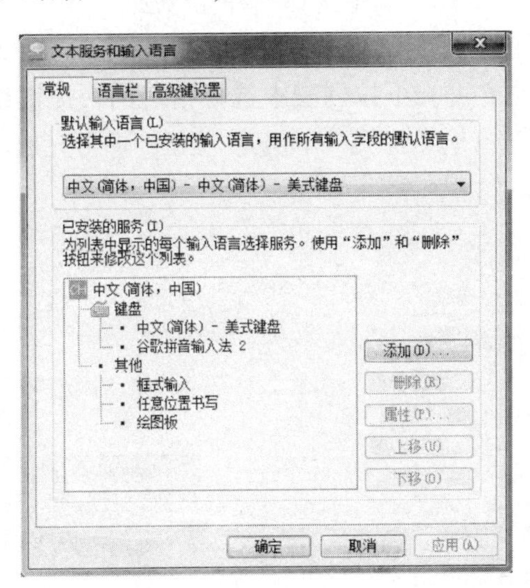

图 2-71 "文字服务和输入语言"对话框

在"默认输入语言"下拉列表框中,选择一种输入法后单击"确定"按钮,即完成了默认输入法的设定。

选择输入法的方法是:单击语言栏中的⌨图标,在弹出的菜单(如图 2-72 所示,菜单中列出了已安装或添加的输入法)中选择一种输入法。例如,选择"王码五笔字型输入法 86 版"选项,在任务栏左侧即出现"五笔型"输入法状态栏。此时可以用该输入法输入汉字。

（2）输入法切换。在输入汉字的过程中，经常需要在英文输入状态和中文输入状态之间切换。图2－73所示为五笔字型输入法的状态栏，它由“中英文切换”按钮、“输入方式切换”按钮、“全角/半角切换”按钮、“中英文标点切换”按钮和“软键盘”按钮5个部分组成，单击按钮即可进行切换。

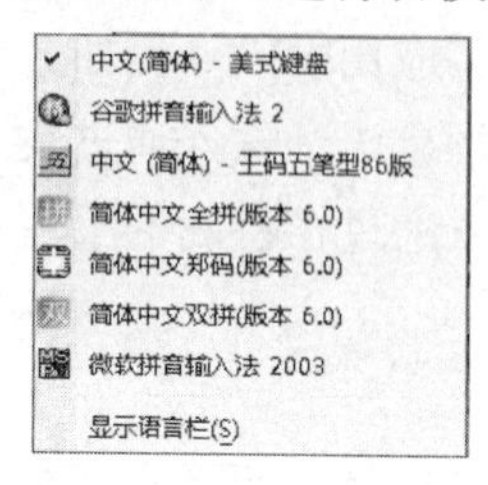

图2－72 输入法菜单

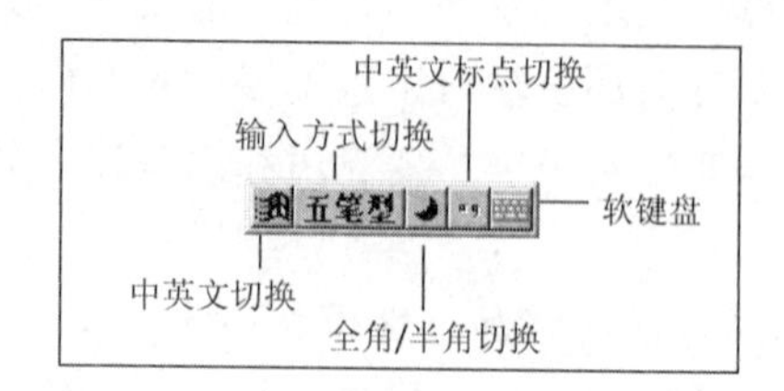

图2－73 中文输入法状态栏

实际上，可以使用快捷键进行输入法的切换。系统默认的快捷键如下：

① 用组合键“Ctrl＋空格键”切换中英文输入法状态。

② 用组合键“Ctrl＋Shift”在各种输入法之间切换。

此外，为了更方便地打开或切换到某种中文输入法，还可以为该输入法设置热键（快捷键）。设置热键的操作步骤如下：

① 在“文字服务和输入语言”对话框（如图2－71所示）中单击“高级键设置”按钮，弹出“高级键设置”对话框，如图2－74所示。

② 在“输入语言的热键”列表框中选择一种输入法。

③ 单击“更改按键顺序”按钮，弹出“更改按键顺序”对话框，如图2－75所示。选中“启用按键顺序”复选框，并在下拉列表中选择指定的快捷键组合，然后在“键”下拉列表框中选取一个数字（例如5）。单击“确定”按钮，即可完成设置。

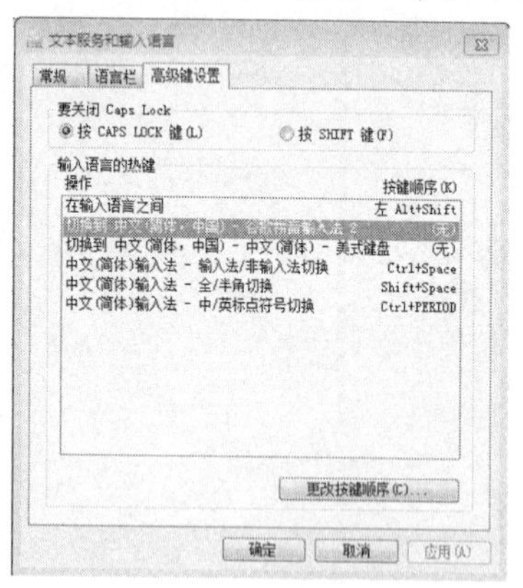

图2－74 “高级键设置”对话框

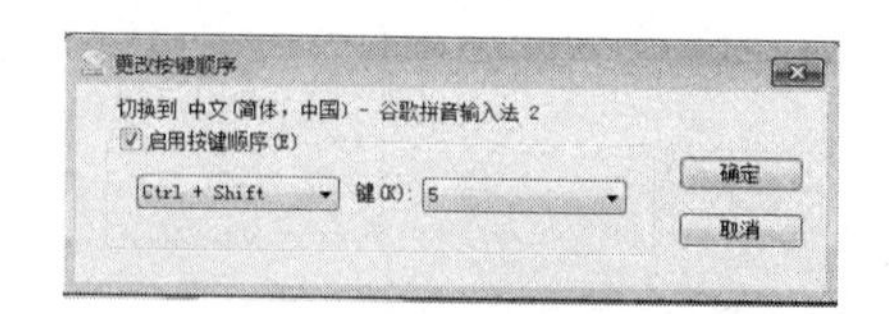

图2－75 “更改按键顺序”对话框

设置完成后，只要在按住组合键“Ctrl＋Shift”的同时按数字键“5”，即可切换到谷歌拼音输入法。

（3）输入法添加。用户可以根据需求添加和删除输入法。

① 删除输入法的方法：在“文字服务和输入语言”对话框的“已安装的服务”列表框

中选中要删除的输入法，单击“删除”按钮。

② 添加输入法的方法：在“文字服务和输入语言”对话框中单击“添加”按钮，弹出“添加输入语言”对话框，如图 2－76 所示。在“输入语言”下拉列表框中选择“中文（中国)”选项，在“键盘布局/输入法”下拉列表框中选择要添加的中文输入法，单击“确定”按钮，即可添加所选择的中文输入法。

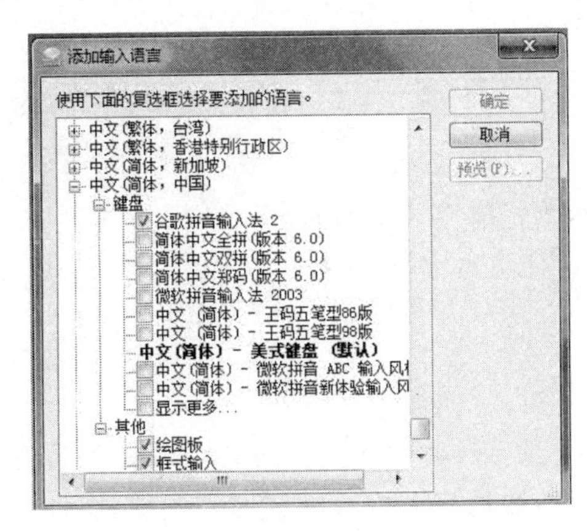

图 2－76 “添加输入语言”对话框

三、探索与练习

(1) 通过“文字服务和输入语言”对话框，选择默认输入法语言为中文。

(2) 通过“文字服务和输入语言”对话框，添加新的输入法。

(3) 通过“文字服务和输入语言”对话框，将不需要的输入法删除。

(4) 设置输入法之间切换的快捷键为“Ctrl + Alt”。

(5) 对输入法列表中的中文输入法进行属性设置，使其符合自己的输入习惯。

任务 13 编辑文本文件

一、任务描述

本任务通过创建一个最简单的文档，介绍编辑文本文件的方法。

【案例 2－1】 在“记事本”窗口中输入如图 2－77 所示的内容，并将其保存在“c:\test”文件夹中，文件名为“案例 2－1”。

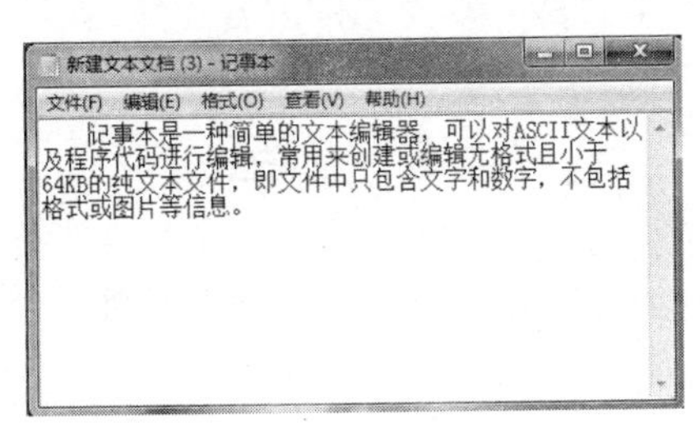

图 2－77 “记事本”窗口

二、相关知识与技能

记事本是一种简单的文本编辑器，可以对 ASCII 文本以及程序代码进行编辑，常用来创建或编辑无格式且小于64KB的纯文本文件，即文件中只包含文字和数字，不包括格式或图片等信息。

“记事本”窗口如图2－77所示。在“记事本”窗口中输入文字时，无论一段文本有多长，都在同一行显示。选择“格式”→“自动换行”命令，可以使文本以当前窗口的宽度自动换行。

三、方法与步骤

（1）单击“开始”→“所有程序”→“附件”→“记事本”命令，打开“记事本”程序。

（2）选择一种汉字输入法，输入文字内容。

（3）选择“格式”→“自动换行”命令。

“自动换行”命令是一个显示和打印命令，对记事本文件的内容不产生任何影响。若选择了“自动换行”命令，当调整记事本窗口的宽度时，每行显示的内容将随着新的窗口宽度变化。若没有选择“自动换行”命令，则文本的一整段（以回车键划分段）将以一行显示。

（4）选择“文件”→“保存”命令，弹出“另存为”对话框。

① 在“另存为”对话框中的路径选择窗口中，选择要存放的路径为C盘，在“文件名”输入框中输入文件名“test”。

② 在“保存类型”下拉列表框中选择“文本文档（*.txt）”，表示将文件保存为纯文本文件。

③ 单击“保存”按钮，完成文件的保存操作。

四、探索与练习

（1）打开记事本，输入一些文字，然后保存文件。

（2）打开已经创建的记事本文件，添加一些文字，然后保存文件。

（3）调整记事本的格式为“自动换行”，观察记事本中文本显示的变化。

（4）打开记事本，输入一段中英文混合的文字，然后保存文件。

（5）打开已经创建的记事本文件，改变文件内容，然后以“另存为”的方式保存文件。

2.9 小结

（1）本章介绍了Windows 7系统的基本知识与操作技能，使读者能够使用Windows 7完成一些常见的操作。

（2）Windows 7可供在家庭及商业工作环境下的笔记本电脑、平板电脑、多媒体中心等使用，安装方式包括升级安装和全新安装两种。

（3）Windows 7桌面由屏幕背景、图标和任务栏等组成。桌面是运行各类应用程序、对系统进行各种管理的屏幕区域。Windows资源管理器是Windows 7的主要操作界面，采用图形设计，易于操作，易于浏览。对系统中各种信息的浏览和处理基本上都是在窗口中进行。

(4) 在 Windows 7 系统中，「开始」菜单提供了启动程序、打开文档、搜索文件、系统设置以及获得帮助的所有命令。「开始」菜单左下方的“所有程序”菜单项包含了计算机系统中已经安装的应用程序。

(5) 登录 Windows 7 的计算机，必须有一个用户账号。它是一个定义了 Windows 7 用户的所有信息的档案，包括用户名和用户登录密码。

(6) Windows 7 中的应用程序管理器可以用来查看和管理系统中已经安装的程序，对所安装的程序进行卸载、修复和更新等操作。

(7) Windows 7 采用多层防护系统，融入了更多的安全特性，原有的安全功能也得到改进和加强。常用的安全功能有 Windows 7 系统的防火墙、“账户控制”（UAC）、“家长控制”等。

(8) Windows 7 系统支持汉字的输入、显示、存储和打印。常用汉字输入法有五笔字型输入法、智能 ABC 输入法、全拼输入法、微软拼音输入法等。

(9) 记事本是一种简单的文本编辑器，常用来创建或编辑无格式且小于 64KB 的纯文本文件。

习题与思考

1. 在“个性化”面板中对桌面的背景、风格、颜色等进行修改，并打造一个具有自己风格的外观界面。

2. 通过“任务栏”和「开始」菜单的属性设置，改造“任务栏”和「开始」菜单的显示样式。

3. 创建一个新的用户，并且以这个用户登录系统。

5. 利用“家长控制”功能设定一个账户的登录时间，并在禁止的时间尝试用此账户登录系统。

4. 在记事本中输入以下一段文字，将其以文件名“test1. txt”保存到文件夹 student 中。

“Windows 7 是由微软公司（Microsoft）推出的操作系统，核心版本号为 Windows NT 6. 1。Windows 7 可供在家庭及商业工作环境下的笔记本电脑、平板电脑、多媒体中心等使用。”

5. 通过“Windows 资源管理器”窗口，快速找到“test1. txt”文件，并在“预览窗口”显示文件内容。

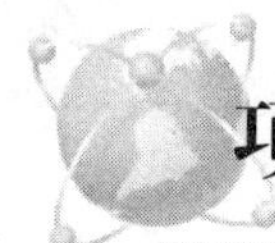

项目3　文字处理软件的应用（Word 2010）

3.1　制作读者服务卡

任务1　启动 Word 2010 程序

Word 基本操作

一、任务描述

本任务介绍几种打开 Word 2010 程序的方法。

二、相关知识与技能

1. 使用“开始”菜单打开 Word 2010

单击桌面左下角的「开始」菜单或者按下 Windows 键，弹出「开始」菜单，并展开“所有程序”。移动光标到“Microsoft Office”条目，在弹出的右侧菜单中选中“Microsoft Word 2010”条目单击鼠标左键或回车即可启动 Word 2010 程序，如图 3－1 所示。

2. 运行 Word 文档以打开 Word 2010

当在“我的电脑”中选择任意一个后缀名为 . doc 或 . docx 的文档并双击或回车时，计算机也会启动 Word 2010 程序（如图 3－2 所示），同时在编辑区打开选中的文档。

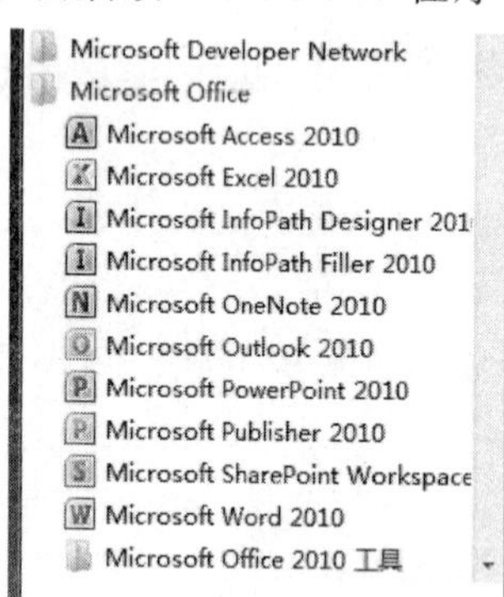

图 3－1　从「开始」菜单启动 Word 2010

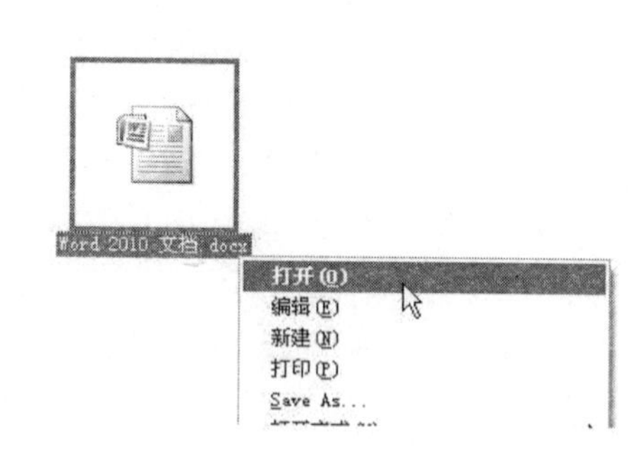

图 3－2　运行 Word 文档以打开 Word 2010

3. 新建空白 Word 文档并打开

在“我的电脑”中单击右键，在弹出的菜单中选择“新建”条目。在弹出的菜单中选择“Microsoft Word OpenXML”选项，如图 3－3 所示。

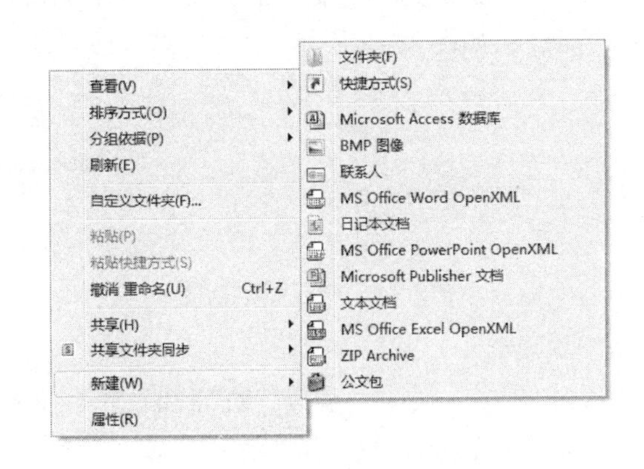

图 3－3　用右键菜单新建 Word 文档

三、知识拓展

Word 2010 是 Office 2010 家族中的主要成员。Word 2010 是集文字录入、编辑、排版于一身的小型桌面排版印刷系统。Word 2010 提供了“所见即所得”的操作环境，具有方便、直观的版面设计，同时还提供了丰富的模板和强大的公式编辑器等。使用 Word 2010 可以高效制作出图文并茂的文档，Word 2010 的窗口如图 3－4 所示。

Word 2010 的功能强大，同时操作非常简便、快捷。

图 3－4　Word 2010 窗口

Word 2010 使用“文件”按钮代替 Word 2007 中的 Office 按钮。此外，Word 2010 取消了传统的菜单操作方式，而代之以各种功能区。在 Word 2010 窗口上方看起来像菜单的名称其实就是功能区的名称，当单击这些名称时并不会打开菜单，而是切换到与之相对应的功能区面板。每个功能区根据功能的不同又分为若干个组，每个功能区对应不同的功能集合。

1. “开始”功能区

“开始”功能区包括剪贴板、字体、段落、样式和编辑五个组，并对应 Word 2003 的

“编辑”和“段落”菜单的部分命令。该功能区主要用于对 Word 2010 文档进行文字编辑和格式设置，是最常用的功能区，如图 3 - 5 所示。

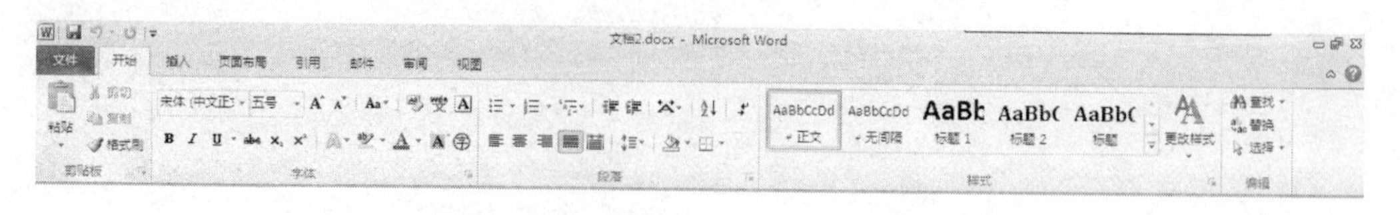

图 3 - 5 “开始”功能区

2. “插入”功能区

“插入”功能区包括页、表格、插图、链接、页眉和页脚、文本、符号和特殊符号，对应 Word 2003 中“插入”菜单的部分命令，主要用于在 Word 2010 文档中插入各种元素，如图 3 - 6 所示。

图 3 - 6 “插入”功能区

3. “页面布局”功能区

“页面布局”功能区包括主题、页面设置、稿纸、页面背景、段落、排列，对应 Word 2003 的“页面设置”菜单命令和“段落”菜单中的部分命令，用于设置 Word 2010 文档页面样式，如图 3 - 7 所示。

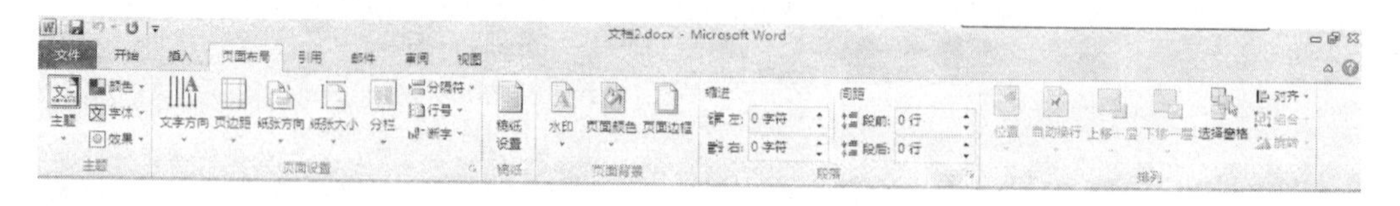

图 3 - 7 “页面布局”功能区

4. “引用”功能区

“引用”功能区包括目录、脚注、引文与书目、题注、索引和引文目录，用于实现在 Word 2010 文档中插入目录等比较高级的功能，如图 3 - 8 所示。

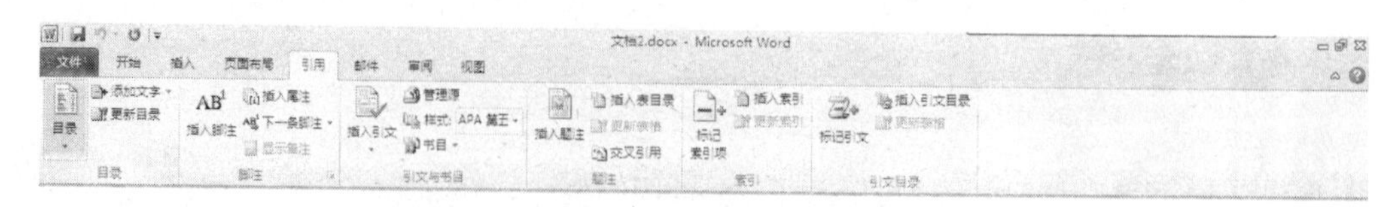

图 3 - 8 “引用”功能区

5. “邮件”功能区

“邮件”功能区包括创建、开始邮件合并、编写和插入域、预览结果和完成等，该功能区的作用比较单一，专门用于在 Word 2010 文档中进行邮件合并操作，如图 3 - 9 所示。

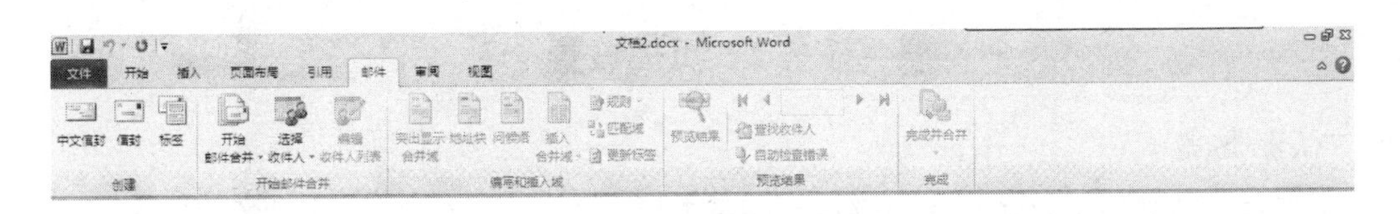

图 3－9 “邮件”功能区

6. “审阅”功能区

“审阅”功能区包括校对、语言、中文简繁转换、批注、修订、更改、比较和保护，主要用于对 Word 2010 文档进行校对和修订等操作，适用于多人协作处理 Word 2010 长文档，如图 3－10 所示。

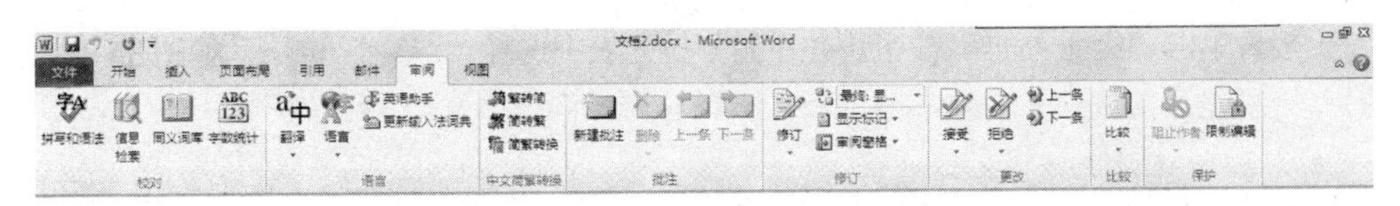

图 3－10 “审阅”功能区

7. “视图”功能区

“视图”功能区包括文档视图、显示、显示比例、窗口和宏，主要用于设置 Word 2010 操作窗口的视图类型，以方便操作，如图 3－11 所示。

图 3－11 “视图”功能区

8. “加载项”功能区

“加载项”功能区包括菜单命令一个分组。加载项是可以为 Word 2010 安装的附加属性，例如自定义的工具栏或其他命令扩展。“加载项”功能区则可以在 Word 2010 中添加或删除加载项。右击工具栏，选择“自定义功能区”，把“加载项”功能区附加上，如图 3－12 所示。

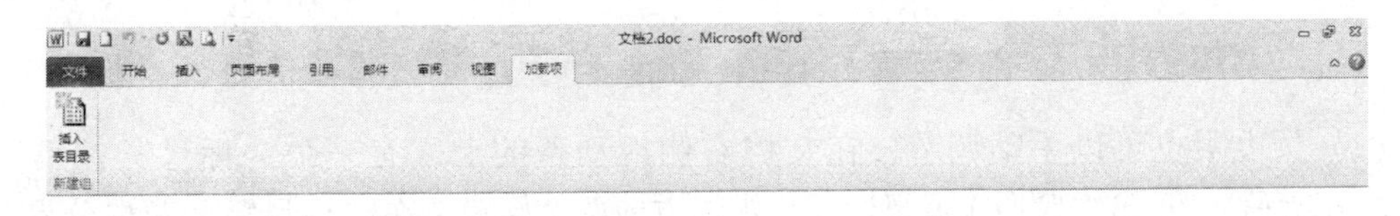

图 3－12 “加载项”功能区

四、探索与练习

(1) 在“我的文档”文件夹中新建 Word 2010 文档，并将其命名为“读者服务卡.docx”。

(2) 使用前面介绍的不同方法启动 Word 2010。

任务2　页面设置

一、任务描述

本任务讲述对 Word 2010 文档进行页面设置的方法。

二、相关知识与技能

1. 选定纸张大小及方向

（1）Word 默认的纸张是 A4。首先单击 Word 窗口上方的“页面布局”按钮，切换到“页面布局”功能区。单击“纸张大小”按钮并在其下拉列表中选中“A4 21 厘米 ×29.7 厘米”，如图 3－13 所示。

（2）接着单击“纸张方向”按钮，并在其下拉列表中选择“纵向”选项，如图 3－14 所示。

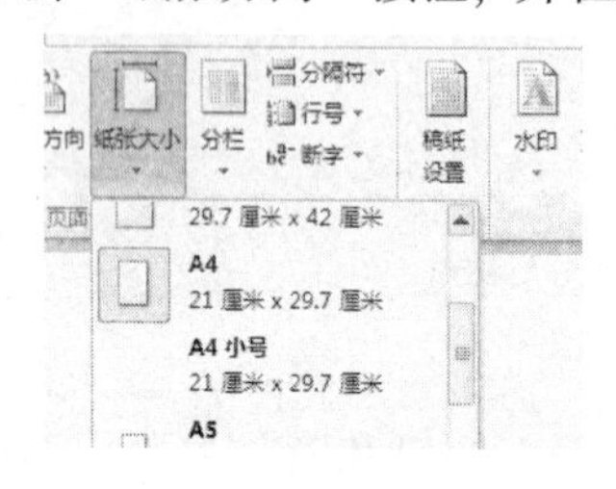

图 3－13　纸张大小

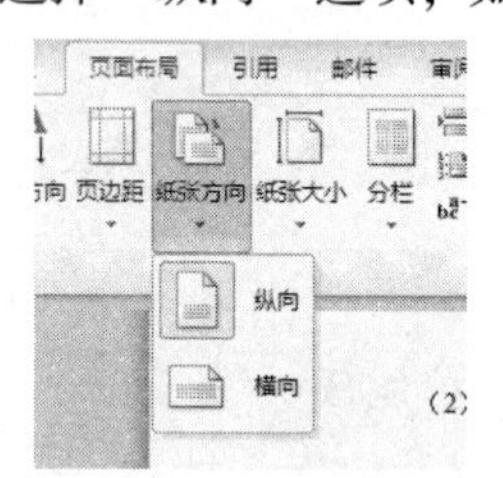

图 3－14　纸张方向

2. 修改页边距

（1）Word 2010 提供了常用页边距，用户可以快捷地调整页边距。在功能区中单击“页边距”按钮，可以打开其下拉列表。其中列出了常用页边距，单击就可以修改当前文档的页边距，如图 3－15 所示。

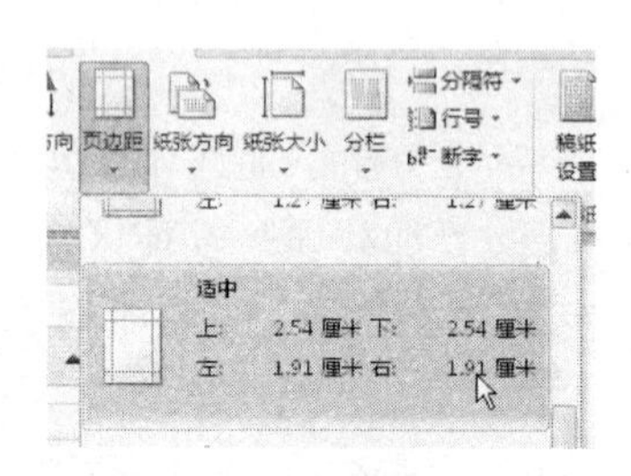

图 3－15　快捷调整页边距

（2）页边距也可以手动调节，在文档右侧滑动条的上方有一个“标尺”按键（如图 3－16 所示）。单击之后会在编辑区显示纵横方向两个标尺，在“标尺”的灰白分界线上按住鼠标左键拖动可以手动调整页边距，如图 3－17 所示。

图 3－16　“标尺”按键

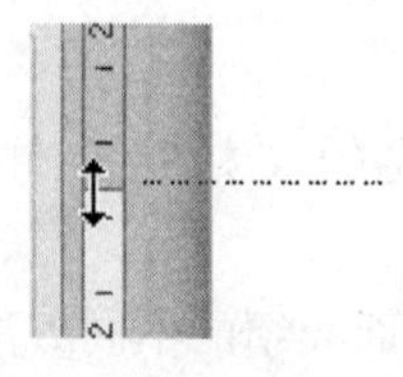

图 3－17　在“标尺”上调整页边距

三、探索与练习

(1) 在已经建立好的文档“读者服务卡”中，将纸张大小设置为“A4 21 厘米 ×29.7 厘米”。

(2) 将纸张方向调整为纵向。

(3) 将页边距设置为：上、下为 3.5 cm，左、右为 2.5 cm。

任务 3　文档的保存

一、任务描述

本任务介绍保存文档的方法。

二、相关知识与技能

保存文档的方法如下。

(1) 当 Word 2010 程序知道文档的保存路径时，按下快捷键“Ctrl + S”或左上角快速访问工具栏中的“保存”按钮可以直接保存文档，如图 3 – 18 所示。否则会弹出“另存为”对话框提示用户指定保存路径。

(2) 使用“另存为”对话框（如图 3 – 19 所示），可以将文档修改为其他名称或类型，也可以修改文档的保存路径。

图 3 – 18　快速访问工具栏

图 3 – 19　“另存为”对话框

三、知识拓展

用户可以在“另存为”对话框中将文档保存为较低版本的 Word 文档，以便使低版本 Word 程序可以直接打开文档。单击左上角快速访问工具栏中的“另存为”按钮，打开“另存为”对话框。在“保存类型”中选中“Word 97 – 2003 文档（*.doc）”，如图 3 – 20 所示。

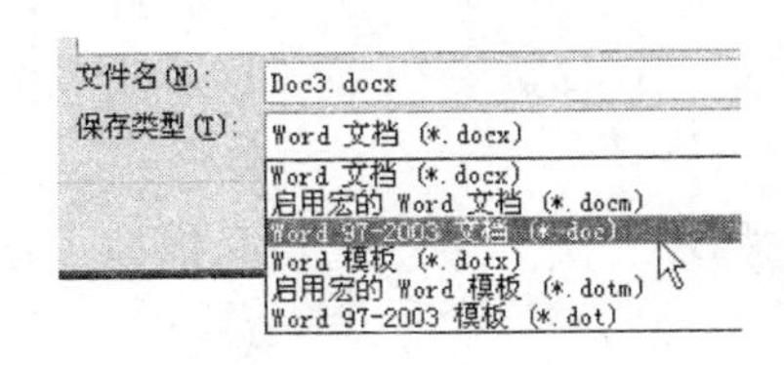

图 3 – 20　保存为较低版本的 Word 文档

文件不但能被保存为 Word 文档，还能被保存为其他文档甚至 PDF 文档或网页。

四、探索与练习

（1）将已经保存过的 Word 2010 文档另存到其他文件位置。

（2）将 Word 2010 文档另存为 Word 2003 等 Word 较低版本可以打开的文档。

（3）将 Word 2010 文档另存为网页形式，观察生成的文件类型。

（4）将 Word 2010 文档另存为 PDF 文档，并打开这个 PDF 文档查看显示效果。

任务4　文档的编辑

一、任务描述

本任务介绍文档编辑的方法。

二、相关知识与技能

1. 文档的输入

（1）当新建一个文档后，在文档的开始位置将出现一个闪烁的光标，其被称为“插入点”。在 Word 中输入的任何文本，都会在插入点处出现。定位了插入点的位置后，选择一种输入法，即可开始文本的输入 ，如图 3－21 所示。

图 3－21　文档输入的工作区

（2）在工作区中点一下鼠标，这样就会出现一条一闪一闪的光标插入点。文字就可被输入在此。

（3）单击输入法图标，选择输入法。注意观察光标插入点的位置变化，它会随着文字逐渐后退。

对“读者服务卡”输入相应内容，如图 3－22 所示。

2. 文档的选择

在编辑文本之前，首先必须选取文本。选取文本既可以使用鼠标，也可以使用键盘，还可以结合鼠标和键盘进行选取。

（1）用鼠标直接拖动相应的文本。

（2）选定大范围的文本：先单击文本的开始处，然后按住 Shift 键不松开，最后单击文本的结束处。也可以用选定栏选定文本。正文与左边距之间的距离叫选定栏。在选定栏中单击可以选定一行；在选定栏中拖动可以选定多行；在选定栏中双击，可以选定一段，双击单词的部分可以选定单词。

读者服务卡

感谢您购买了本书，希望它能为您的工作和学习带来帮助。为了今后能为您提供更优秀的图书，请您抽出宝贵的时间填写这份调查表，然后剪下寄到：北京理工大学出版社(邮编100039);您也可以把意见反馈到bitpress@vip.163.com。邮购咨询电话:010-68945485。我们将充分考虑您的意见和建议，并尽可能地给您满意的答复。谢谢!

姓　　名:　　　　性　　别:　　　　学　　历:

职　　业:

年　　龄: ○10~20　○20~30　○30~40　○40~50　○50以上

单　　位:

联系电话:

通讯地址:

你对理工社印象最深的几本IT图书是:

你对理工社IT图书的评价是:

你经常阅读这类图书:

□办公软件 □平面设计 □三维设计 □网页设计 □数码视频

□黑客安全 □网络编程 □基础入门 □网络管理 □工业设计 □硬件DIY

你认为什么样的价位最合适:

你最希望我们出版哪些图书:

你喜欢阅读 □黑白 □彩色书

二〇一一年八月

图 3－22　文档输入

（3）按“Ctrl＋A”组合键可以选定整个文档。

（4）按住 Alt 键可以选定一个矩形块。

3. 文本的复制、移动和删除

在编辑文档的过程中，经常需要将一些重复的文本进行复制以节省输入时间，或将一些位置不正确的文本从一个位置移到另一个位置，或将多余的文本删除 。

（1）文本的复制方法有两种：一种是选定要复制的文本，然后按住 Ctrl 键不松开直接拖动，此时也会出现一个“＋”号，其中虚线表示要复制的位置；另一种是选定文本→复制（Ctrl＋C）→定位→粘贴（Ctrl＋V）。

（2）移动文本：选定→剪切（Ctrl＋X）→定位→粘贴（Ctrl＋V）。也可首先选定要移动的文本，然后按住右键，拖动到新的位置，选择相应的命令。

（3）删除文本：把光标定位到要删除的文本处，并按退格键删除光标前面的一个字符。按 Del 键，则删除光标后面的一个字符。若要删除大量的文本，则首先选定要删除的文本，然后按 Del 键或剪切按钮。

图 3－23 所示为“读者服务卡”文档复制、移动和删除文本后的效果。

读者服务卡

感谢您购买了本书，希望它能为您的工作和学习带来帮助。为了今后能为您提供更优秀的图书，请您抽出宝贵的时间填写这份调查表，然后剪下寄到：北京理工大学出版社(邮编100039);您也可以把意见反馈到bitpress@vip.163.com。邮购咨询电话:010-68945485。我们将充分考虑您的意见和建议，并尽可能地给您满意的答复。谢谢!

姓　　名:＿＿＿＿＿＿ 性　　别:＿＿＿＿＿ 学　　历:＿＿＿＿＿

职　　业:＿＿＿＿＿＿＿＿＿＿＿＿＿＿＿＿＿＿＿＿＿＿＿＿＿＿

年　　龄: ○10~20　　○20~30　　○30~40　　○40~50　　○50以上

单　　位:＿＿＿＿＿＿＿＿＿＿＿＿＿＿＿＿＿＿＿＿＿＿＿＿＿＿

联系电话:＿＿＿＿＿＿＿＿＿＿＿＿＿＿＿＿＿＿＿＿＿＿＿＿＿＿

通讯地址:＿＿＿＿＿＿＿＿＿＿＿＿＿＿＿＿＿＿＿＿＿＿＿＿＿＿

你对理工社印象最深的几本IT图书是:＿＿＿＿＿＿＿＿＿＿＿＿＿＿

＿＿＿＿＿＿＿＿＿＿＿＿＿＿＿＿＿＿＿＿＿＿＿＿＿＿＿＿＿＿

你对理工社IT图书的评价是:＿＿＿＿＿＿＿＿＿＿＿＿＿＿＿＿＿＿

＿＿＿＿＿＿＿＿＿＿＿＿＿＿＿＿＿＿＿＿＿＿＿＿＿＿＿＿＿＿

你经常阅读这类图书:

□办公软件 □平面设计 □三维设计 □网页设计 □数码视频

□网络编程 □黑客安全 □基础入门 □网络管理 □硬件DIY

你认为什么样的价位最合适:＿＿＿＿＿＿＿＿＿＿＿＿＿＿＿＿＿＿

＿＿＿＿＿＿＿＿＿＿＿＿＿＿＿＿＿＿＿＿＿＿＿＿＿＿＿＿＿＿

你最希望我们出版哪些图书:＿＿＿＿＿＿＿＿＿＿＿＿＿＿＿＿＿＿

＿＿＿＿＿＿＿＿＿＿＿＿＿＿＿＿＿＿＿＿＿＿＿＿＿＿＿＿＿＿

你喜欢阅读 □黑白 □彩色书

二〇一一年八月

图 3－23　“读者服务卡”文档复制、移动和删除文本后的效果

三、知识拓展

1. 查找和替换文本

在文档中查找某一个特定内容，或在查找到特定内容后将其替换为其他内容，可以说是一项费时费力，又容易出错的工作。Word 2010 提供了查找与替换功能，使用该功能可以非常轻松、快捷地完成此操作 。

单击“编辑”工具栏中的查找命令，在出现的对话框中输入要查找的内容，最后“单击查找下一处”，再次单击“查找下一处”，可进行反复查找，注意查找的字符不得超过 255 个；单击“替换”标签，可以进行文本的替换，在查找内容中输入被替的词，在“替换为”中输入替换成的词，单击“替换”按钮，可以完成指定内容的替换，单击“全部替换”，将完成所有的替换，如图 3－24 所示。

2. 粘贴

从 Word 2010 以外的程序复制的文本粘贴到 Word 2010 文档时，可以在“从其他程序粘贴”选项中设置“保留源格式”“合并格式”和“仅保留文本”三种粘贴格式之一，操作步骤如下：

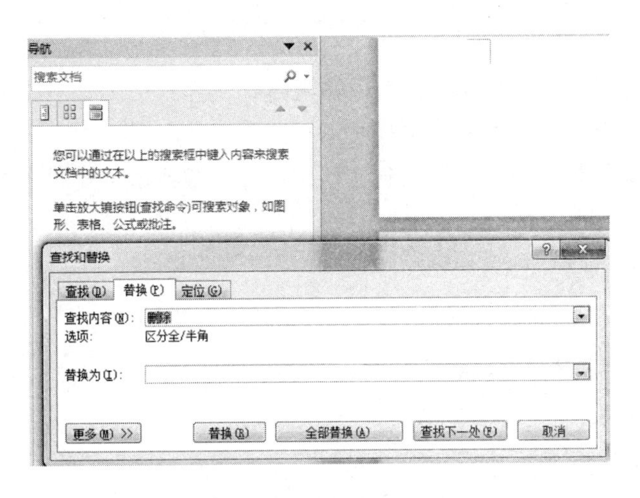

图 3－24　查找和替换

（1）打开 Word 2010 文档窗口，依次单击“文件”→“选项”命令，如图 3－25 所示。

图 3－25　单击“选项”命令

（2）打开“Word 选项”对话框，并切换到“高级”选项卡。在“剪切、复制和粘贴区域”单击“从其他程序粘贴”下拉三角按钮，并选择“保留源格式”“合并格式”或“仅保留文本”选项，并单击“确定”按钮，如图 3－26 所示。

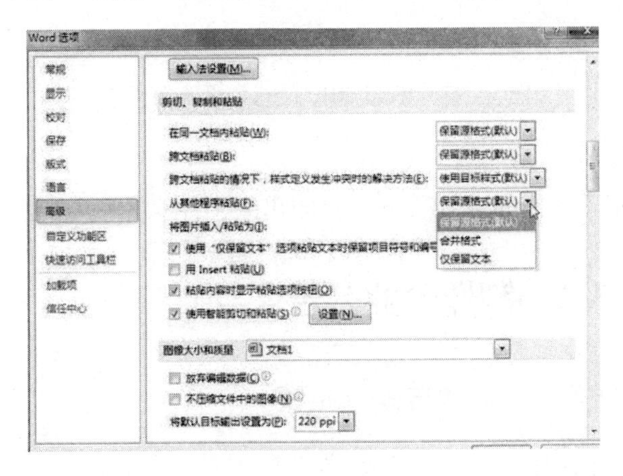

图 3－26　单击“从其他程序粘贴”下拉三角按钮

四、探索与练习

（1）在已经保存过的 Word 2010 文档中输入内容。

（2）练习用上面介绍的多种方法选择文本。

（3）将素材文本复制粘贴，以移动到文档中，并注意粘贴时候的选项。

任务5 文档的打印

一、任务描述

本任务介绍打印文档的方法。

二、相关知识与技能

打印文档的方法如下：

需要打印文档时，可以单击左上角“快速访问工具栏”界面中的“打印预览和打印”按键或“文件工作区”界面中的“打印”选项。这时文档编辑区变为打印设置和预览。在这里可以进行选择打印机、打印份数等的设定，也可以直观地在右侧打印预览中看到打印效果。确认连接打印机后，就可以单击“打印”按键打印文档，如图 3－27 所示。

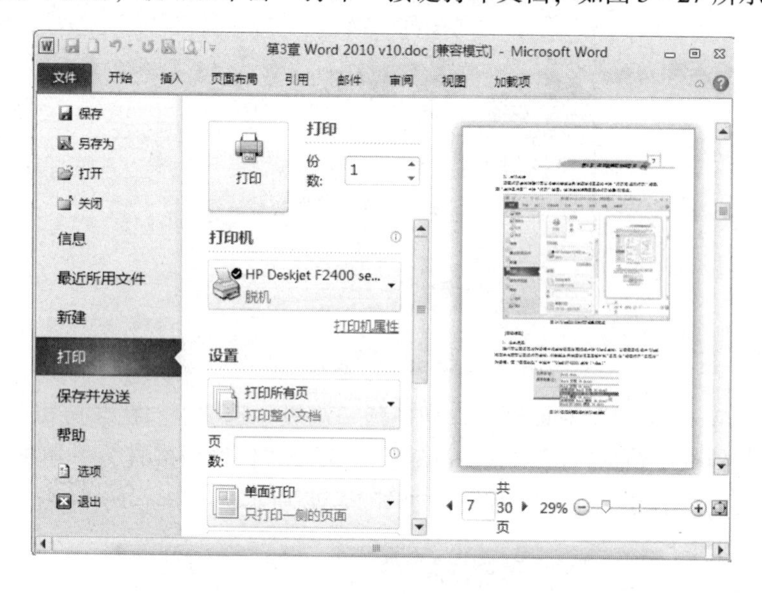

图 3－27 Word 2010 的打印设置和预览

三、探索与练习

条件允许时，将刚才制作的读者服务卡打印出来，注意先预览打印效果。

3.2 制作企业公告

任务6 文本与段落格式

文本与段落格式

一、任务描述

本任务介绍 Word 2010 中文本和段落格式的设置方法。

二、相关知识与技能

1. 使用功能区的“字体”组进行设置

Word 2010 的“字体”对话框专门用于设置 Word 文档中的字体、字体大小、字体效果等选项，在“字体”对话框中可以方便地选择字体，并设置字体大小，其操作步骤如下。

（1）选中准备设置字体和字体大小的文本块，然后在“开始”功能区单击“字体”分组的“显示‘字体’对话框”按钮，如图 3－28 所示。

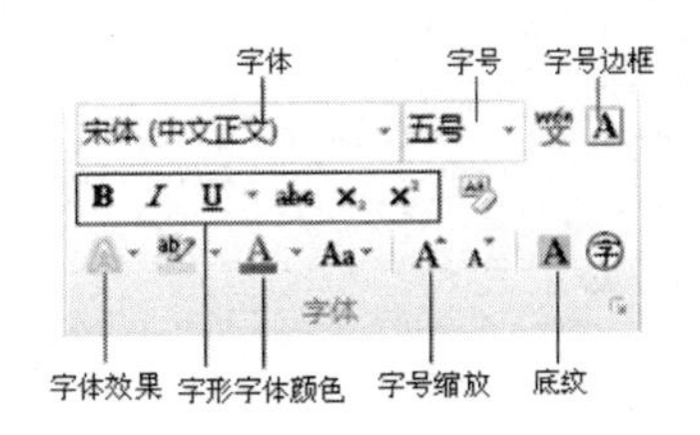

图 3－28　“字体”组

（2）在打开的“字体”对话框中，分别在“中文字体”“西文字体”和“字号”下拉列表中选择合适的字体和字号，或者在“字号”编辑框中输入字号的数值。设置完毕后单击“确定”按钮即可，如图 3－29 所示。

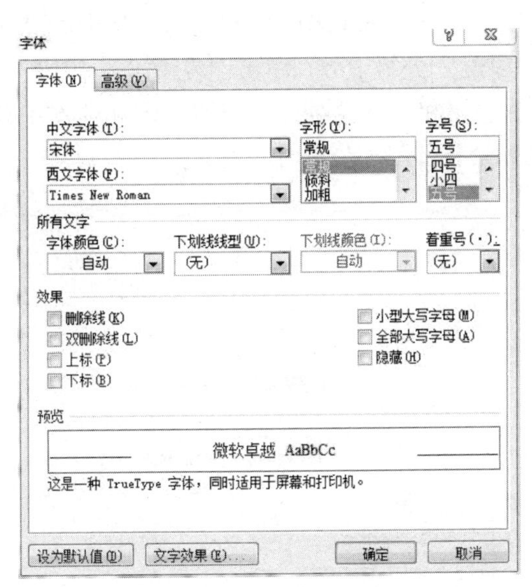

图 3－29　“字体”对话框

（3）设置标题字体为“方正粗活意简体，一号，加粗，红色，双下划线”；副标题使用“隶书，小一，红色”；时间、地点、培训内容、参加人员、携带文字、公告时间采用“宋体、Times New Roman、五号”，并在培训内容上加着重号；说明内容使用“楷体_ GB2312，小四”；公告部门使用“华文中宋，小四，加粗，倾斜”，如图 3－30所示。

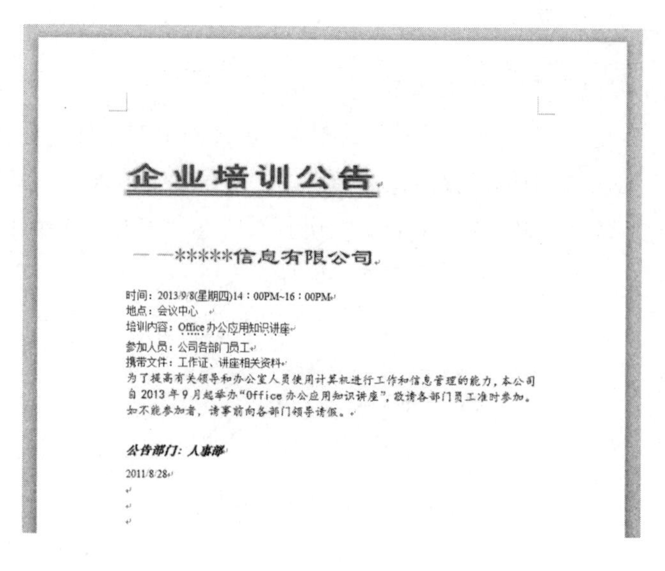
企业培训公告

— —*****信息有限公司

时间：2013/9/8(星期四)14：00PM~16：00PM
地点：会议中心
培训内容：Office办公应用知识讲座
参加人员：公司各部门员工
携带文件：工作证、讲座相关资料
为了提高有关领导和办公室人员使用计算机进行工作和信息管理的能力，本公司自2013年9月起举办"Office办公应用知识讲座"，敬请各部门员工准时参加。如不能参加者，请事前向各部门领导请假。

公告部门：人事部
2011/8/28

图3－30　字体设置的效果

2. 设置段落格式

在Word 2010中，为了使文档更加美观、有条理、清晰，通常需要对段落样式进行设置。

（1）设置段落对齐方式。打开Word 2010文档窗口，选中需要设置对齐方式的段落，然后在“开始”功能区的“段落”分组中分别单击“左对齐”按钮、“居中对齐”按钮、“右对齐”按钮、“两端对齐”按钮和“分散对齐”按钮来设置对齐方式。如图3－31所示，设置标题居中对齐，副标题和公告部门、公告时间右对齐。

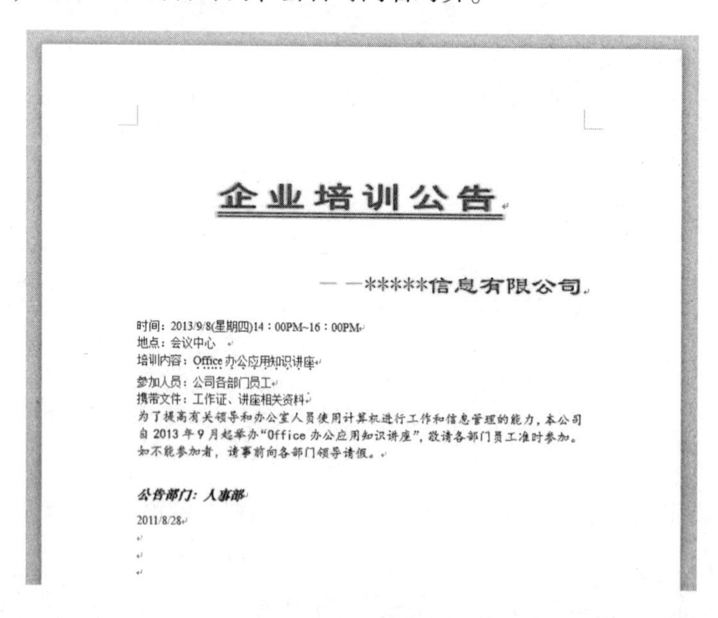
企业培训公告

— —*****信息有限公司

时间：2013/9/8(星期四)14：00PM~16：00PM
地点：会议中心
培训内容：Office办公应用知识讲座
参加人员：公司各部门员工
携带文件：工作证、讲座相关资料
为了提高有关领导和办公室人员使用计算机进行工作和信息管理的能力，本公司自2013年9月起举办"Office办公应用知识讲座"，敬请各部门员工准时参加。如不能参加者，请事前向各部门领导请假。

公告部门：人事部
2011/8/28

图3－31　单击对齐方式按钮

（2）设置段落缩进。在Word 2010文档中的“段落”对话框中设置段落缩进，选中需要设置段落缩进的文本段落。在“开始”功能区的“段落”分组中单击“显示‘段落’对话框”按钮，在打开的“段落”对话框中切换到“缩进和间距”选项卡，在“缩进”区域调整“左侧”或“右侧”编辑框以设置缩进值。然后单击“特殊格式”下拉三角按钮，在下拉列表中选中“首行缩进”或“悬挂缩进”选项，并设置缩进值。设置完毕后单击“确定”按钮，如图 3－32所示。

图 3－32　段落缩进

（3）设置段落间距。段落间距的设置包括文档行间距与段间距的设置。在 Word 2010 文档窗口中选中需要设置段落间距的段落，在“开始”功能区的“段落”分组中单击“显示‘段落’对话框”按钮。打开“段落”对话框，在“缩进和间距”选项卡中设置“段前”和“段后”的数值，以设置段落间距，在“行距”下拉列表中选择合适的行距，并单击“确定”按钮，如图 3－33 所示。

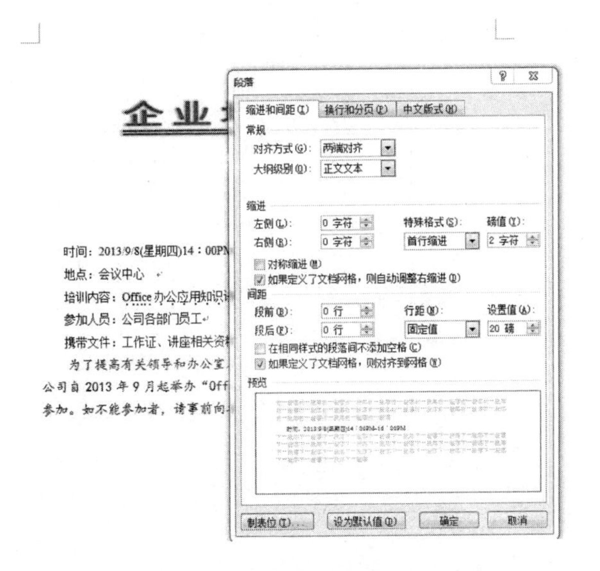

图 3－33　在“段落”对话框设置段落间距

三、知识拓展

1. 字符间距

在“字体”对话框中不仅可以完成功能区“字体”组中的所有字体设置功能，而且还能给文本添加特殊的效果，设置字符间距等，如图 3－34 所示。

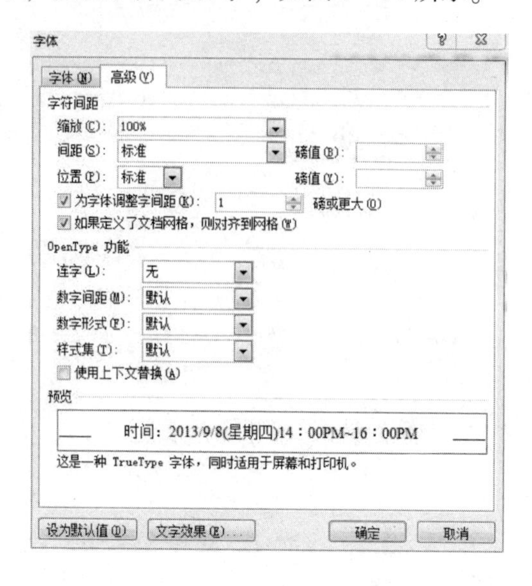

图 3－34 “字体”对话框

2. 在“段落”对话框中设置对齐方式

在 Word 2010 的“开始”功能区和“段落”对话框中均可以设置文本对齐方式，打开 Word 2010 文档窗口，选中需要设置对齐方式的段落。在“开始”功能区的“段落”分组中单击“显示‘段落’对话框”按钮，在打开的“段落”对话框中单击“对齐方式”下拉三角按钮，然后在“对齐方式”下拉列表中选择合适的对齐方式，如图 3－35 所示。

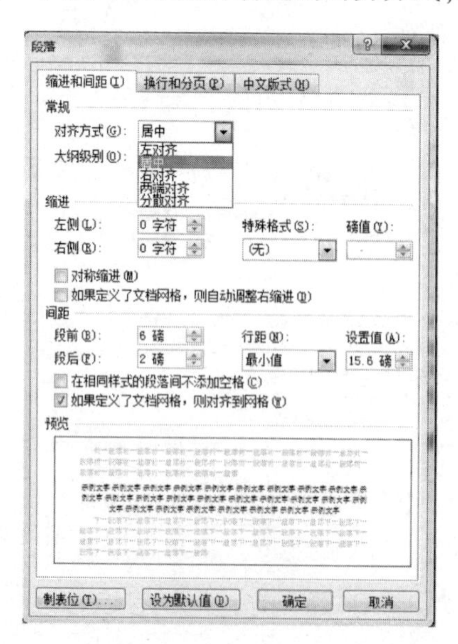

图 3－35 单击“对齐方式”下拉三角按钮

3. 设置段落间距

在 Word 2010 中，可以通过多种渠道设置段落间距。

（1）方法 1。在 Word 2010 文档窗口中选中需要设置段落间距的段落，然后在“开始”功能区的“段落”分组中单击“行和段落间距”按钮。在打开的“行和段落间距”列表中单击“增加段前间距”和“增加段后间距”命令，以设置段落间距，如图 3－36 所示。

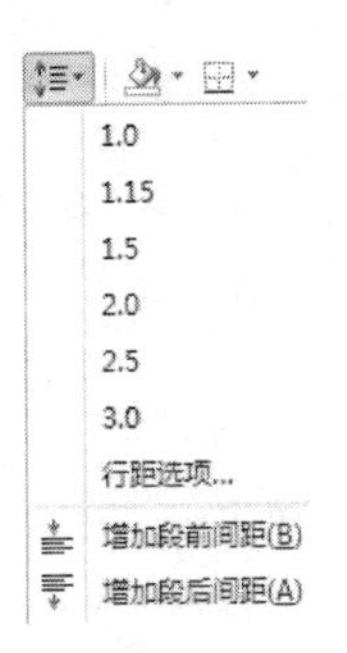

图 3－36　单击“增加段前间距”命令

（2）方法 2。在 Word 2010 文档窗口切换到“页面布局”功能区，在“段落”分组中调整“段前”和“段后”间距的数值，以设置段落间距，如图 3－37 所示。

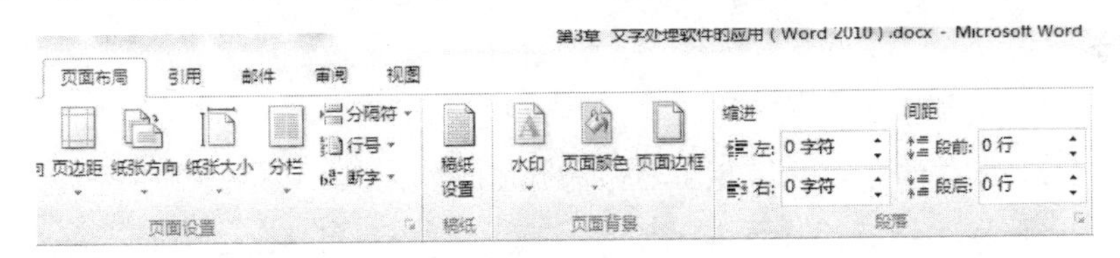

图 3－37　在“页面布局”功能区设置段落间距

四、探索与练习

（1）在“企业公告”中调整字符间距。

（2）给“企业公告”中添加知识培训内容，添加字体和段落的特殊样式。

任务 7　项目符号和编号

一、任务描述

本任务介绍 Word 2010 中项目符号和编号的设置方法。

二、相关知识与技能

使用项目符号和编号列表，可以对文档中并列的项目进行组织，或者将顺序的内容进行编号，以使这些项目的层次结构更清晰、更有条理。Word 2010 提供了 7 种标准的项目符号和编号，并且允许自定义项目符号和编号。

1. 添加项目符号

项目符号主要用于区分 Word 2010 文档中不同类别的文本内容，使用原点、星号等符号表示项目符号，并以段落为单位进行标识。选中需要添加项目符号的段落。在“开始”功能区的“段落”分组中单击“项目符号”下拉三角按钮。在“项目符号”下拉列表中选中合适的项目符号即可。在企业公告中，增加培训内容要点，然后在外层内容中添加项目符号，如图 3－38 所示。

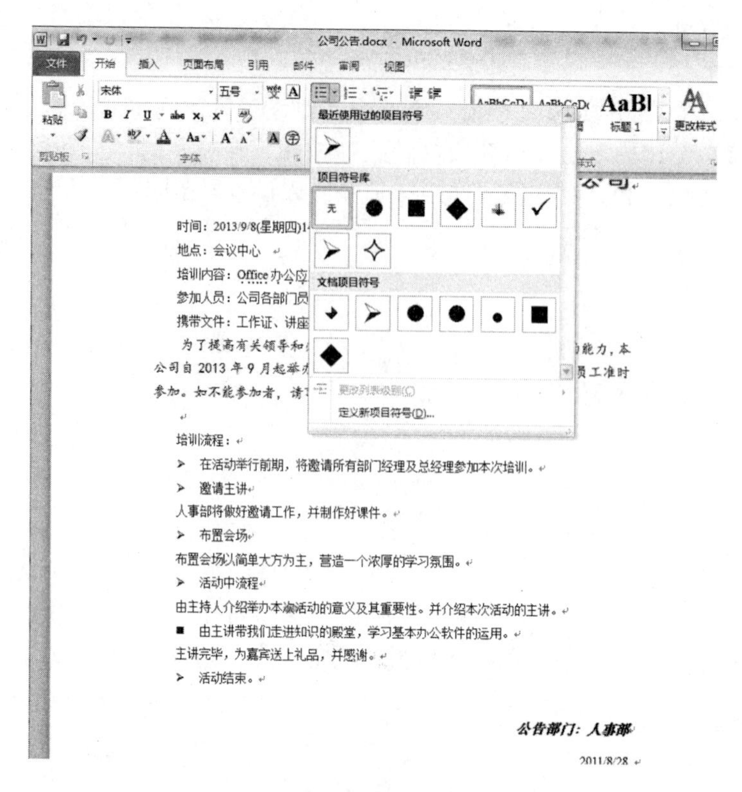

图 3-38 添加项目符号

2. 添加项目编号

打开 Word 2010 文档窗口，在“开始”功能区的“段落”分组中单击“编号”下拉三角按钮。在“编号”下拉列表中选中合适的编号类型即可，如图 3-39 所示。

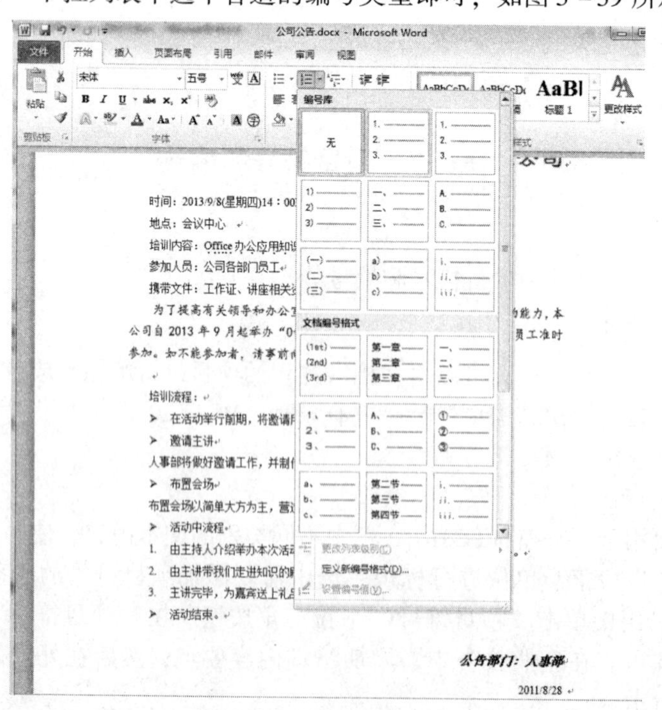

图 3-39 添加项目编号

三、知识拓展

1. 定义新项目符号

Word 2010 内置有多种项目符号，用户可以在 Word 2010 中选择合适的项目符号，也可以根据实际需要定义新项目符号，使其更具有个性化特征（例如将公司的 Logo 作为项目符号）。在 Word 2010 中定义新项目符号的步骤如下。

（1）第 1 步。打开 Word 2010 文档窗口，在“开始”功能区的“段落”分组中单击“项目符号”下拉三角按钮。在打开的“项目符号”下拉列表中选择“定义新项目符号”选项。

（2）第 2 步。在打开的“定义新项目符号”对话框中，可以单击“符号”按钮或“图片”按钮来选择项目符号的属性。首先单击“符号”按钮，如图 3－40 所示。

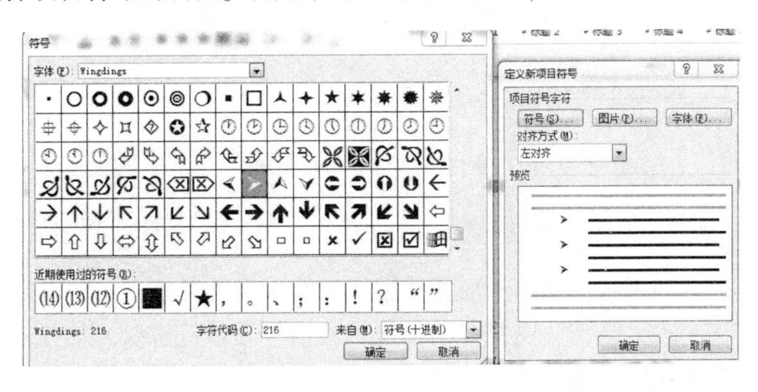

图 3－40　选择“定义新项目符号”选项

（3）第 3 步。打开“符号”对话框，在“字体”下拉列表中选择字符集，然后在字符列表中选择合适的字符，并单击“确定”按钮。

（4）第 4 步。返回“定义新项目符号”对话框，如果继续定义图片项目符号，则单击“图片”按钮。

（5）第 5 步。打开“图片项目符号”对话框，图片列表中含有多种用于项目符号的小图片，可以从中选择一种图片。如果需要使用自定义的图片，则需要单击“导入”按钮，如图 3－41 所示。

（6）第 6 步。在打开的“将剪辑添加到管理器”对话框中，查找并选中自定义的图片，并单击“添加”按钮。

（7）第 7 步。返回“图片项目符号”对话框，在图片符号列表中选择添加的自定义图片，并单击“确定”按钮。

（8）第 8 步。返回“定义新项目符号”对话框，可以根据需要设置对齐方式，最后单击“确定”按钮即可。

2. 插入多级编号列表

多级列表是指 Word 文档中编号或项目符号列表的嵌套，以实现层次效果。在 Word 2010 文档中可以插入多级列表，其操作步骤如下。

（1）第 1 步。打开 Word 2010 文档窗口，在“开始”功能区的“段落”分组中单击“多级列表”按钮。在打开的多级列表面板中选择多级列表的格式，如图 3－42 所示。

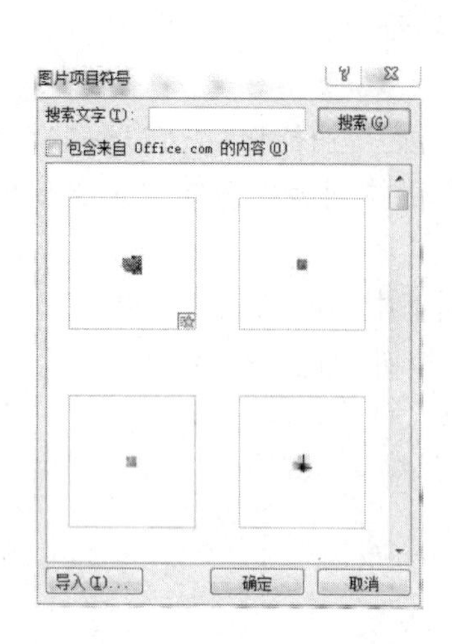

图3－41　“图片项目符号”对话框

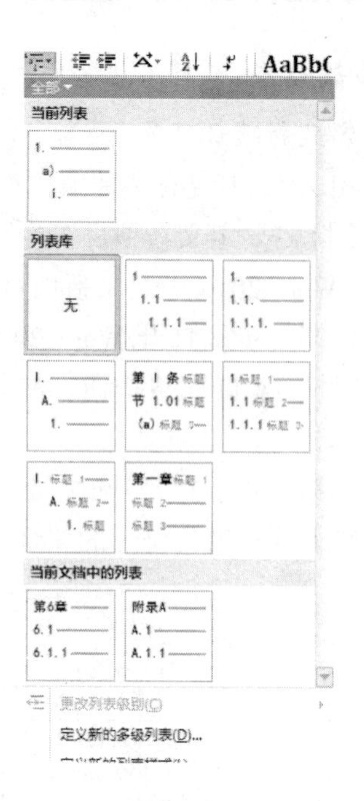

图3－42　选择多级列表格式

（2）第2步。按照插入常规编号的方法输入条目内容，然后选中需要更改编号级别的段落。单击“多级列表”按钮，在打开的面板中指向“更改列表级别”选项，并在打开的下一级菜单中选择编号列表的级别。

四、探索与练习

（1）在“企业公告”中添加图片项目符号。

（2）在“企业公告”中将外层项目符号换成项目编号，将内层项目编号换成项目符号。

任务8　边框和底纹

边框和底纹

一、任务描述

本任务介绍 Word 2010 中边框和底纹的设置方法。

二、相关知识与技能

使用 Word 2010 编辑文档时，为了让文档更加吸引人，有时需要为文字和段落添加边框和底纹，以增加文档的生动性。

1. 添加边框

在“开始”功能区的“段落”分组中单击“边框”下拉三角按钮，并在打开的菜单中选择“边框和底纹”命令，以给页面边框添加艺术类型，如图3－43所示。给说明内容添加段落边框如图3－44所示。

2. 添加底纹

在“开始”功能区的“段落”分组中单击“底纹”下拉三角按钮，在打开的底纹颜色面板中选择合适的颜色，给标题和副标题添加底纹，如图3－45所示。

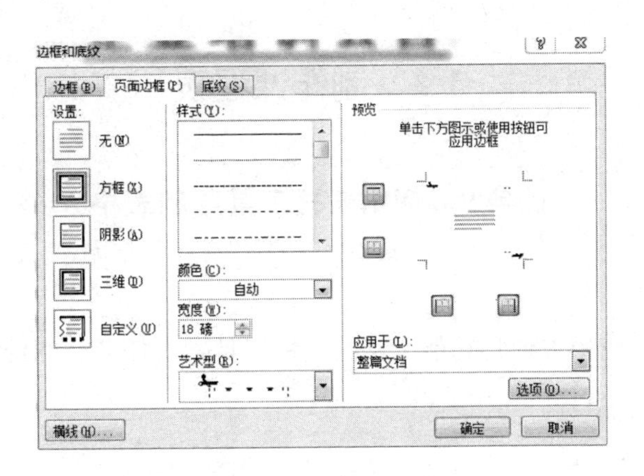

图 3－43　页面边框

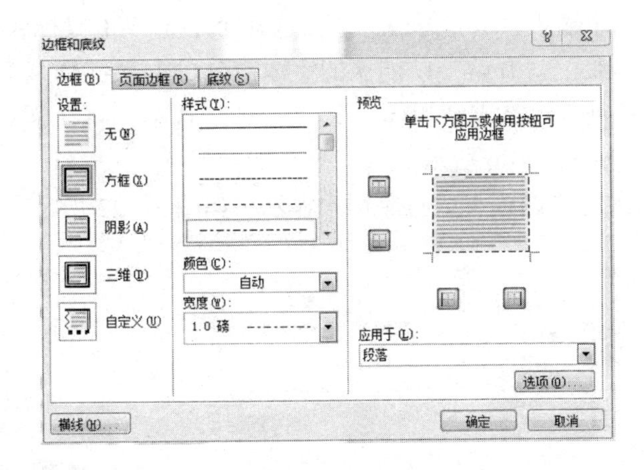

图 3－44　段落边框

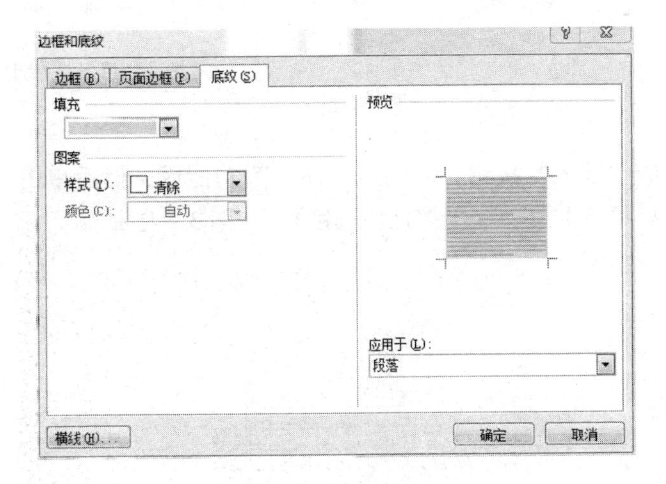

图 3－45　添加底纹

三、探索与练习

（1）在“企业公告”中替换页面边框。

（2）在“企业公告”中给公告部门添加红色底纹。

3.3 制作课程表

任务9 使用表格工具绘制表格

绘制表格

一、任务描述

Word 2010 提供了使用方便且功能丰富的表格工具。本任务介绍使用表格工具制作课程表的方法。

二、相关知识与技能

1. 编辑标题

在刚刚打开的文档中输入“课程表”，并在这几个字上双击鼠标将其全选。被选中后，文字会有灰色底色。然后在“开始”功能区的字体部分单击“字体”和“字号”按键的向下箭头，在弹出的下拉列表中选定“黑体”和“一号”选项，将“课程表”三个字修改为“隶书，小二”格式，如图 3－46 所示。

单击“居中”按键使“课程表”三字居中显示，如图 3－47 所示。

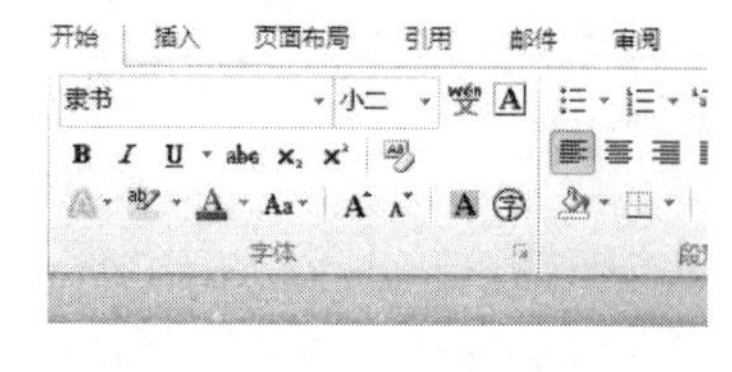

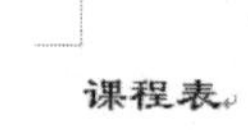

图 3－46 修改文字字体

图 3－47 “居中”按键

2. 插入表格

单击窗体上方的“插入”按键，切换到“插入”功能区，然后单击“表格”按键，用鼠标在其弹出的下拉菜单上滑动（不按任何按键），如图 3－48 所示。

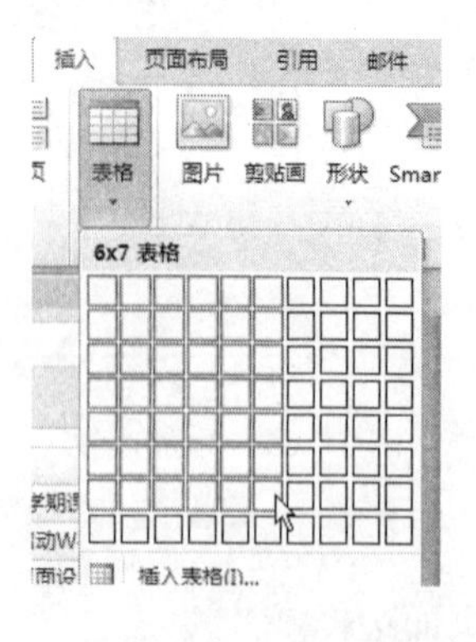

图 3－48 选定表格的行列数

3. 改变表格样式

这时，功能区会自动切换到“表格－设计”功能区。若单击“浅色文底－强调文字颜色 1”，则刚建立的表格的表格样式就变为该种风格，如图 3－49 所示。

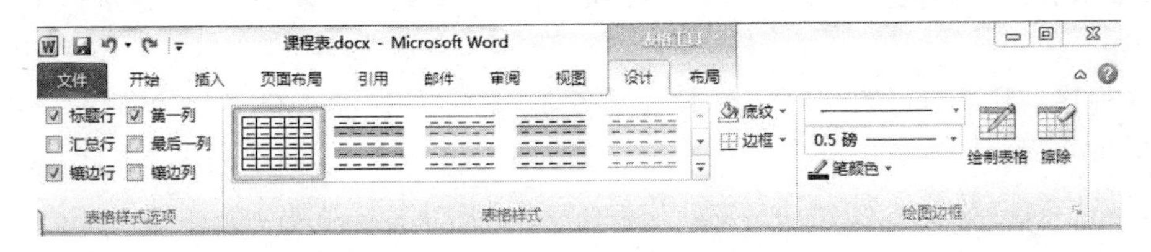

图 3－49　选定表格样式

4. 改变边框风格

将鼠标移动到表格左上角的十字方块处，待光标变为十字箭头时，单击鼠标左键，将整个表格选中。

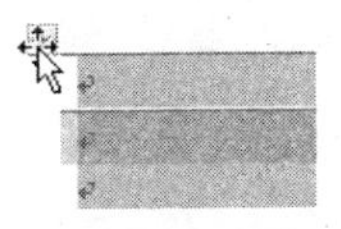

图 3－50　选定整个表格

在功能区中，打开边框“按键”的下拉箭头，选择“所有框线”选项。这时，表格风格变为我们熟悉的网格状，如图 3－51 所示。

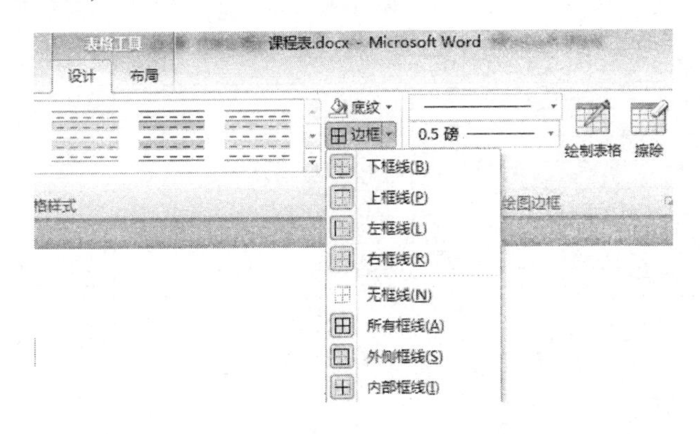

图 3－51　选定表格边框样式

5. 修改单元格对齐方式

单击“布局”按键，打开“表格工具－布局”功能区，在“对齐方式”组中单击“水平居中”选项，将表格所有单元格的对齐方式设定为“水平居中”，如图 3－52所示。

6. 使用“绘制表格”功能

回到“表格工具－设计”功能区，单击“绘制表格”按键。这时，光标变为画笔。移动光标到表格左上角按下鼠标左键不放，向右下方拖动到这个单元格的右下角松开鼠标左键。第一个单元格就出现一条斜线。再次单击“绘制表格”按键放弃选定这个功能，如图 3－53所示。

“绘制表格”的功能非常多，可以直接用这个功能绘制一个表格。

7. 合并单元格

将光标移动到第三行的左侧，单击左键将整行选中。在“表格工具 - 布局”功能区中单击“合并单元格”按键，将整个第七行合并为一个单元格。以同样的方法合并第一列的第三行到第六行以及第一列的第八行到第十一行，如图 3 - 54 所示。

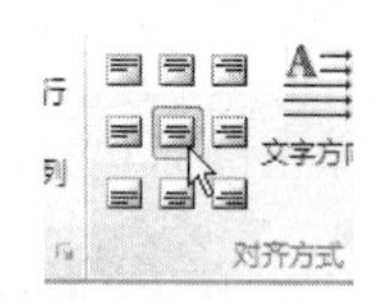

图 3 - 52 选定对齐方式（1）

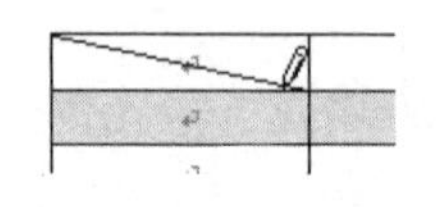

图 3 - 53 选定对齐方式（2）

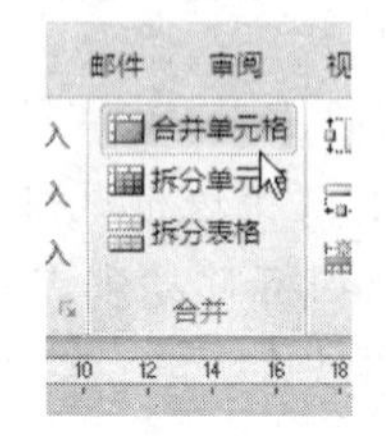

图 3 - 54 选定对齐方式（3）

8. 输入文字

在设计好的表格中输入当前学期的课程，如图 3 - 55 所示。

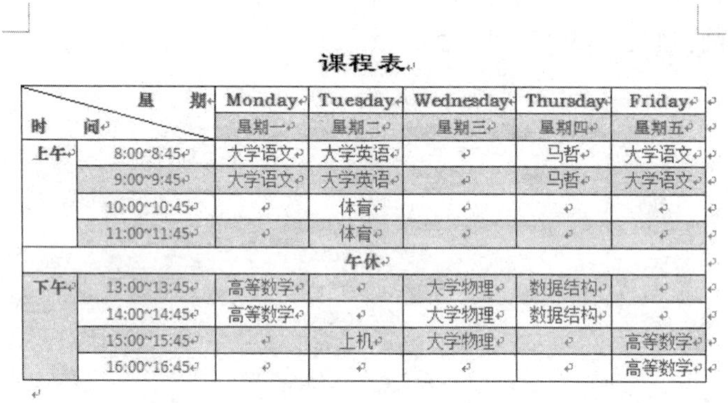

课程表

星期 / 时间		Monday	Tuesday	Wednesday	Thursday	Friday
		星期一	星期二	星期三	星期四	星期五
上午	8:00~8:45	大学语文	大学英语		马哲	大学语文
	9:00~9:45	大学语文	大学英语		马哲	大学语文
	10:00~10:45		体育			
	11:00~11:45		体育			
午休						
下午	13:00~13:45	高等数学		大学物理	数据结构	
	14:00~14:45	高等数学		大学物理	数据结构	
	15:00~15:45		上机	大学物理		高等数学
	16:00~16:45					高等数学

图 3 - 55 课程表的完成效果

三、知识拓展

1. 在 Word 2010 表格中设置文字方向

Word 2010 表格的单元格中的文字方向类似于 Word 2010 文本框中的文字方向，其包括水平（从左到右）和垂直（从上到下）两种方向。可以根据实际需要设置 Word 表格的单元格中的文字方向。

在“表格工具”功能区中切换到“布局”选项卡，在“对齐方式”分组中单击“文字方向”按钮，在“水平（从左到右）”和“垂直（从上到下）”两种文字方向之间进行切换。如图 3 - 56 所示，将第一列的第三行到第六行以及第一列的第八行到第十一行的文字的对齐方向改成纵向。

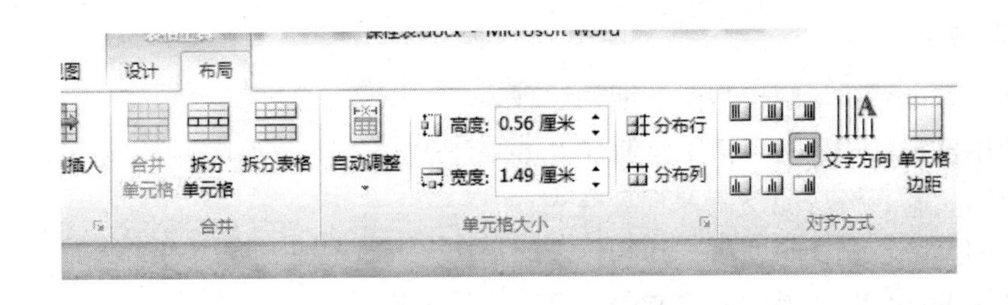

课程表

时间 \ 星期		Monday	Tuesday	Wednesday	Thursday	Friday
		星期一	星期二	星期三	星期四	星期五
上午	8:00~8:45	大学语文	大学英语		马哲	大学语文
	9:00~9:45	大学语文	大学英语		马哲	大学语文
	10:00~10:45		体育			
	11:00~11:45		体育			
午休						
下午	13:00~13:45	高等数学		大学物理	数据结构	
	14:00~14:45	高等数学		大学物理	数据结构	
	15:00~15:45		上机	大学物理		高等数学
	16:00~16:45					高等数学

图 3－56　单击“文字方向”按钮

2. “表格属性”对话框设置

在 Word 2010 中，可以通过“表格属性”对话框对行高、列宽、表格尺寸或单元格尺寸进行更精确的设置。

在 Word 表格中，右键单击准备改变行高或列宽的单元格，选择“表格属性”命令，如图 3－57 所示。

图 3－57　选择“表格属性”命令

四、探索与练习

（1）利用 Word 2010 制作当前学期的课程表。

（2）利用 Word 2010 的表格工具制作九九乘法表。

（3）使用绘制表格功能绘制课程表空表。

（4）利用 Word 2010 的表格工具制作求职简历。

（5）利用 Word 2010 提供的功能美化已建立的表格。

3.4 制作通知文件

任务10 使用图片作为背景

一、任务描述

本任务介绍在 Word 2010 中使用图片做背景的方法。

二、相关知识与技能

Word 文档的默认背景颜色为白色。为了增强文档的视觉效果，有时需要使用指定图片作为文档的背景。

1. 新建空白 Word 文档

在“我的电脑”中单击右键，并在弹出的菜单中选择“新建”条目。在弹出的菜单中选择“Microsoft Word 文档”选项。

2. 将新建的空白 Word 文档重命名

选中刚刚建立的 Word 文档，单击右键，在弹出的右键菜单中单击“重命名”选项，如图 3－58 所示。

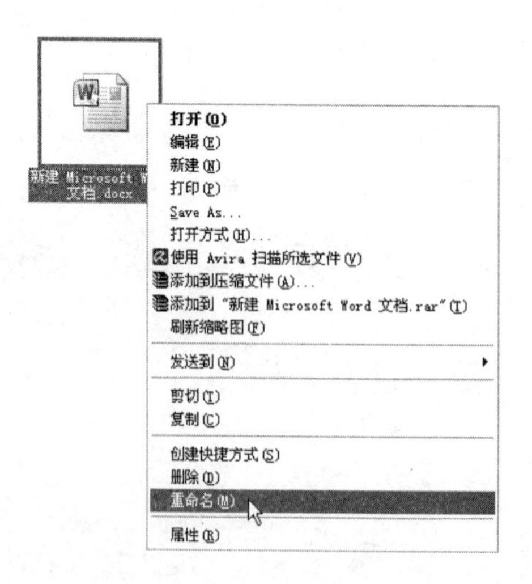

图 3－58 Word 文档重命名

也可以在选中 Word 文档后单击键盘上的 F2 功能键，然后将文档重命名为“通知.docx”，并双击运行。

3. 在文档中输入通知内容

在文档中输入通知内容，如图 3－59 所示。

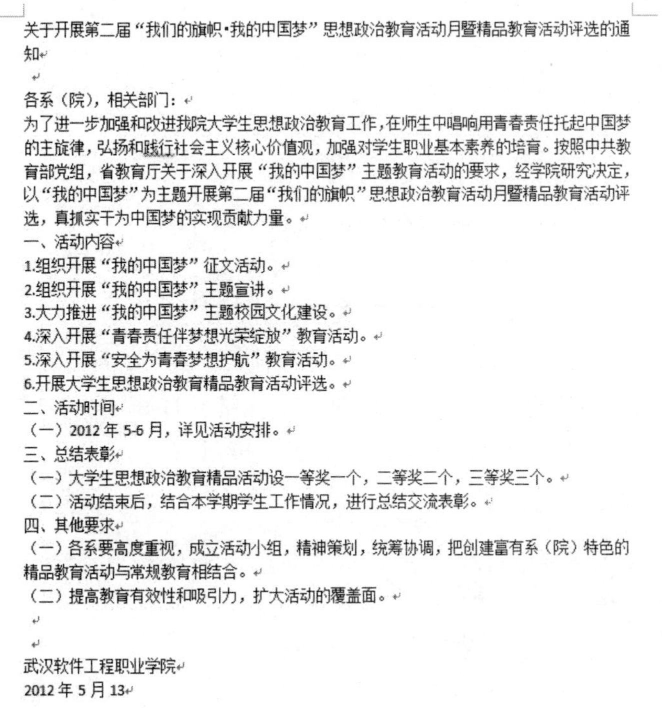

关于开展第二届“我们的旗帜·我的中国梦”思想政治教育活动月暨精品教育活动评选的通知

各系（院），相关部门：

为了进一步加强和改进我院大学生思想政治教育工作，在师生中唱响用青春责任托起中国梦的主旋律，弘扬和践行社会主义核心价值观，加强对学生职业基本素养的培育。按照中共教育部党组，省教育厅关于深入开展“我的中国梦”主题教育活动的要求，经学院研究决定，以“我的中国梦”为主题开展第二届“我们的旗帜”思想政治教育活动月暨精品教育活动评选，真抓实干为中国梦的实现贡献力量。

一、活动内容

1.组织开展“我的中国梦”征文活动。

2.组织开展“我的中国梦”主题宣讲。

3.大力推进“我的中国梦”主题校园文化建设。

4.深入开展“青春责任伴梦想光荣绽放”教育活动。

5.深入开展“安全为青春梦想护航”教育活动。

6.开展大学生思想政治教育精品教育活动评选。

二、活动时间

（一）2012 年 5-6 月，详见活动安排。

三、总结表彰

（一）大学生思想政治教育精品活动设一等奖一个，二等奖二个，三等奖三个。

（二）活动结束后，结合本学期学生工作情况，进行总结交流表彰。

四、其他要求

（一）各系要高度重视，成立活动小组，精神策划，统筹协调，把创建富有系（院）特色的精品教育活动与常规教育相结合。

（二）提高教育有效性和吸引力，扩大活动的覆盖面。

武汉软件工程职业学院

2012 年 5 月 13

图 3－59 输入通知内容后的 Word 文档

4. 插入图片作为背景

（1）单击“页面布局”以切换到“页面布局”功能区，单击“页面颜色”图标的下拉箭头并打开“页面颜色”菜单，如图 3－60 所示。

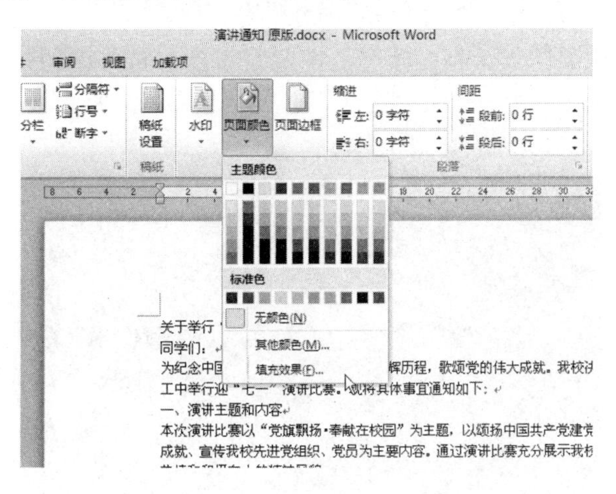

图 3－60 “主题颜色”菜单

（2）在“页面颜色”菜单中，选中“填充效果”选项。打开“填充效果”对话框，如图 3－61所示。

图 3 – 61　“填充效果”对话框

（3）在“填充效果”对话框中单击“选择图片”按键，打开“选择图片”对话框，如图 3 – 62 所示。选中要作为背景的图片，单击“插入”按钮。

图 3 – 62　“选择图片”对话框

（4）返回“填充效果”对话框，单击“确定”按钮。选中的图片就被作为背景加入到文档中，如图 3 – 63 所示。

图 3 – 63　设置图片背景后的效果

三、探索与练习

（1）将不同大小的图片设置为文档背景，并观察文档的显示效果。

（2）请思考一下有几种方法可以将文档背景设定为淡绿色。

（3）在 Word 文档中插入一幅图片，并使用不同的自动换行效果（在“图片工具－格式”工作区），例如嵌入型、四周型环绕，并观察显示效果。

（4）在 Word 文档中插入一幅图片，并使用 Word 2010 提供的工具去掉图片中的背景。

（5）利用 Word 2010 提供的图片工具编辑图片的显示效果，例如调整亮度、裁剪等。

任务 11　图文混排

图文混排

一、任务描述

本任务介绍在 Word 2010 中进行图文混排的方法。

二、相关知识与技能

Word 系列版本都提供了图片编辑功能。Word 2010 更是增强了这一功能。即使电脑中没有安装图片编辑软件，用户也能够在将图片插入到 Word 文档后对图片进行编辑。

在这一任务中，我们将编辑文字和图片，使之达到合适的表现效果。

1. 制作艺术字

（1）将鼠标移动到第一行文字的左侧，在鼠标指针的方向变为右上时，单击鼠标左键，并选中第一行的整行文字，如图 3－64 所示。

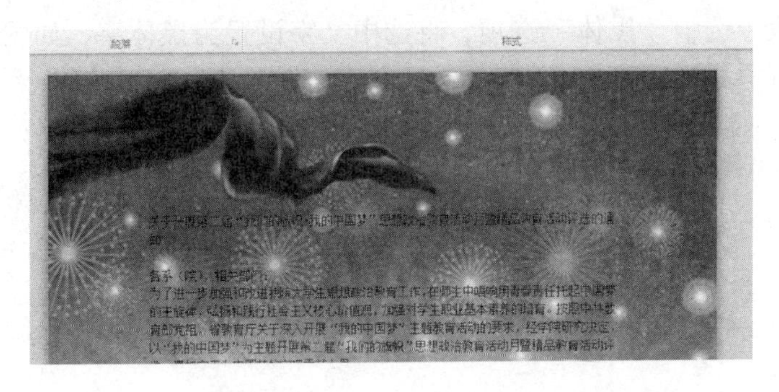

图 3－64　选中一行文字

（2）单击“开始”功能区中的“文本效果”按键，并在弹出的下拉菜单中选中右下角“渐变填充 紫色”选项。这时，第一行文字的显示效果就变为“渐变填充 紫色”，如图 3－65所示。

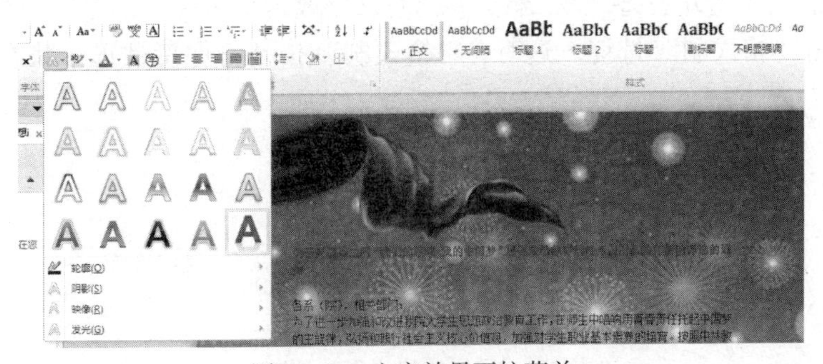

图 3－65　文字效果下拉菜单

（3）保持这行文字的选中状态，还在这一菜单中选中“映像”条目。在弹出的右侧菜单中选中“半映像，4 pt 偏移量”选项，选中文字的映像效果随之改变，如图 3－66 所示。

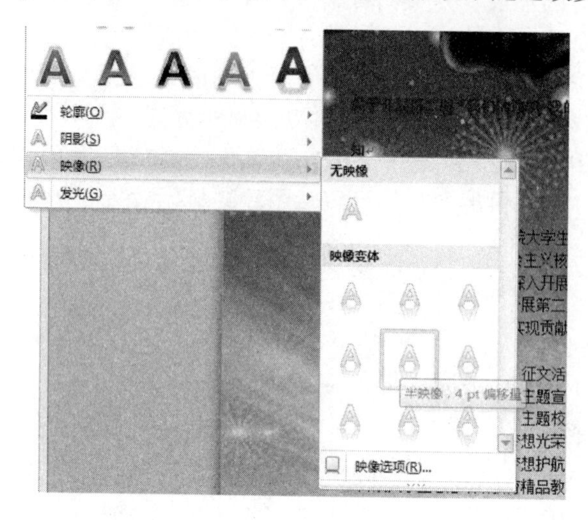

图 3－66 映像菜单

（4）保持这行文字的选中状态，单击“字号”功能键右边的下拉箭头，打开“字号”下拉列表如图 3－67 所示。在列表中选中“一号”选项，将选中文字的大小设置为一号。

（5）保持这行文字的选中状态，单击“字体”功能键右边的下拉箭头，打开“字体”下拉列表。在列表中选中“黑体”选项，将选中文字设置为黑体字，如图 3－68 所示。最后设置标题的对齐方式为居中。

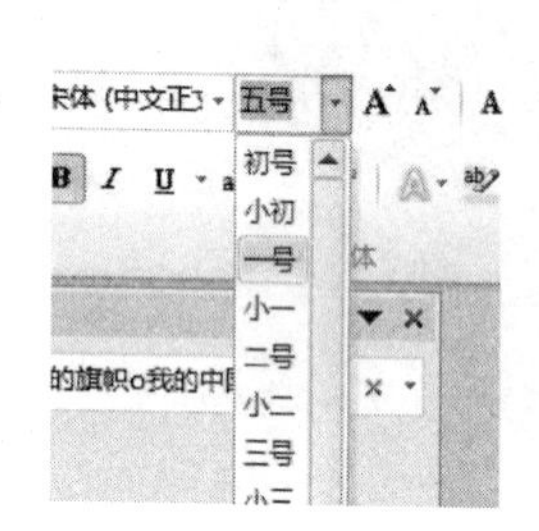

图 3－67 “字号”下拉列表

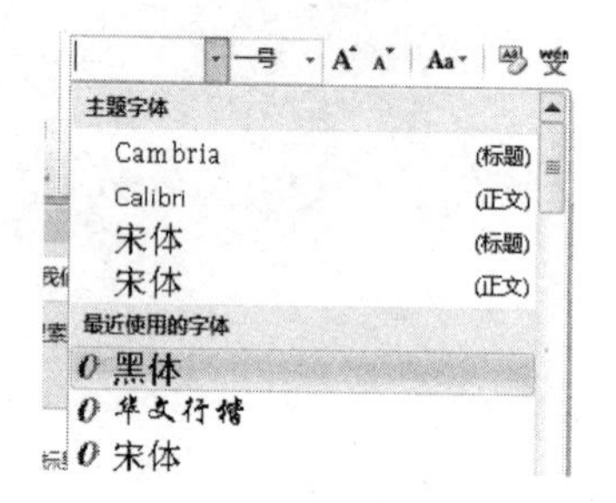

图 3－68 “字体”下拉列表

2. 正文排版

（1）使用前文所述方法选中第二行，将这行文字改为“宋体，四号”。保持这行文字的选中状态，单击“格式刷”按键。这时，“格式刷”按键将保持被选中状态，如图 3－69 所示。

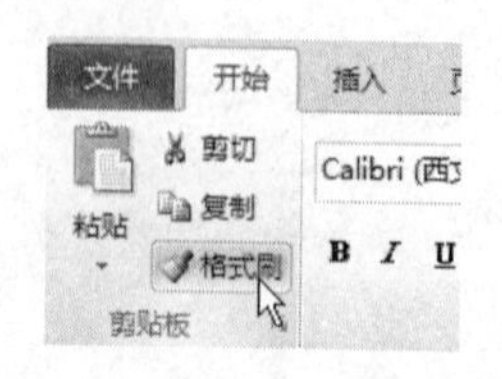

图 3－69 “格式刷”按键

(2) 将鼠标移动到编辑区，按住左键不放选中整个正文部分。松开左键，这时整个正文区域的文字都变为“宋体，四号”。再次单击“格式刷”按键，使“格式刷”按键恢复到未选中状态，如图 3－70 所示。

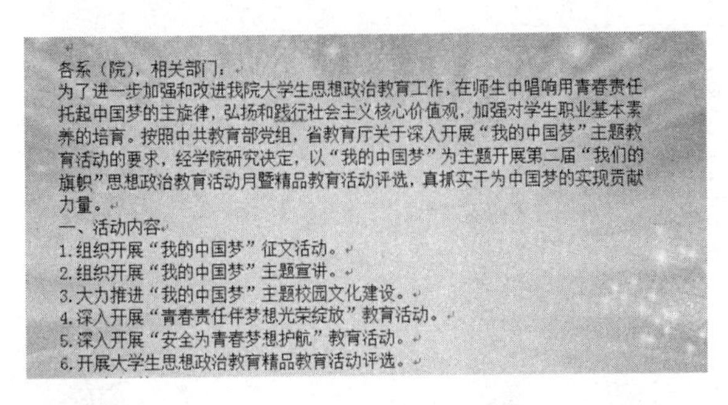
各系（院），相关部门：
为了进一步加强和改进我院大学生思想政治教育工作，在师生中唱响用青春责任托起中国梦的主旋律，弘扬和践行社会主义核心价值观，加强对学生职业基本素养的培育。按照中共教育部党组，省教育厅关于深入开展“我的中国梦”主题教育活动的要求，经学院研究决定，以“我的中国梦”为主题开展第二届“我们的旗帜”思想政治教育活动月暨精品教育活动评选，真抓实干为中国梦的实现贡献力量。
一、活动内容
1.组织开展“我的中国梦”征文活动。
2.组织开展“我的中国梦”主题宣讲。
3.大力推进“我的中国梦”主题校园文化建设。
4.深入开展“青春责任伴梦想光荣绽放”教育活动。
5.深入开展“安全为青春梦想护航”教育活动。
6.开展大学生思想政治教育精品教育活动评选。

图 3－70　用“格式刷”工具刷选中要改变字体的文字

(3) 这时我们发现字体变大后正文部分显得过长，但又不能减小字体。这时我们可以修改文字的行间距。首先按住左键拖动鼠标选中全部正文，然后在“开始”功能区单击“行间距”按键，打开“行间距”下拉菜单，选中其中的“行距选项”条目，打开“段落”对话框，如图 3－71 所示。

(4) 在“段落”对话框中选中“行距”下拉列表，选中“固定值”选项，然后在设置值中输入“16 磅”，也可以单击上下箭头来调整数值。单击“确定”后正文行间距缩短，且一页内可以放下，如图 3－72 所示。

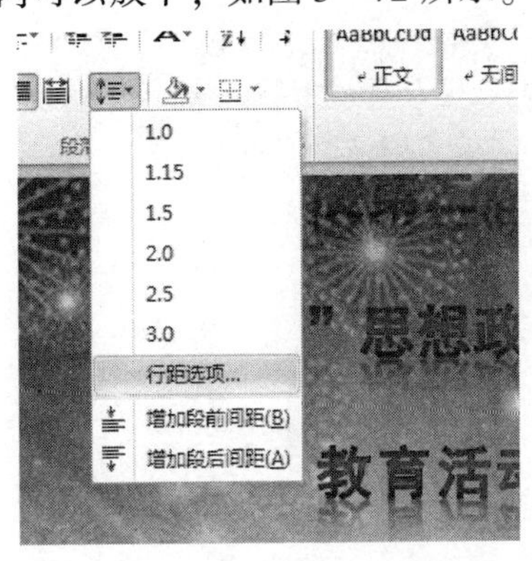

图 3－71　选中“行距选项”条目

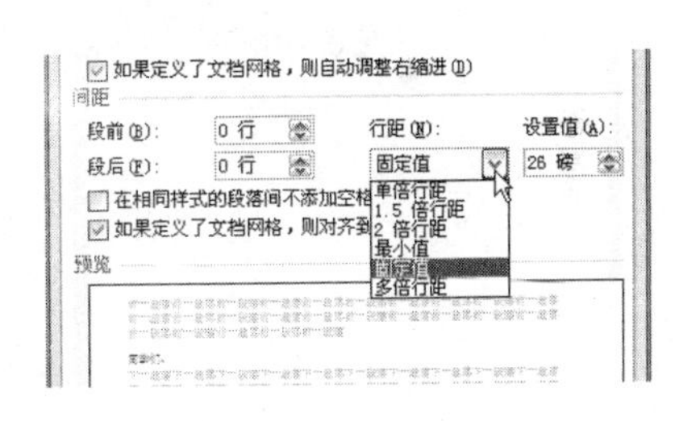

图 3－72　调整行间距

3. 插入图片作为底边

(1) 现在插入一幅校园风景画作为背景的一部分。单击“插入”按键并打开“插入”功能区。单击“图片”按键，打开“插入图片”对话框。在对话框里，选中要插入的图片，单击“插入”按键，如图 3－73 所示。这时，图片就被插入到文档中，但自动插入的位置通常不是我们需要的，要进行调整。

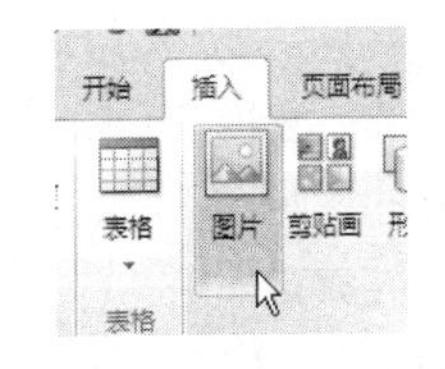

图 3－73　单击“图片”按键

(2) 这个时候只要选中刚插入的图片，功能区就会自动出现“图片工具格式”按键。单击它打开“图片工具”功能区。找到“自动换行”按键，单击，并在弹出的下拉菜单中选中“衬于文字下方”选项，如图 3－74 所示。

（3）这时图片成为类似文字背景的效果。单击图片并按住鼠标左键不放，将图片拖动到文档左下角。将光标移动到图片右上角，待光标变为指向左下方和右上方的双向箭头时按下鼠标左键不放拖动图片到合适的大小，如图 3 – 75 所示。

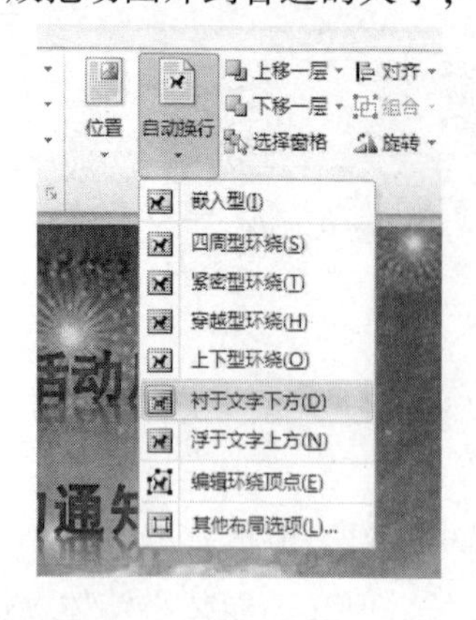

图 3 – 74　“自动换行”菜单

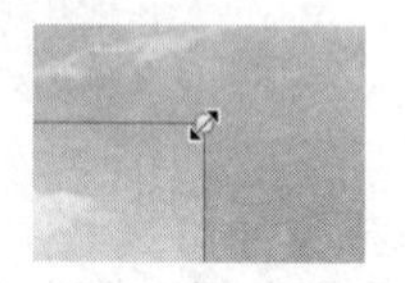

图 3 – 75　拖动图片以调整大小

（4）单击“图片”工作区的“颜色”按键，打开其下拉菜单，选中“其他变体”选项。在弹出的菜单中选择“橙色，强调文字颜色 6，淡色 60 %”选项 。单击后图片颜色变得和文档背景接近，如图 3 – 76 所示。

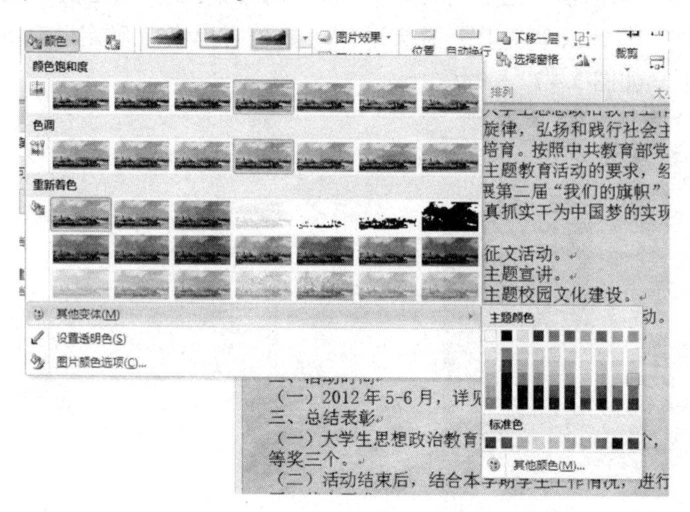

图 3 – 76　修改主题颜色

（5）进一步调整校园图片使其融入背景。单击“图片”功能区的“删除背景”按键，如图 3 – 77 所示。这时图片默认保留的区域显示原色，将被删减的区域被其他颜色覆盖。图片上将被修改的区域被用一个矩形框标识出来，功能区也变为“背景消除”功能区，如图 3 – 78所示。

图 3 – 77　“删除背景”按键

图 3 – 78　“背景消除”功能区

4. 插入图片

(1) 继续向文档中插入一个麦克风图片，方法如前文所述。在“图片”功能区中单击“位置”按键，并在其弹出菜单中选中“中间居右，四周环绕型文字”选项，如图3-79所示。

(2) 选中“颜色”按键下拉菜单中的“设置透明色”选项。这时光标形状发生变化，使用光标单击图片中白色区域，将图片中的白色设置为透明色，如图3-80所示。

图3-79 修改后的校园图片

图3-80 用“设置透明色”工具设置透明色

(3) 保持图片的被选中状态。切换到“图片工具格式”功能区，并单击“裁剪”按键。移动光标到图片四角的圆点上，按下鼠标左键，待光标变为边角框时按下鼠标左键拖动图片边框，对图片进行裁剪，如图3-81所示。

(4) 现在将麦克风的方向转到左边。单击“图片工具格式”功能区中的“旋转”按键，在其弹出菜单中选中“水平翻转”选项，如图3-82所示。

图3-81 设置透明色和裁剪后的效果

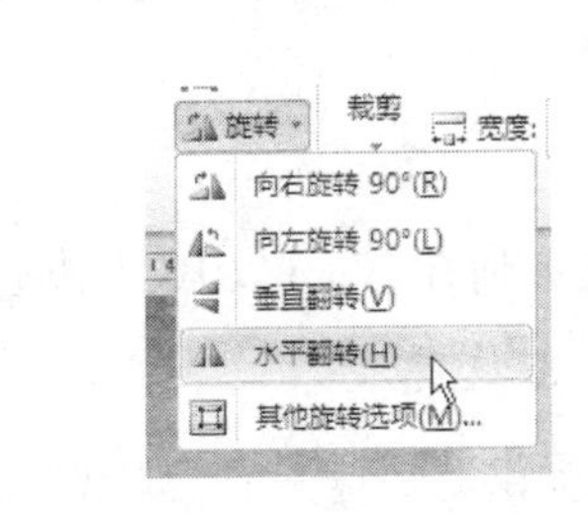

图3-82 “旋转”按键的下拉菜单

(5) 用前文所述方法保存文档至合适位置，其完成效果如图3-83所示。

三、探索与练习

(1) 制作“学习雷锋倡议书”，并使用雷锋头像和校园风景作为背景。

(2) 制作“一二 九长跑活动通知”，要求图文并茂。

(3) 制作“书法比赛通知”，使用书法作品截图做背景。

(4) 制作“使用普通话倡议书”，使用校园或课堂照片作为背景。

(5) 以你所在寝室为题材制作“创意寝室”宣传画。

教育活动评选的通知

各系（院），相关部门：
为了进一步加强和改进我院大学生思想政治教育工作，在师生中唱响用青春责任托起中国梦的主旋律，弘扬和践行社会主义核心价值观，加强对学生职业基本素养的培育。按照中共教育部党组，省教育厅关于深入开展“我的中国梦”主题教育活动的要求，经学院研究决定，以“我的中国梦”为主题开展第二届“我们的旗帜”思想政治教育活动月暨精品教育活动评选，真抓实干为中国梦的实现贡献力量。
一、活动内容
1.组织开展“我的中国梦”征文活动。
2.组织开展“我的中国梦”主题宣讲。
3.大力推进“我的中国梦”主题校园文化建设。
4.深入开展“青春责任伴梦想光荣绽放”教育活动。
5.深入开展“安全为青春梦想护航”教育活动。
6.开展大学生思想政治教育精品教育活动评选。
二、活动时间
（一）2012 年 5-6 月，详见活动安排。
三、总结表彰
（一）大学生思想政治教育精品活动设一等奖一个，二等奖二个，三等奖三个。
（二）活动结束后，结合本学期学生工作情况，进行总结交流表彰。
四、其他要求
（一）各系要高度重视，成立活动小组，精神策划，统筹协调，把创建富有系（院）特色的精品教育活动与常规教育相结合。
（二）提高教育有效性和吸引力，扩大活动的覆盖面。

武汉软件工程职业学院
2012 年 5 月 13

图 3－83　完成效果图

3.5　论文排版

任务 12　使用 Word 2010 自动生成目录

自动生成目录

一、任务描述

本任务讲述如何在 Word 2010 中快速生成目录。

二、相关知识与技能

Word 2010 提供了快速生成目录的功能。利用这一功能可以高效建立目录，这里需要导航页面的配合。在较早版本中这个功能类似“文档结构视图”。

在这一任务中，我们将编辑一篇文章的各级标题，并生成目录。

1. 给各级标题套用样式

（1）打开要编辑的 Word 2010 文档，将鼠标移动到“摘要”两字的左侧，在鼠标指针方向变为右上时单击鼠标左键。选中这一行，然后单击“开始”功能区中的“标题一”样式，如图 3－84 所示。

（2）默认标题一的样式不是我们想要的，怎么办？可以直接进行修改。比如我们需要的标题一的样式是“三号、黑体、黑色、居中”，可使用前文介绍过的方法把这行文字的字体设定成“三号、黑体、黑色、居中”。保持这行文字的选中状态，在其上方单击鼠标右键，在右键菜单中选中“样式”选项，在弹出的样式菜单中选中“将所选内容保存为新快速样式”选项，如图 3－85 所示。

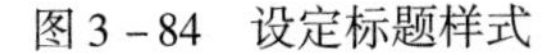
图 3－84　设定标题样式

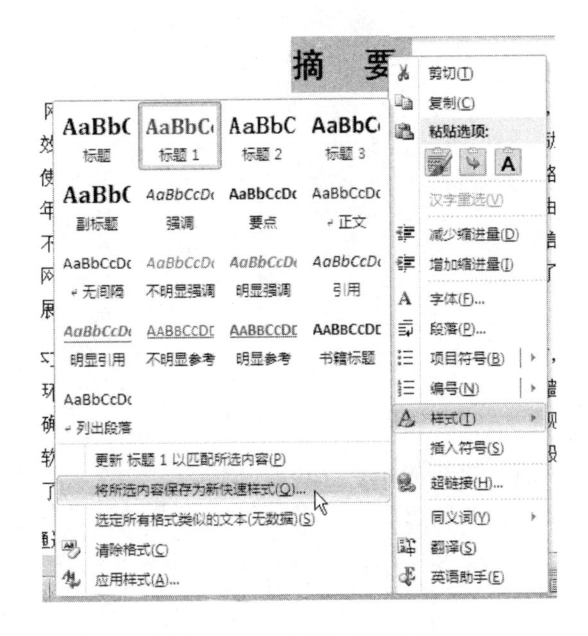

图 3－85　样式菜单的内容

（3）在弹出的“根据格式设置创建新样式”对话框的“名称”栏中输入“我的标题1”，然后单击“确定”按键。这时我们需要的“三号、黑体、黑色、居中”样式就成为新的套用样式。用这个方法建立“我的标题 2”的新样式“三号、黑体、黑色、两端对齐”，并使用前文介绍的格式刷方法将全文一、二级标题的样式统一，如图 3－86 所示。

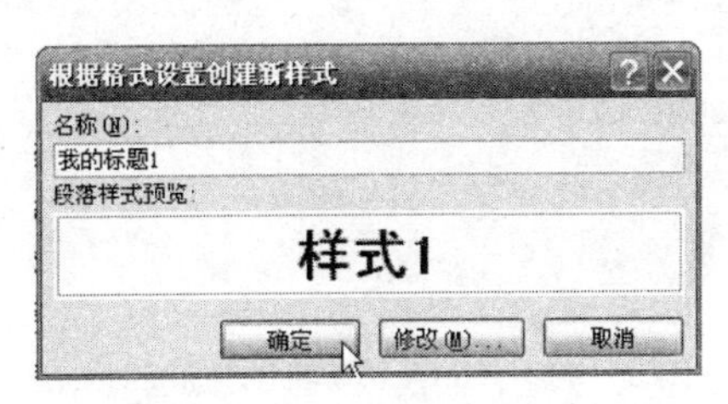

图 3－86　设定新样式名称

（4）单击上方的“视图”按键，切换到“视图”功能区，在“导航窗格”前面的方框里单击鼠标左键。这时，编辑区域左侧出现“导航”窗口。在“导航”窗口中像大纲一样出现的就是刚才设定的一、二级标题，如图3－87所示。

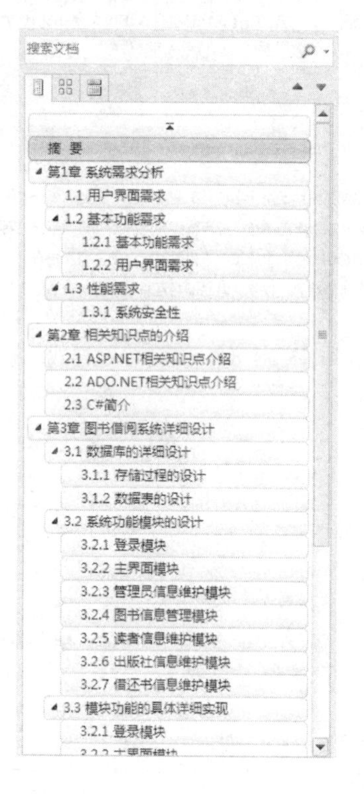

图3－87 导航窗口

（5）将光标移动到要插入目录的位置，单击鼠标左键，使输入光标停留在这里。然后单击上方的“引用”按键，切换到“引用”功能区。单击“目录”按键，在弹出的下拉菜单中选中“自动目录1”选项，这时在输入光标处自动插入了目录，如图3－88所示。

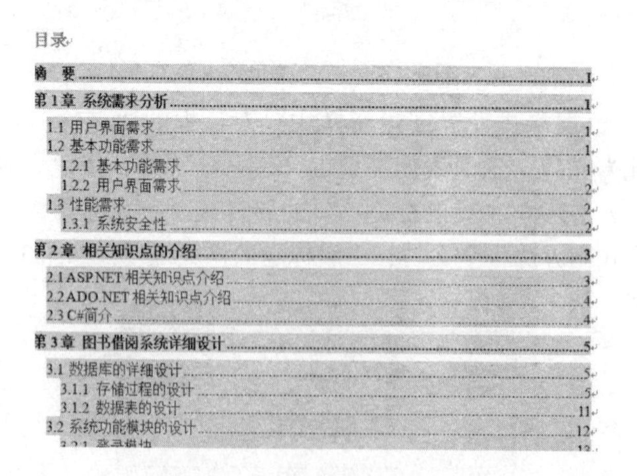
目录

图3－88 Word 2010自动生成的目录

三、探索与练习

（1）将一篇文章的各级标题修改为你需要的样式，并将这种样式加入默认样式中。

（2）使用新加入的样式刷新全文各级标题。

（3）使用 Word 2010 的插入目录功能建立目录，并查看各种目录效果的区别。

（4）建立目录后对正文章节进行修改，观察修改操作是否影响已建立的目录。

任务 13　页眉和页脚

页眉和页脚

一、任务描述

本任务介绍如何在 Word 2010 文档中编辑页眉和页脚。

二、相关知识与技能

页眉页脚是文档中每个页面的顶部和底部区域。这部分不属于编辑正文的区域。其通常用于显示文档的附加信息，比如日期、时间、文档标题或作者等。

在本任务中我们将对页眉和页脚进行编辑。

（1）将鼠标移动到页面上方，并在正文编辑区域以外的位置双击鼠标左键。这个区域（就是页眉）就进入可编辑状态，同时自动打开了“页眉和页脚工具”功能区。在这里可输入这个文档的信息，如图 3－89 所示。

（2）切换到页脚，在功能区中单击“转至页脚”按键，则当前编辑区域就转移到了该页的页脚，如图 3－90 所示。

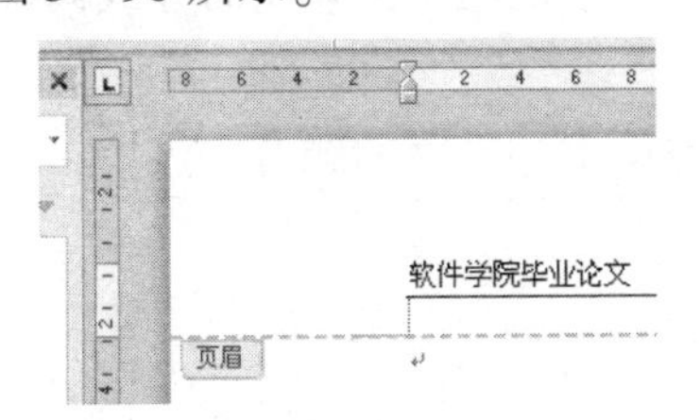

图 3－89　编辑页眉

图 3－90“转至页脚”按键

（3）用户希望打印出来的文档的页码靠外侧，以方便查阅。这就需要奇偶页上显示的页码的位置不同。首先单击“奇偶页不同”选项前的方框，使其被选中，如图 3－91 所示。对于奇数页，在“页码”下拉菜单中选中“页面底端”选项，在新弹出的菜单中选中“普通数字 1”选项，如图 3－92 所示。对于偶数页就选“普通数字 3”选项。

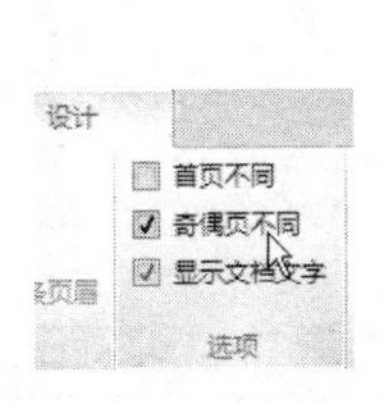

图 3－91　选中“奇偶页不同”

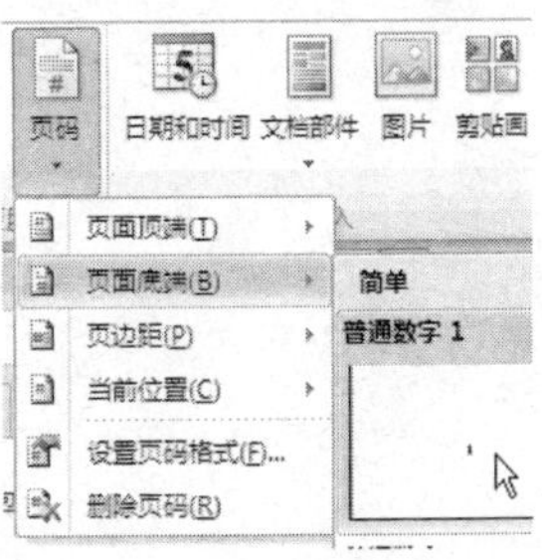

图 3－92　设定左侧显示页码

（4）最后单击“关闭页眉和页脚”按键，结束对页眉和页脚的编辑。这样奇数页的页码靠左显示，偶数页的页码靠右显示。

三、探索与练习

（1）为 Word 2010 文档增加页眉，页眉左侧注明文档的标题，右侧显示作者的姓名。

（2）为 Word 2010 文档增加页脚，页脚正中显示当前页码，如“ -1- ”。

（3）设置文档封面不显示页码。

（4）设置页码，并从第二页开始编号。

（5）为方便查看页码，将奇数页的页码右对齐，偶数页的页码左对齐。

3.6 小结

（1）本章介绍了 Office 2010 系列办公软件中 Word 2010 的入门知识与操作方法，以帮助初学计算机的读者认识 Word 2010。

（2）经过多年的发展，Word 2010 的功能已经变得十分丰富。读者需要在使用中熟悉和掌握这些功能。

习题与思考

1. 以美丽的家乡为主题，制作一个 Word 文档。使用图文并茂的方式向同学们介绍你的家乡。注意利用本章中介绍的 Word 功能。

2. 制作一个“学习雷锋活动倡议书”，注意图形和文字的融合。

项目4 电子表格处理软件的应用（Excel 2010）

4.1 Excel 2010 基础知识

任务1 认识 Excel 2010

一、任务描述

本任务讲述 Excel 2010 的界面环境，并简述 Excel 2010 的启动与退出操作。

二、相关知识与技能

1. Excel 2010 的功能

Excel 2010 是 Microsoft Office 套装软件中的一员，它主要具有以下功能。

（1）工作表管理。

Excel 2010 具有强大的电子表格操作功能。用户可以在计算机提供的巨大表格上随意设计、修改自己的报表，并且可以方便地一次打开多个文件和快速存取它们。

（2）数据库的管理。

Excel 2010 作为一种电子表格工具，对数据库进行管理是其最有特色的功能。工作表中的数据是按照相应行和列保存的，Excel 2010 提供的相关处理数据库的命令和函数，使 Excel 2010 具备了组织和管理大量数据的能力。

（3）数据分析和图表管理。

除了可以做一般的计算工作之外，Excel 2010 还以其强大的功能、丰富的格式设置选项、图表功能选项为直观化的数据分析提供了强大的手段，它可以进行大量的分析与决策方面的工作，对用户的数据进行优化和对资源的更好配置提供帮助。

Excel 2010 可以根据工作表中的数据源迅速生成二维或三维统计图表，并对图表中的文字、图案、色彩、位置、尺寸等进行编辑和修改。

（4）对象的链接和嵌入。

利用 Windows 的链接和嵌入技术，用户可以将用其他软件制作的内容插入到 Excel 2010 的工作表中，当需要更改图案时，只要在图案上双击鼠标左键，制作该图案的软件就会自动打开，修改、编辑后的图形也会在 Excel 2010 中显示出来。

（5）数据清单管理和数据汇总。

Excel 2010 可通过记录单添加数据，对清单中的数据进行查找和排序，并对查找到的数据进行自动分类汇总、对分离的数据进行合并计算等。

（6）数据透视表。

数据透视表中的动态视图功能可以将动态汇总中的大量数据收集到一起，可以直接在工作表中更改数据透视表的布局，交互式的数据透视表可以更好地发挥其强大的功能。

Excel 2010 是 Microsoft 公司于 2009 年底发售的一款专业化电子表格处理软件，Excel 2010 相对于之前的版本，不仅界面更加干净整洁，而且还提供了更为出色的运算功能，其增强后的功能可以使 Excel 2010 更快地分析复杂的专业数据，使用户可以轻松、高效地完成工作。

Excel 2010 文档一般以 XML 格式保存，但所保存的内容不一样，保存的格式也不同。Excel 2010 改进了文件格式对以前版本的兼容性，并且比以前的版本更加安全。Excel 2010 中的文件类型与其对应的扩展名见表 4－1。

表 4－1　Excel 2010 中的文件类型与其对应的扩展名

文件类型	扩展名
Excel 2010 工作簿	. xlsx
Excel 2010 启用宏的工作簿	. xlsm
Excel 2010 二进制工作簿	. xlsb
Excel 2010 模板	. xltx
Excel 2010 启用宏的模板	. xltxm
Excel 97 － Excel 2003 工作簿	. xls
Excel 97 － Excel 2003 模板	. xlt

2. Excel 2010 的窗口

Excel 2010 启动成功后，会出现如图 4－1 所示的界面。

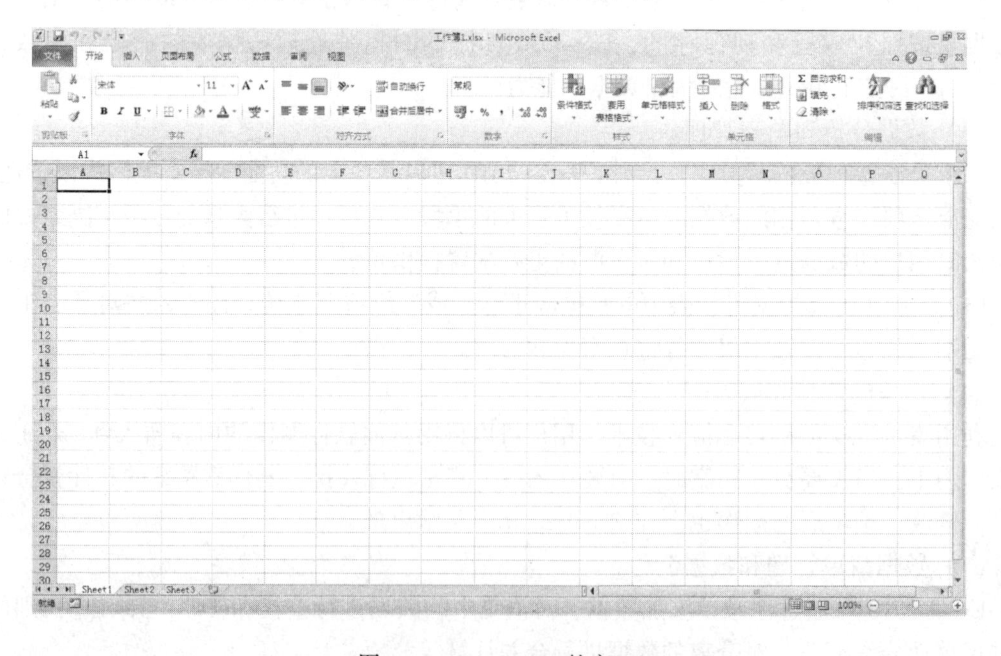

图 4－1　Excel 2010 的窗口

下面来介绍 Excel 2010 窗口的主要组成部分。

（1）功能区。

功能区位于标题栏下方，主要包括“文件”“开始”“插入”“页面布局”“公式”“数据”“审阅”“视图”8 个选项卡。

单击某个选项卡将展开相应的功能区，而每个选项卡的功能区又被划分成几个组，例如“开始”选项卡由“剪贴板”“字体”“对齐方式”“数字”和“样式”等组构成。

单击某一组的命令按钮，可以执行命令按钮对应的功能或打开其对应的子菜单。例如，在“开始”选项卡中，单击“对齐方式”组中的“居中”按钮，可以将文本的水平对齐方式设置为“居中”。

（2）单元格名称框。

单元格名称框用来显示单元格的名称。

（3）编辑栏。

编辑栏位于名称框的右侧，用户可以在选定单元格以后直接输入数据，也可以选定单元格后通过编辑栏输入数据。

（4）工作区。

工作区为 Excel 窗口的主体，是用来记录数据的区域，且所有数据都将存放在这个区域中。

（5）工作表切换区。

其位于文档窗口的左下底部，用于显示工作表的名称，初始为 Sheet1、Sheet2、Sheet3。单击工作表标签，将激活相应的工作表。用户可以通过滚动标签按钮来显示不在屏幕内的标签。

（6）状态栏。

状态栏的功能是显示当前的工作状态或提示用户进行适当的操作，主要包含用来切换文档视图和缩放比例的命令按钮。

3. 设置 Excel 2010 的工作环境

（1）修改自动保存时间。

为了预防在编辑 Excel 的过程中，由于保存失误造成不必要的损伤，Excel 提供了自动保存功能，默认为 10 min 保存一次，用户也可以根据需要自己设定时间间隔。

单击“文件”按钮，选择“选项”命令。在弹出的“Excel 选项”对话框中，选择“保存”选项卡即可设置，如图 4－2 所示。

（2）自定义文档默认保存路径。

在默认的情况下，Excel 文档的保存路径是“C：\ Users \ xixi \ Documents”，其中 xixi 是当前系统登录的用户名。在实际操作中，用户可以修改保存路径。

单击“文件”按钮，选择“选项”命令。在弹出的“Excel 选项”对话框中，选择“保存”选项卡即可设置。

（3）设置最近使用的文档。

在默认情况下，最近使用的文档会自动记录到“文件”菜单的“最近”选项卡中，以方便用户使用，一般显示最近使用的 20 个文档。如果需要更改，可在“Excel 选项”中进行设置。

图 4-2　自动保存

4. Excel 2010 的基本概念

（1）工作簿。

一个 Excel 文件就是一个工作簿，工作簿名就是文件名。一个工作簿可以包含多个工作表，这样可使一个文件中包含多种类型的相关信息，用户可以将若干相关工作表组成一个工作簿。操作时不必打开多个文件，而直接在同一文件的不同工作表中方便地切换。每次启动 Excel 之后，它都会自动创建一个新的空白工作簿，例如工作簿 1。一个工作簿可以包含多个工作表，每个工作表的名称在工作簿的底部以标签形式出现。例如，图 4-1 中的工作簿 1 由 3 个工作表组成，它们分别是 Sheet1、Sheet2 和 Sheet3。用户根据实际情况可以增减工作表和选择工作表。

（2）工作表。

在 Excel 中工作簿与工作表的关系就像日常的账簿和账页之间的关系一样，一个账簿可由多个账页组成。工作表具有以下特点：

① 每个工作簿可包含多个工作表，但当前工作的工作表只能有一个，称为活动工作表。

② 工作表的名称反映在屏幕的工作表标签栏中，白色为活动工作表名。

③ 单击任一个工作表标签可将其激活为活动工作表。

④ 双击任一个工作表标签可更改工作表名。

⑤ 工作表标签左侧有 4 个按钮，用于管理工作表标签。单击它们可分别看到第一张工作表标签、上一个工作表标签、下一个工作表标签、最后一个工作表标签。

（3）单元格。

单元格是组成工作表的最小单位，每个工作表中只有一个单元格为当前工作的，称为活动单元格，屏幕上带粗线黑框的单元格就是活动单元格。活动单元格名在屏幕上的名称框中反映出来。

每个单元格的内容可以是数字、字符、公式、日期等，如果是字符，还可以是分段落的。多个相邻的呈矩形状的一片单元格称为单元格区域。每个区域有一个名字，称为区域名。区域名字由区域左上角单元格名和右下角单元格名中间加冒号“:”来表示。例如“C3:F8”表示左上角C3单元格到右下角F8单元格由24个单元格组成的矩形区域，如图4-3所示。若给“C3:F8”定义一个叫“test”的名字（在名称框中键入“test”然后回车，如图4-3所示），当需要引用该区域时，使用“test”和使用“C3:F8”的效果是完全相同的。

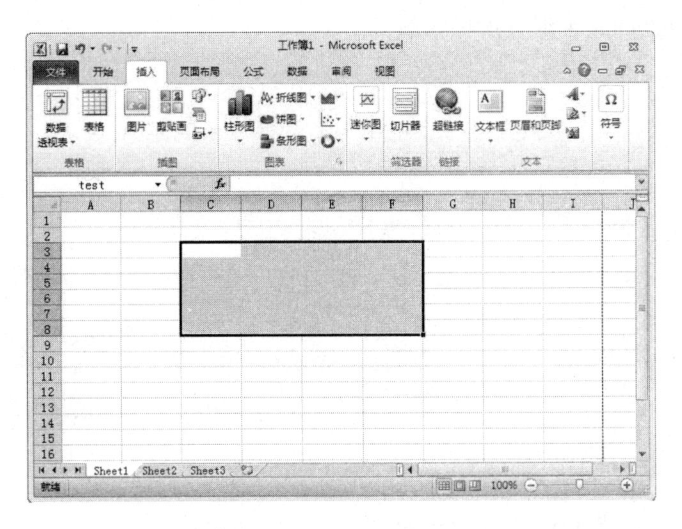

图4-3 “C3:F8”单元格区域

三、知识拓展

1. 启动

Excel 2010可以通过以下几种方式启动。

（1）双击桌面上的Excel 2010快捷方式。

（2）单击桌面「开始」菜单中的“开始”→“所有程序”→“Microsoft Office”→“Microsoft Office Excel 2010”命令（如图4-4所示）。

图4-4 Excel 2010的启动

（3）直接打开已存在的电子表格，则在启动的同时也打开了该文件。

2. 退出

Excel 2010的退出可选择下列任意一种方法。

（1）单击“文件”菜单中的“退出”选项，如图4－5所示。

（2）单击标题栏左侧的图标，在出现的菜单中单击“关闭”选项，如图4－6所示。

（3）单击Excel窗口右上角的关闭图标。

（4）按“Alt＋F4”组合键。

在退出Excel 2010时，如果还没保存当前的工作表，会出现一个提示对话框（如图4－7所示），以询问是否保存所做修改。

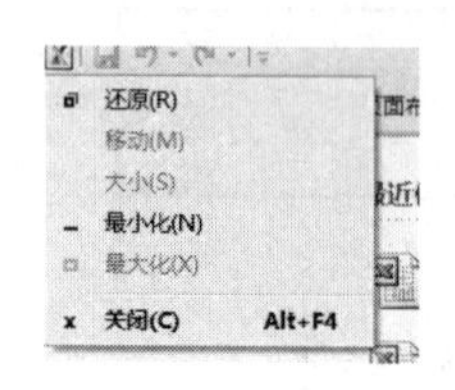

图4－5 Excel 2010的退出（一） 图4－6 Excel 2010的退出（二） 图4－7 退出Excel时的询问对话框

若用户想保存文件，则单击“是”按钮；若不想保存，就单击“否”按钮。如果不想退出Excel 2010就单击“取消”按钮。

四、探索与练习

（1）Excel 2010的主要功能是什么？

（2）用三种方法启动Excel 2010程序。

（3）用四种方法退出Excel 2010程序。

4.2 Excel 2010的基本操作

任务2 创建工作簿与工作表

制作学生基本信息表

一、任务描述

假设用户单位是一家企业公司。公司有职工近2 000人，公司原来的人力资源管理方式主要以人工管理为主，个别业务用计算机处理。为了提高工作效率和决策水平，公司准备开发一套人力资源管理系统，以取代原来的人工处理方式。公司为人力资源管理部门提供一个全面的信息管理系统，通过系统可以比较容易地获得所需的关于组织体系、薪酬福利成本、人力资源状况等的静态数据，也可以方便地获得各种变动信息来进行趋势预测。通常人力资源管理系统包含以下模块：

（1）员工档案管理：对员工资料的登记。

（2）学历管理：分类统计各部门员工的学历情况。

（3）再培训管理：主要用于统计各员工在职再培训的成绩以及相关分析。

(4) 车辆使用管理：统计公司车辆的使用、消耗。

(5) 考核管理：根据员工表现、态度、出勤等情况考核员工的表现，并发放相关工资。

下面以档案表为例介绍工作簿与工作表的基本操作。

二、相关知识与技能

1. 新建“档案表”工作簿

(1) 启动 Excel 2010 时，程序将自动新建一个空白工作簿。

(2) 右键单击准备改变名称的工作表，如“Sheet1”，在弹出的快捷菜单中，单击选择“重命名”命令。

(3) 输入“员工档案”，然后按下键盘上的“Enter”键。

(4) 使用鼠标右键分别单击工作表“Sheet2”与“Sheet3”。在弹出的快捷菜单中，单击“删除”命令。

(5) 完成后，在功能区中单击选择“文件”选项卡。在 Backstage 视图中选择“保存”按钮（Excel 2010 文件默认保存到“我的文档”），输入“档案表”完成保存工作簿的操作，如图 4－8 所示。

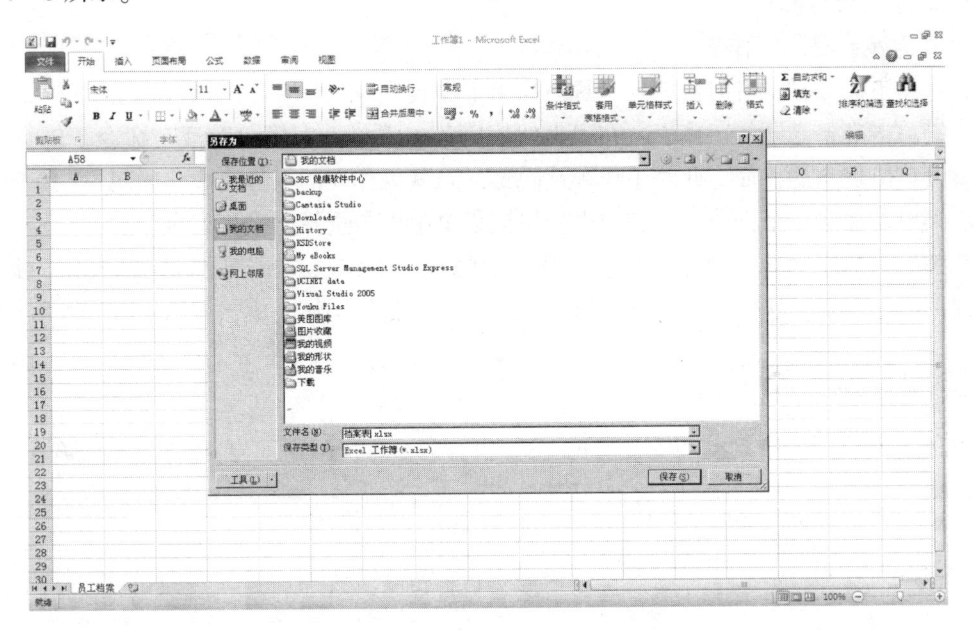

图 4－8　保存工作簿

2. 完善“档案表”工作簿

(1) 在“员工档案”工作表中，单击选择左上角第一个单元格 A1，拖动鼠标指针至单元格 J1。

(2) 在“开始”选项卡的“对齐方式”组中，单击“合并后居中”按钮。

(3) 在合并后的单元格中输入“员工档案表”。

(4) 在 A2 到 J2 单元格中分别输入“编号”“姓名”“性别”“出生日期”“学历”“参加工作时间”“职务”“工资”“联系方式”“身份证号码”。完成后效果如图 4－9所示。

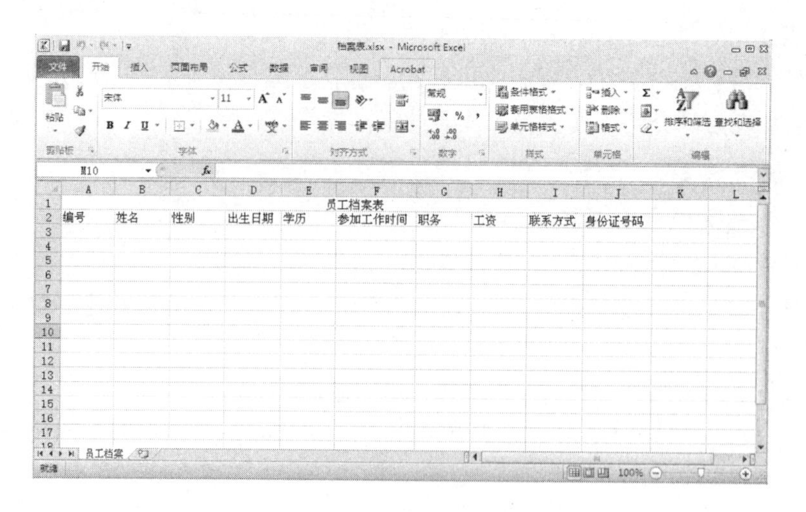

图 4－9　员工档案表

（5）再次保存“档案表”工作簿，即完成“档案表”工作簿的创建、保存任务。

3. 工作表的其他操作

（1）隐藏与显示工作表。

在操作工作表时，有时候需要隐藏与显示工作表。

右键单击准备隐藏的工作表，在弹出的快捷菜单中单击选择“隐藏”命令。Excel 2010 工作簿窗口出现新的界面，此时工作表被隐藏，隐藏工作表的操作完成，如图 4－10 所示。

右键单击任意一个工作表，在弹出的快捷菜单中单击选择“取消隐藏”命令。

在弹出“取消隐藏”对话框中，选择取消隐藏的工作表，单击“确定”按钮。此时工作表在 Excel 2010 工作簿窗口中显示出来，显示工作表的操作完成，如图 4－11 所示。

图 4－10　隐藏工作表

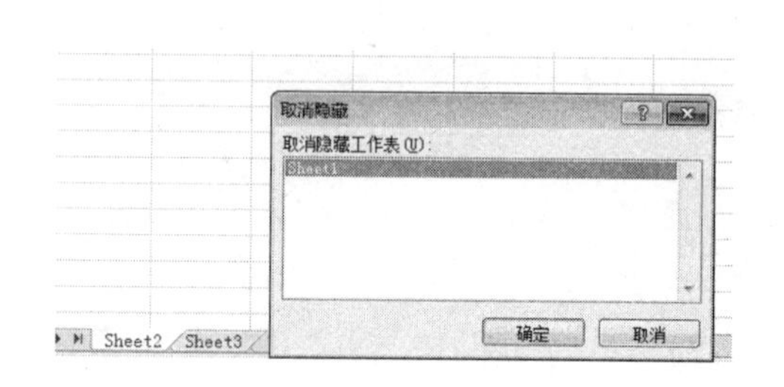

图 4－11　显示工作表

（2）拆分和冻结工作表。

由于屏幕大小有限，在工作表很大时，往往会出现只能看到工作表部分数据的情况。如果希望比较对照工作表中相距甚远的数据，那么可将窗口分为几个部分，在不同窗口均可移动滚动条显示工作表的不同部分，而这需要通过窗口的拆分来实现。

打开工作表，将光标定位到其中一个单元格 H4，单击“视图”选项卡中“窗口”组中的“拆分”按钮。此时系统自动以 H4 单元格为分界点将工作表分成 4 个窗格，同时显示水平和垂直拆分条，并且窗口的水平滚动条和垂直滚动条分别变成了两个，如图 4－12 所示。

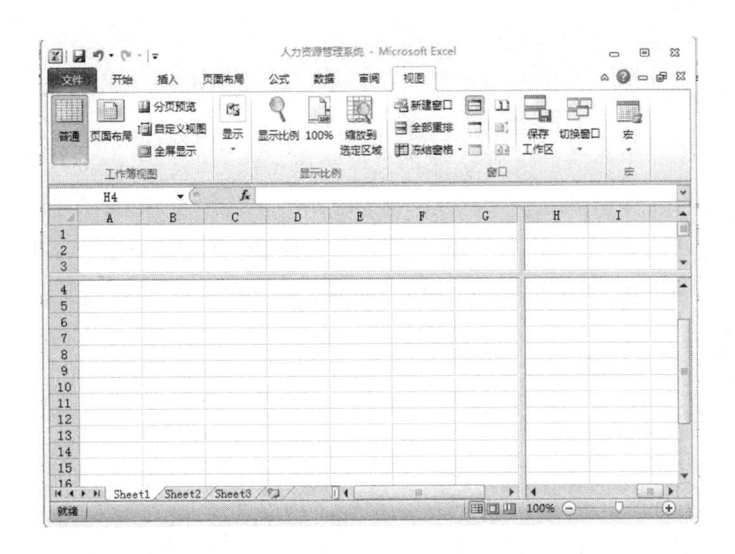

图4－12　拆分工作表

① 如果需要取消工作表的拆分状态，只需双击水平和垂直拆分条的交叉点即可。

② 如果需要在工作表滚动时保持行列标志或者其他数据可见，可以使用冻结功能，窗口中被冻结的数据区域不会随着工作表的其他部分一起移动，其具体操作如下：

打开工作表，选中A4单元格，单击“视图”选项卡的“窗口”组中的“冻结窗格”按钮。在打开的下拉菜单中，单击“冻结拆分窗格”按钮。此时，A4单元格上方出现了一条直线，并将上行冻结，如图4－13所示。

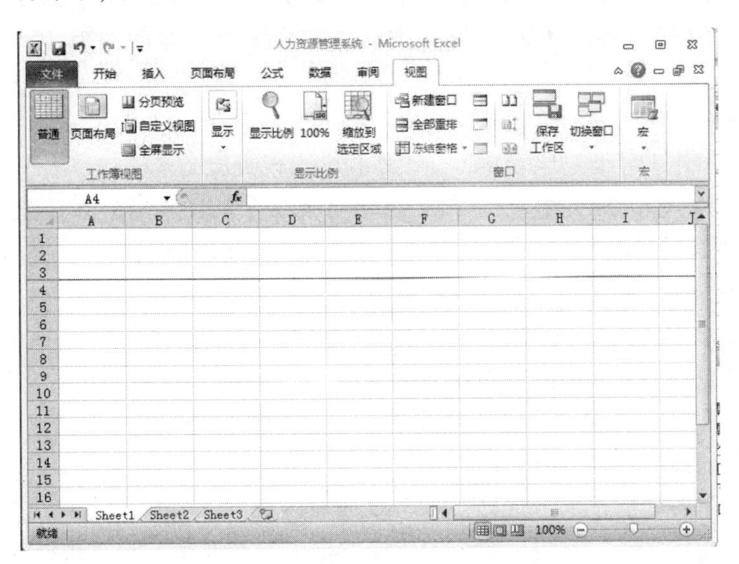

图4－13　冻结工作表

③ 如果要取消窗口的冻结，单击“视图”选项卡的“窗口”组中的“冻结窗格”按钮。在打开的下拉菜单中选择“取消冻结窗格”选项。

(3) 保护工作表。

为了防止他人浏览、修改或者删除工作表，可以对工作表加以保护。在默认情况下，保护工作表时，该工作表中的所有单元格都会被锁定，用户不能对锁定的单元格进行任何更改。例如，用户不能在锁定的单元格中插入、修改、删除数据或者设置数据格式。但是，可以在保护工作表时指定用户可以更改的元素。

通过锁定工作表或工作簿的元素来保护工作表或工作簿时，可以选择添加一个密码，使用该密码可以编辑解除锁定的元素。

在“审阅”选项卡上的“更改”组中，单击“保护工作表”选项。在“允许此工作表的所有用户进行”列表中，选择希望用户能够更改的元素。在“取消工作表保护时使用的密码”框中，键入工作表密码，单击“确定”按钮，然后重新键入密码进行确认。

（4）打印工作表。

① 设置页面边距。

单击表格中的任意一个单元格，在“窗口”功能区中单击“页面布局”选项卡，在“页面设置”组中，单击“页边距”按钮，选择“自定义边距”菜单项。

弹出“页面设置”对话框，在“上”“下”“左”“右”微调框中设置准备打印表格的页边距值，在“居中方式”区域中选择准备居中的复选框，单击“确定”按钮，即可完成设置页面边距的操作。

② 设置纸张大小。

单击工作表中的任意一个单元格，并单击“页面布局”选项卡。在“页面设置”组中单击“纸张方向”按钮，以选择“纵向”菜单项。在Excel 2010工作表中设置纸张方向的操作完成。

在“页面设置”组中，单击“纸张大小”按钮，单击“信封B5”菜单项。

通过上述方法即可完成在Excel 2010工作表中设置纸张大小的操作。

③ 设置页眉。

单击工作表中的任何一个单元格，单击“插入”选项卡，单击“文本”组中的“页眉和页脚”按钮。工作表界面发生变化，在表格顶端出现页眉文本框，并出现闪烁光标。

在页眉文本框中输入准备输入的页眉，单击工作表中的任意一个单元格。

通过上述方法即可完成在Excel 2010工作表中设置页眉的操作。

④ 设置页脚。

单击任意一个单元格，在“窗口”功能区中单击“页面布局”选项卡，在“页面设置”组中单击“页面设置启动器”按钮。

弹出“页面设置”对话框，选择“页眉/页脚”选项卡，在“页眉”下拉列表框的下方单击选择“自定义页脚”按钮。

弹出“页脚”对话框，单击选择“中”文本框，此时文本框中出现闪烁的光标，在文本框上方单击“插入页码”按钮。在“中”文本框中按下键盘上的“BackSpace”键删除原有内容，输入准备设置的页脚内容，单击“确定”按钮。

返回至“页面设置”对话框，单击选择对话框中的“确定”按钮，即完成在Excel 2010工作表中设置页脚的操作。

⑤ 设置打印区域。

在工作表中，单击准备设置打印区域的单元格区域，在“页面设置”组中单击“打印区域”按钮，单击选择“设置打印区域”菜单项，则在Excel 2010工作表中设置打印区域的操作完成。

⑥ 设置打印标题。

单击工作表中的任意一个单元格，在“窗口”功能区中单击“页面布局”选项卡，在“页面设置”组中单击选择“打印标题”按钮。

弹出“页面设置”对话框，在“打印标题”区域中单击“顶端标题行”文本框，单击“顶端标题行”右侧的“折叠”按钮。

在工作表中，单击准备设置顶端标题行的单元格，单击“顶端标题行”文本框右侧的“折叠”按钮。

单击“左端标题列”文本框，单击“左端标题列”文本框右侧的“折叠”按钮。

在工作表中，单击选择准备设置左端标题列的单元格区域。单击“左端标题列”文本框右侧的“折叠”按钮。

在“打印”区域中，单击准备打印的复选框，例如单击“行号列标”复选框，单击“确定”按钮，即可完成设置打印标题的操作。

（5）设置行高和列宽。

在默认情况下，行高和列宽都是固定的。当单元格内容比较多的时候，可能无法将其全部显示出来。这时就要设置行高和列宽了。

在 Excel 2010 工作表中选择准备设置行高的行，单击“开始”选项卡。在“单元格”组中单击“格式”按钮 。弹出快捷菜单，在“单元格大小”区域中选择“行高”菜单项。

弹出“行高”对话框，在“行高”文本框中输入准备设置行高的值，例如“30”，单击“确定”按钮。也可以选择“自动调整行高”选项将行高设置为最合适。列宽也是同样的设置方法，如图 4－14 所示。

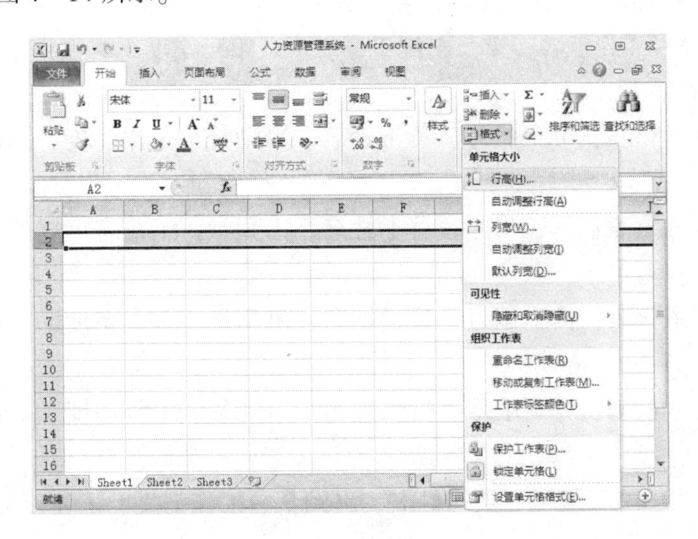

图 4－14　行高和列宽的设置

（6）隐藏或显示行和列。

如果工作表中某些行或列暂时不用，可以将这些行或列进行隐藏。

打开工作表，选中想要隐藏的行或列。单击鼠标右键，在弹出的快捷菜单中单击“隐藏”命令。如果想重新显示隐藏的行或列，那么只需要选中与被隐藏的行或列临近的行或列。然后单击鼠标右键，在弹出的快捷菜单中单击“取消隐藏”命令。

三、探索与练习

(1) 创建“车辆使用管理”工作簿，包含一个工作表名为“车辆使用管理”，标题为“公司车辆使用管理表”，列名包括“车号”“使用者”“所在部门”“使用原因”“使用日期”“开始使用时间”“交车时间”“车辆消耗费”“报销费”“驾驶员补助费”。将工作簿保存到“我的文档”。

(2) 创建“成绩表”工作簿，包含一个工作表名为“成绩表”，标题为“在职培训成绩表”，列名包括“编号”“姓名”“办公软件应用”“英语”“电子商务”“网络维护”“行政办公”“平均分”“排名”。将工作簿保存到“我的文档”。

(3) 创建“出勤表”工作簿，包含一个工作表名为“员工出勤统计”，标题为“员工出勤统计表”，列名包括“员工编号”“员工姓名”“员工工资”“所在部门”“迟到或早退(次)”“请假日期”“请假类别”“请假时间（小时)”“请假天数”“应扣工资”。将工作簿保存到“我的文档”。

(4) 创建“员工学历表”工作簿，包含一个工作表名为“员工学历”，标题为“员工学历表”，列名包括“部门”“博士”“硕士”“学士”“学士以下”。将工作簿保存到“我的文档”。

(5) 创建“年度考核”工作簿，包括如下工作表：

① 出勤量统计表：员工编号、员工姓名、第一季度出勤量、第二季度出勤量、第三季度出勤量、第四季度出勤量。

② 绩效表：员工编号、员工姓名、第一季度工作态度、第一季度工作能力、第二季度工作态度、第二季度工作能力、第三季度工作态度、第三季度工作能力、第四季度工作态度、第四季度工作能力。

③ 第一季度考核表：员工编号、员工姓名、出勤量、工作态度、工作能力、季度总成绩。

④ 第二季度考核表：员工编号、员工姓名、出勤量、工作态度、工作能力、季度总成绩。

⑤ 第三季度考核表：员工编号、员工姓名、出勤量、工作态度、工作能力、季度总成绩。

⑥ 第四季度考核表：员工编号、员工姓名、出勤量、工作态度、工作能力、季度总成绩。

⑦ 年度考核表：员工编号、员工姓名、出勤量、工作态度、工作能力、年度总成绩、排名、奖金。

将工作簿保存到“我的文档”。

4.3　输入和编辑数据

任务3　完成工作表内容

一、任务描述

本任务应用各类输入方法完成人力资源管理系统的各工作表内容的编辑。

二、相关知识与技能

以档案表为例，应用各类输入方法完成工作表内容的编辑。完成后的档案表如图4－15所示。

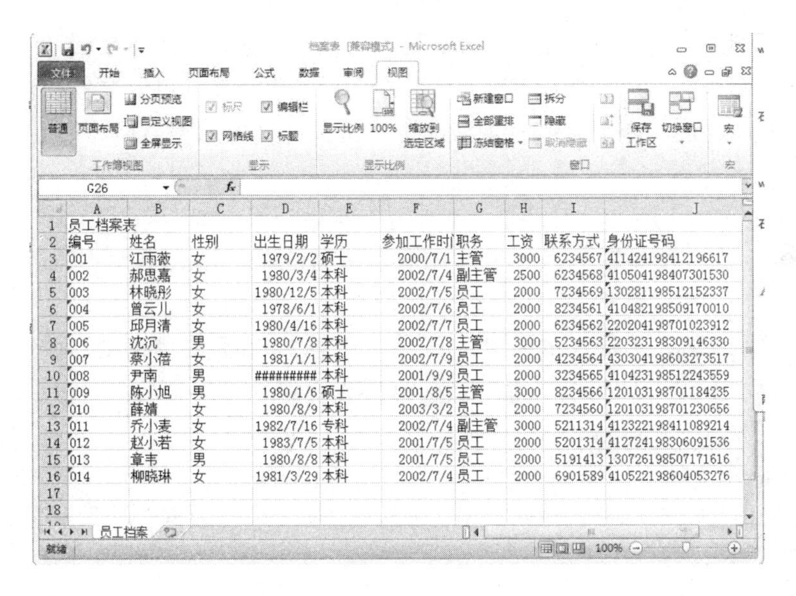

员工档案表

编号	姓名	性别	出生日期	学历	参加工作时	职务	工资	联系方式	身份证号码
001	江雨薇	女	1979/2/2	硕士	2000/7/1	主管	3000	6234567	411424198412196617
002	郝思嘉	女	1980/3/4	本科	2002/7/4	副主管	2500	6234568	410504198407301530
003	林晓彤	女	1980/12/5	本科	2002/7/5	员工	2000	7234569	130281198512152337
004	曾云儿	女	1978/6/1	本科	2002/7/6	员工	2000	8234561	410482198509170010
005	邱月清	女	1980/4/16	本科	2002/7/7	员工	2000	6234562	220204198701023912
006	沈沉	男	1980/7/8	本科	2002/7/8	主管	3000	5234563	220323198309146330
007	蔡小蓓	女	1981/1/1	本科	2002/7/9	员工	2000	4234564	430304198603273517
008	尹南	男	#########	本科	2001/9/9	员工	2000	3234565	410423198512243559
009	陈小旭	男	1980/1/6	硕士	2001/8/5	主管	3000	8234566	120103198701184235
010	薛婧	女	1980/8/9	本科	2003/3/2	员工	2000	7234560	120103198701230656
011	乔小麦	女	1982/7/16	专科	2002/7/4	副主管	3000	5211314	412322198411089214
012	赵小若	女	1983/7/5	本科	2001/7/5	员工	2000	5201314	412724198306091536
013	章韦	男	1980/8/8	本科	2001/7/5	员工	2000	5191413	130726198507171616
014	柳晓琳	女	1981/3/29	本科	2002/7/4	员工	2000	6901589	410522198604053276

图4－15　完成后的档案表

本任务使用的相关知识包括在工作表中输入数据与快速填充表格数据。

1. 在工作表中输入数据

（1）输入文本。

文本是Excel表格中最常见的数据类型，它可以用来说明表格中的其他数据。

在Excel 2010工作簿窗口中，单击准备输入文本的单元格，例如B2单元格。在编辑栏中的编辑框中输入准备输入的文本，例如“第一天”，然后按下键盘上的“Enter”键，即完成输入文本的操作。

（2）输入数值。

数字可以直观地表示表格中各类数据所代表的含义。在单元格中输入普通数字的方法与输入文本的方法类似。

使用鼠标左键双击准备输入的单元格，然后在该单元格中输入准备输入的数字，如“25”，按下键盘上的“Enter”键，即可完成输入数字的操作。

在单元格中可以输入分数。如果按照普通方式输入分数，那么Excel 2010会将其转换为日期格式，例如在单元格中输入“2/3”，Excel 2010 会将其转换为“2 月 3 日”。在单元格中输入分数时，需在分子前面加一个空格键，例如“ -3/5”（“ -”代表键盘上的空格键）。这样 Excel 2010 将该数据作为一个分数处理。

当在单元格中输入很大或很小的数值时，输入的内容和单元格显示的内容可能不一样，因为 Excel 2010 系统自动用科学计数法显示输入的数，但是在编辑栏中显示的内容与输入的内容一致。

（3）输入日期。

在输入日期和时间时，可以直接输入一般格式的日期和事件，也可以通过设置单元格格式输入多种不同类型的日期和时间。

输入日期时，在年月日之间用“/”或者“ -”隔开。输入时间时，可以以时间格式直接输入，例如输入“20：20：20”。在 Excel 中系统默认的是 24 小时制，如果想要改为 12 小时制，就应在输入的时间前面加上“AM”或者“PM”来区分上下午。

如果输入的日期或者时间要以其他格式显示出来，就要设置单元格格式。

单击准备输入时间的单元格，在功能区中单击选择“开始”选项卡，在“数字”组中单击“启动器”按钮。

弹出“设置单元格格式”对话框，单击选择“数字”选项卡，在分类列表框中选择“时间”列表项。在“类型”列表框中选择准备使用的时间样式类型。确认操作后，单击“确定”按钮。

返回到工作表编辑页面，在选中的单元格中输入准备使用的时间数字，例如输入“13”，按下键盘上的“Enter”键完成输入。这时可以看到表格中的数字已经自动显示为刚刚设定好的时间格式。

（4）输入特殊数据。

在 Excel 2010 中，存在一些特殊数据，如以“0”开头的数据、身份证号码等，这就要使用特殊的方式输入。

① 输入以“0”开头的数据。

在默认情况下输入以“0”开头的数据时，Excel 会把它识别成数值型数据，而直接把前面的“0”省略掉。想要正确地输入此类数据，就要在数据前面加上单引号。

② 输入身份证号码。

在 Excel 2010 中单元格默认显示 11 位数字。如果超过 11 位，那么就使用科学技术法来显示数字。由于身份证号码是 18 位，因此如果直接输入就会显示为科学计数法。要想正确显示身份证号码也要在前面加上一个单引号。

③ 输入特殊符号。

有时候需要输入一些特殊符号，例如￥和★、♠等。这些符号有些可以通过键盘输入，而有一些无法在键盘上找到与之匹配的键位。此时可以通过 Excel 2010 的“插入特殊符号”选项完成。比如，需要输入一个“￥”号。首先选中单元格，并切换到“插入”选项卡。单击“符号”组中的“符号”按钮。如图 4 -16 所示。在弹出的“符号”对话框中，选择相应的符号，并双击，然后关闭该对话框，如图 4 -17 所示。

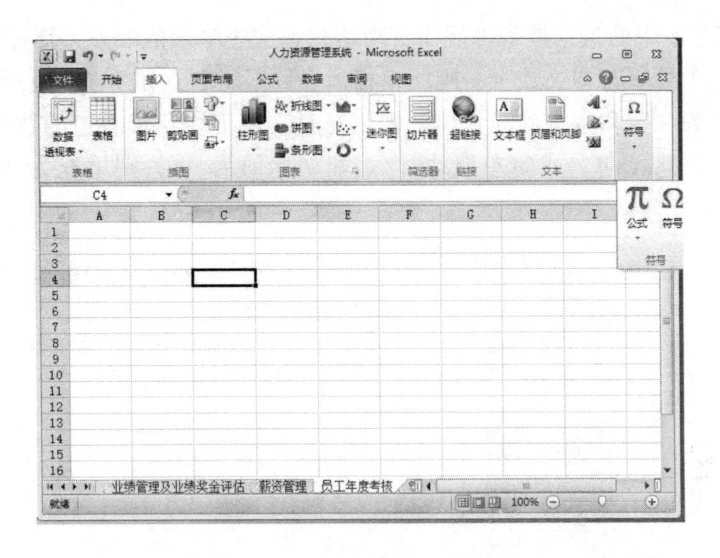

图 4－16　“特殊符号”按钮

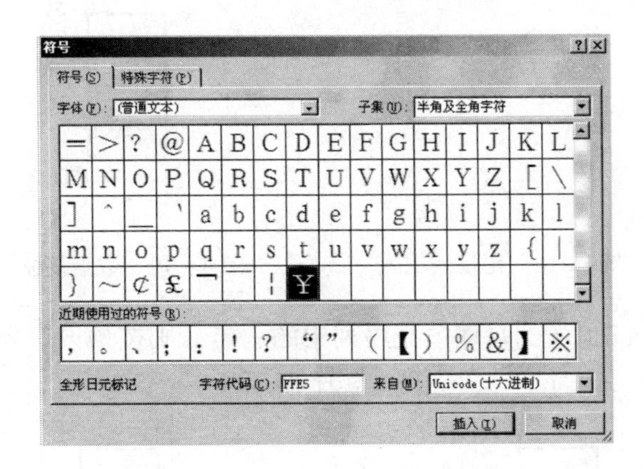

图 4－17　“特殊符号”对话框

2. 快速填充表格数据

在 Excel 的编辑过程中，输入数据是一项重要的工作。

（1）记忆式输入。

该输入方法是指在输入数据时，系统自动根据已经输入的数据提出建议，以减少录入的工作。

在输入时，如果所输入数据的起始字符与该列其他单元格中字符的起始字符相同，那么 Excel 会自动将符合的数据作为建议显示出来，并将建议部分反白显示。此时，可以根据实际情况选择。如果接受建议，则按下“Enter”键，建议的数据将会被填充。如果不接受，那么可以继续输入其他数据。当输入的数据有一个与建议的数据不相符时，建议会自动消失，如图 4－18 所示。

（2）自动填充。

自动填充是根据初始值决定以后的填充项。当选中初始值所在单元格或区域后，会看到所选区域边框的右下角处有一个黑点，它叫“填充柄”。鼠标指向“填充柄”时，鼠标指针会变成一个“瘦加号”，可以将填充柄向上、下、左、右四个方向拖动。在经过相邻单元格时，就会将选定区域中的数据按某种规律自动填充到这些单元格中去。其有以下几种情况：

① 若初始值为纯字符或纯数字，则填充相当于数据复制，如图 4 – 19 所示。

② 若初始值为文字和数字的混合体，则填充时文字不变，最右边的数字递增（向下或向右拖动时）或递减（向上或向左拖动时）。如初始值为 A1，则填充为 A2、A3、…，如图 4 – 20所示。

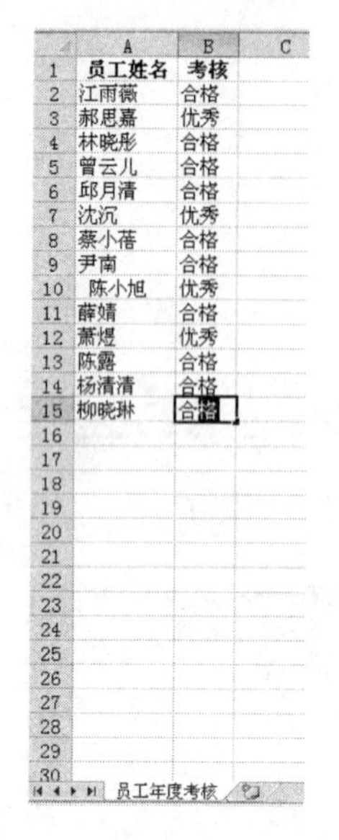

	A	B
1	员工姓名	考核
2	江雨薇	合格
3	郝思嘉	优秀
4	林晓彤	合格
5	曾云儿	合格
6	邱月清	合格
7	沈沉	优秀
8	蔡小蓓	合格
9	尹南	合格
10	陈小旭	优秀
11	薛婧	合格
12	萧煜	优秀
13	陈露	合格
14	杨清清	合格
15	柳晓琳	合格

图 4 – 18　记忆式输入

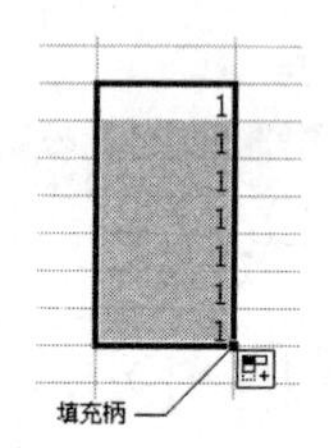

图 4 – 19　数据复制

③ 若初始值为 Excel 预设的自动填充序列中的一员，则按预设序列填充。例如初始值为二月，则自动填充三月、四月……，如图 4 – 21 所示。

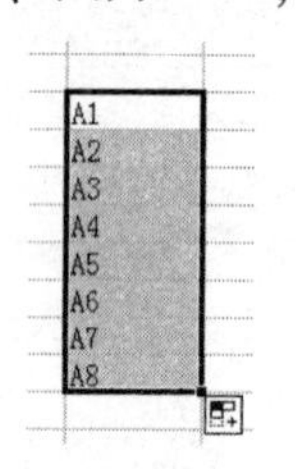

图 4 – 20　最右边的数字递增

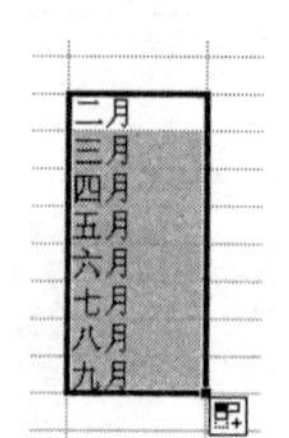

图 4 – 21　按照预设序列填充

当松开鼠标后，在填充柄的右下方会出现一个“自动填充选项”按钮，也可以通过此按钮的下拉菜单选项来选择填充的方式，如图 4 – 22 所示。

用上面的方法进行自动填充时，每一个相邻的单元格相差的数值只能是 1。若要填充的序列差值是 2 或 2 以上，则要求先输入前两个数据，以给出数据变化的趋势，然后选中两个单元格，如图 4 – 23 所示。

沿填充方向拖动鼠标，填充以后的效果如图 4 – 24 所示。

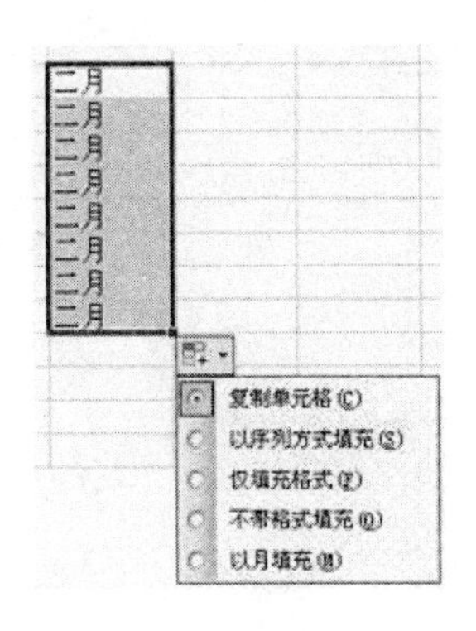

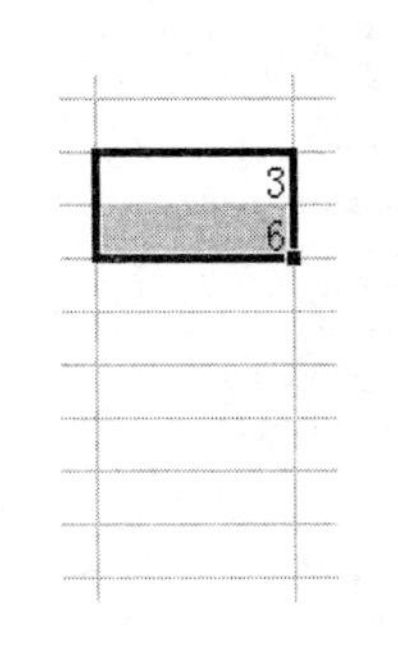

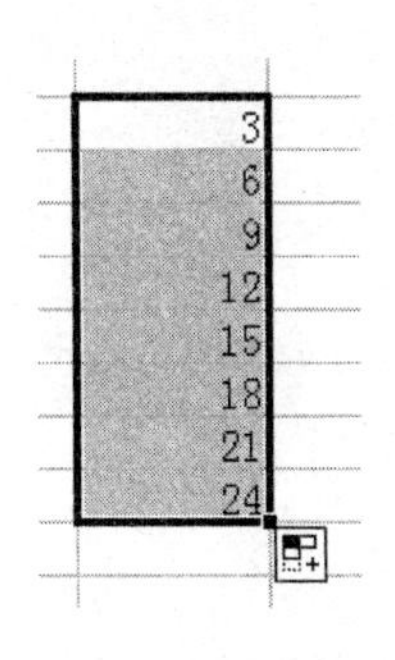

图 4－22　自动填充选项的下拉菜单　　图 4－23　选中两个单元格　　图 4－24　填充效果

(3) 设置填充步长。

如果没有进行特别设置，那么自动填充的步长默认为 1。当然，也可以根据需要设置。其操作步骤如下：

① 在序列起始单元格 A1 中输入一个起始值，拖动单元格列向填充，例如列向填充至 A5，并使这些单元格呈选中状态。

② 切换到“开始”选项卡，单击“编辑”组中的“填充”下拉按钮。在弹出的下拉菜单中单击“序列”命令。

③ 弹出“序列”对话框，在“步长值”文本框中输入步长值，例如“3”，然后单击“确定”按钮，如图 4－25 所示。

④ 返回工作表，即可看见单元格以步长 3 进行了序列填充。

(4) 自定义填充序列。

Excel 2010 除本身提供的预定义的序列外，还允许用户自定义序列。我们可以把经常用到的一些序列做一个定义，并储存起来供以后填充时使用。自定义序列的步骤如下：

① 在单元格中输入作为填充序列的数据清单，并选中相应单元格，如图 4－26 所示。

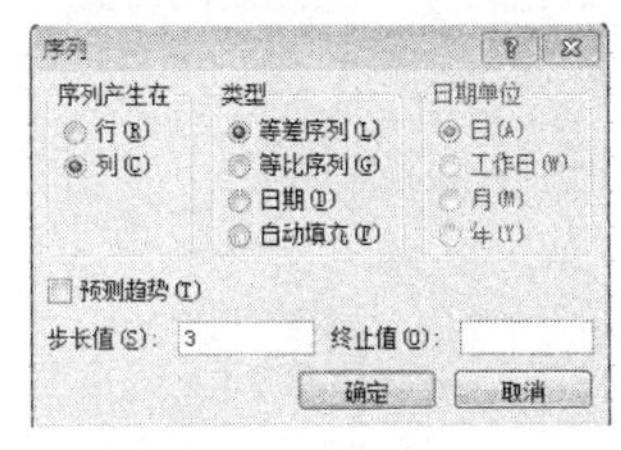

图 4－25　步长设置对话框

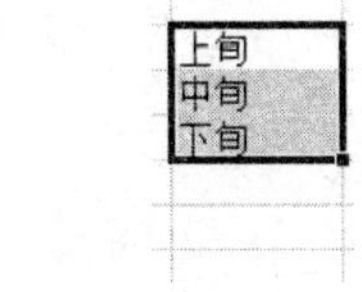

图 4－26　选中数据清单

② 切换到“文件”选项卡，单击“选项”命令。

③ 弹出“Excel 选项”对话框，单击“高级”选项卡，然后在右侧单击“常规”栏中的“编辑自定义列表”按钮，如图 4－27 所示。

④ 弹出“自定义序列”对话框，单击“导入”按钮，并将选中的数据清单导入“输入序列”列表框中，然后单击“确定”按钮，如图 4－28 所示。

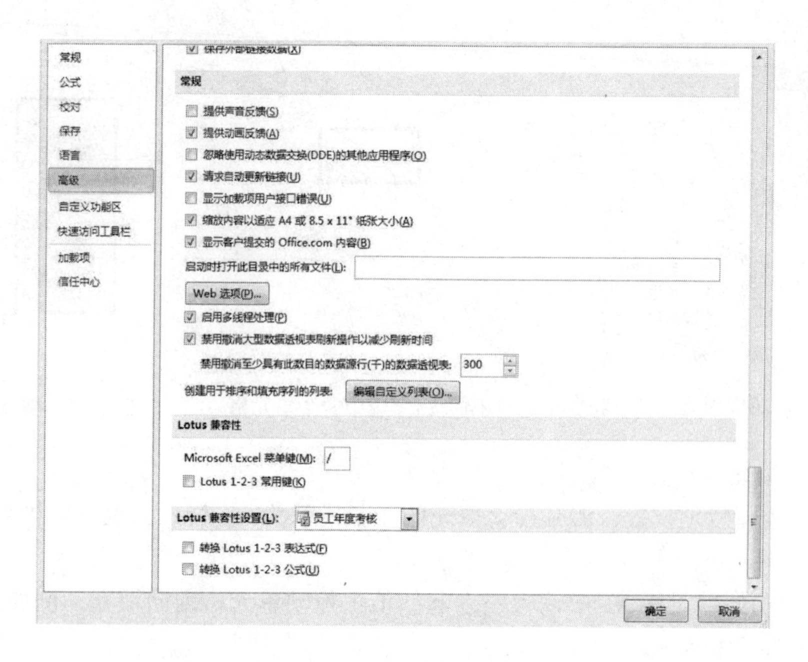

图4-27 编辑自定义列表

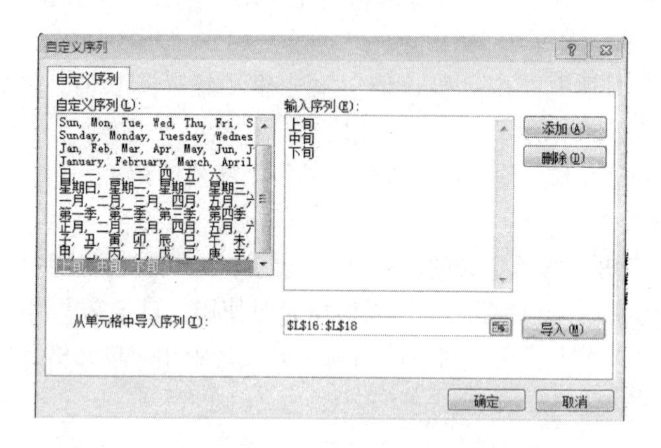

图4-28 “自定义序列”对话框

三、知识拓展

填充档案表内容的操作如下。

1. 输入编号

（1）打开任务2中保存的“档案表”工作簿，并在A3单元格中输入“001”。

在默认情况下输入以“0”开头的数据时，Excel会把它识别成数值型数据，而直接把前面的“0”省略掉。要想正确地输入此类数据，就要在数据前面加上单引号。

（2）选中A3单元格，并将填充柄向下拖动。选定区域中的数据按002、003、…自动填充到这些单元格中去。

2. 输入姓名、性别、学历、职务、出生日期和参加工作时间（如图4-29所示）

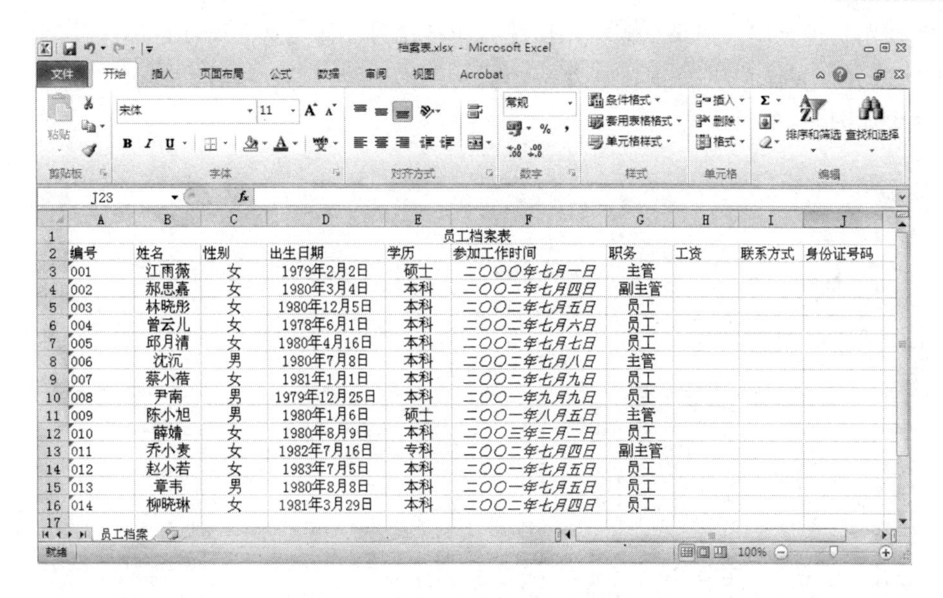

员工档案表									
编号	姓名	性别	出生日期	学历	参加工作时间	职务	工资	联系方式	身份证号码
001	江雨薇	女	1979年2月2日	硕士	二〇〇〇年七月一日	主管			
002	郝思嘉	女	1980年3月4日	本科	二〇〇二年七月四日	副主管			
003	林晓彤	女	1980年12月5日	本科	二〇〇二年七月五日	员工			
004	曾云儿	女	1978年6月1日	本科	二〇〇二年七月六日	员工			
005	邱月清	女	1980年4月16日	本科	二〇〇二年七月七日	员工			
006	沈沉	男	1980年7月8日	本科	二〇〇二年七月八日	主管			
007	蔡小蓓	女	1981年1月1日	本科	二〇〇二年七月九日	员工			
008	尹南	男	1979年12月25日	本科	二〇〇一年九月九日	员工			
009	陈小旭	男	1980年1月6日	硕士	二〇〇一年八月五日	主管			
010	薛婧	女	1980年8月9日	本科	二〇〇三年三月二日	员工			
011	乔小麦	女	1982年7月16日	专科	二〇〇二年七月四日	副主管			
012	赵小若	女	1983年7月5日	本科	二〇〇一年七月五日	员工			
013	章韦	男	1980年8月8日	本科	二〇〇一年七月五日	员工			
014	柳晓琳	女	1981年3月29日	本科	二〇〇二年七月四日	员工			

图 4－29　相关信息的输入

3. 输入工资（如图 4－30 所示）

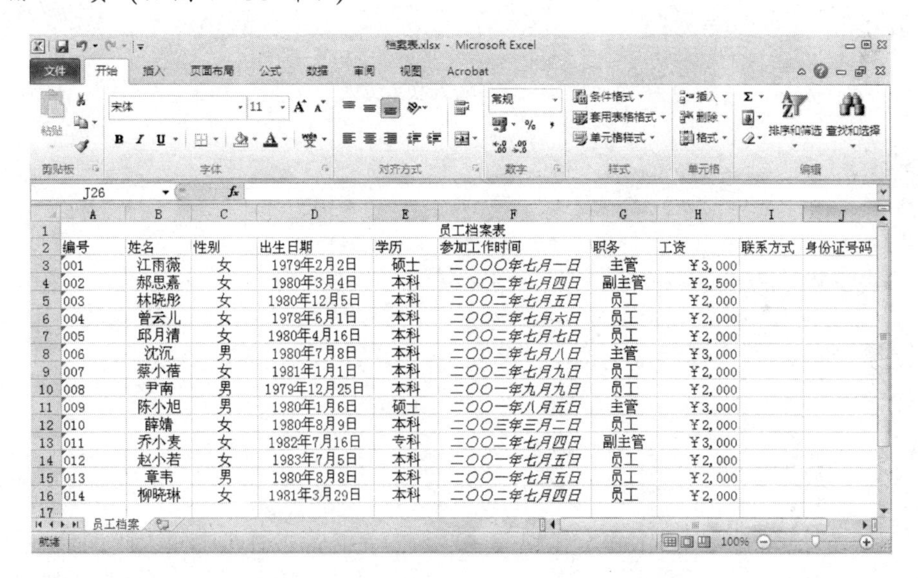

员工档案表									
编号	姓名	性别	出生日期	学历	参加工作时间	职务	工资	联系方式	身份证号码
001	江雨薇	女	1979年2月2日	硕士	二〇〇〇年七月一日	主管	¥3,000		
002	郝思嘉	女	1980年3月4日	本科	二〇〇二年七月四日	副主管	¥2,500		
003	林晓彤	女	1980年12月5日	本科	二〇〇二年七月五日	员工	¥2,000		
004	曾云儿	女	1978年6月1日	本科	二〇〇二年七月六日	员工	¥2,000		
005	邱月清	女	1980年4月16日	本科	二〇〇二年七月七日	员工	¥2,000		
006	沈沉	男	1980年7月8日	本科	二〇〇二年七月八日	主管	¥3,000		
007	蔡小蓓	女	1981年1月1日	本科	二〇〇二年七月九日	员工	¥2,000		
008	尹南	男	1979年12月25日	本科	二〇〇一年九月九日	员工	¥2,000		
009	陈小旭	男	1980年1月6日	硕士	二〇〇一年八月五日	主管	¥3,000		
010	薛婧	女	1980年8月9日	本科	二〇〇三年三月二日	员工	¥2,000		
011	乔小麦	女	1982年7月16日	专科	二〇〇二年七月四日	副主管	¥3,000		
012	赵小若	女	1983年7月5日	本科	二〇〇一年七月五日	员工	¥2,000		
013	章韦	男	1980年8月8日	本科	二〇〇一年七月五日	员工	¥2,000		
014	柳晓琳	女	1981年3月29日	本科	二〇〇二年七月四日	员工	¥2,000		

图 4－30　输入工资

4. 输入联系方式（如图 4－31 所示）

5. 输入身份证号码（如图 4－32 所示）

四、探索与练习

（1）打开任务 2 中创建的“员工学历表”工作簿，输入员工学历表的内容并保存。员工学历表用于统计员工学历的分布情况，输入完数据后的效果如图 4－33 所示。

（2）打开任务 2 中创建的“成绩表”工作簿，输入成绩表的内容并保存。成绩表记录员工在职培训的成绩以及对成绩的分析。输入基本数据以后的效果如图 4－34 所示。

（3）打开任务 2 中创建的“车辆使用管理”工作簿，输入车辆使用管理表的内容并保存。车辆使用管理表用来记录车辆使用情况，包括车号、使用者、所在部门、使用原因、使用日期、开始使用时间、交车时间、车辆消耗费、报销费、驾驶员补助费等。输入基本数据以后的效果如图 4 – 35 所示。

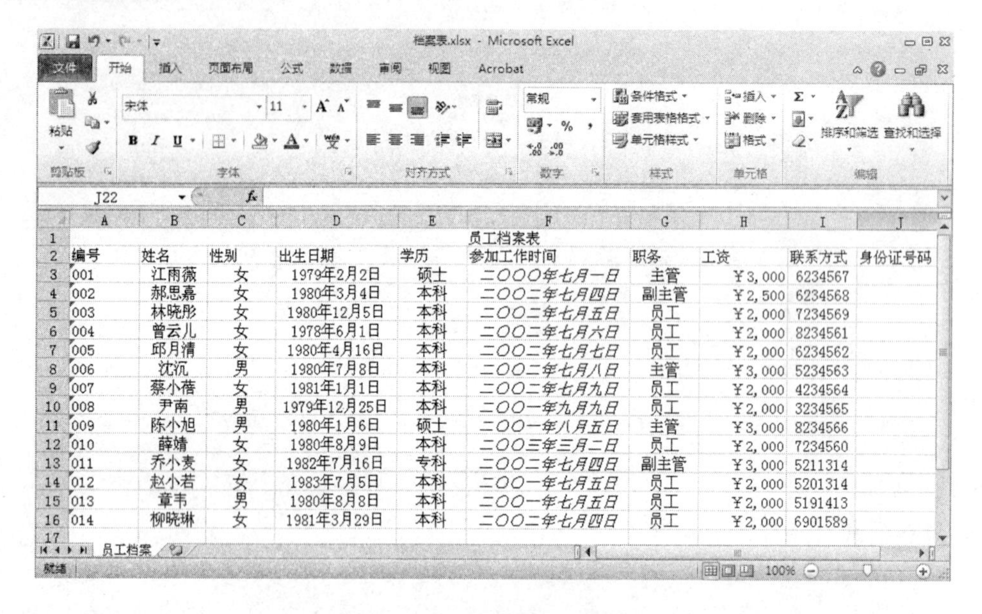

员工档案表									
编号	姓名	性别	出生日期	学历	参加工作时间	职务	工资	联系方式	身份证号码
001	江雨薇	女	1979年2月2日	硕士	二〇〇〇年七月一日	主管	￥3,000	6234567	
002	郝思嘉	女	1980年3月4日	本科	二〇〇二年七月四日	副主管	￥2,500	6234568	
003	林晓彤	女	1980年12月5日	本科	二〇〇二年七月五日	员工	￥2,000	7234569	
004	曾云儿	女	1978年6月1日	本科	二〇〇二年七月六日	员工	￥2,000	8234561	
005	邱月清	女	1980年4月16日	本科	二〇〇二年七月七日	员工	￥2,000	6234562	
006	沈沉	男	1980年7月8日	本科	二〇〇二年七月八日	主管	￥3,000	5234563	
007	蔡小蓓	女	1981年1月1日	本科	二〇〇二年七月九日	员工	￥2,000	4234564	
008	尹南	男	1979年12月25日	本科	二〇〇一年九月九日	员工	￥2,000	3234565	
009	陈小旭	男	1980年1月6日	硕士	二〇〇一年八月五日	主管	￥3,000	8234566	
010	薛婧	女	1980年8月9日	本科	二〇〇三年三月二日	员工	￥2,000	7234560	
011	乔小麦	女	1982年7月16日	专科	二〇〇二年七月四日	副主管	￥3,000	5211314	
012	赵小若	女	1983年7月5日	本科	二〇〇一年七月五日	员工	￥2,000	5201314	
013	章韦	男	1980年8月8日	本科	二〇〇一年七月五日	员工	￥2,000	5191413	
014	柳晓琳	女	1981年3月29日	本科	二〇〇二年七月四日	员工	￥2,000	6901589	

图 4 – 31　输入联系方式

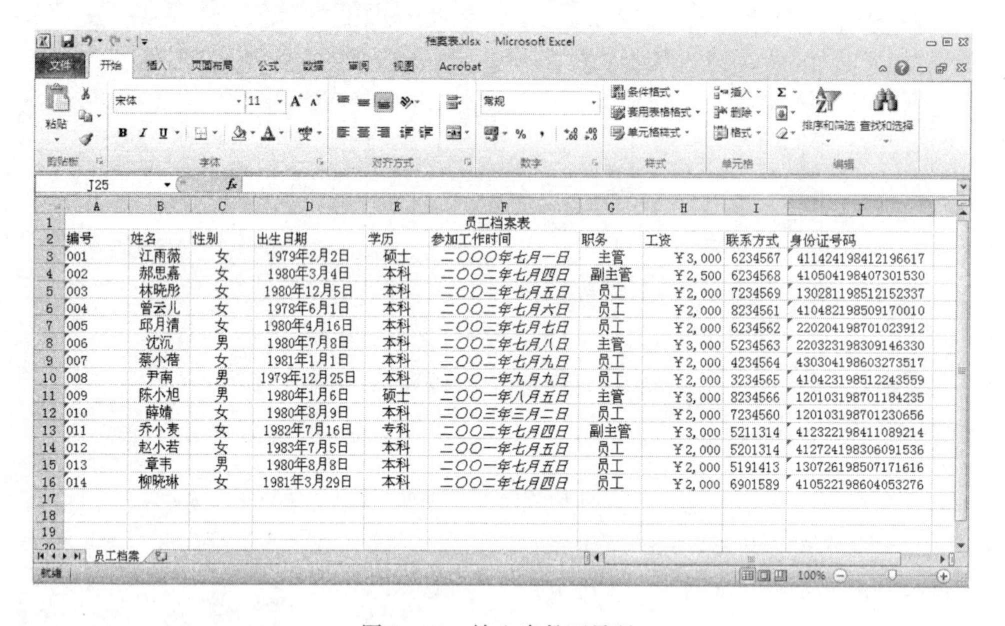

员工档案表									
编号	姓名	性别	出生日期	学历	参加工作时间	职务	工资	联系方式	身份证号码
001	江雨薇	女	1979年2月2日	硕士	二〇〇〇年七月一日	主管	￥3,000	6234567	411424198412196617
002	郝思嘉	女	1980年3月4日	本科	二〇〇二年七月四日	副主管	￥2,500	6234568	410504198407301530
003	林晓彤	女	1980年12月5日	本科	二〇〇二年七月五日	员工	￥2,000	7234569	130281198512152337
004	曾云儿	女	1978年6月1日	本科	二〇〇二年七月六日	员工	￥2,000	8234561	410482198509170010
005	邱月清	女	1980年4月16日	本科	二〇〇二年七月七日	员工	￥2,000	6234562	220204198701023912
006	沈沉	男	1980年7月8日	本科	二〇〇二年七月八日	主管	￥3,000	5234563	220323198309146330
007	蔡小蓓	女	1981年1月1日	本科	二〇〇二年七月九日	员工	￥2,000	4234564	430304198603273517
008	尹南	男	1979年12月25日	本科	二〇〇一年九月九日	员工	￥2,000	3234565	410423198512243559
009	陈小旭	男	1980年1月6日	硕士	二〇〇一年八月五日	主管	￥3,000	8234566	120103198701184235
010	薛婧	女	1980年8月9日	本科	二〇〇三年三月二日	员工	￥2,000	7234560	120103198701230656
011	乔小麦	女	1982年7月16日	专科	二〇〇二年七月四日	副主管	￥3,000	5211314	412322198411089214
012	赵小若	女	1983年7月5日	本科	二〇〇一年七月五日	员工	￥2,000	5201314	412724198306091536
013	章韦	男	1980年8月8日	本科	二〇〇一年七月五日	员工	￥2,000	5191413	130726198507171616
014	柳晓琳	女	1981年3月29日	本科	二〇〇二年七月四日	员工	￥2,000	6901589	410522198604053276

图 4 – 32　输入身份证号码

员工学历表				
部门	博士	硕士	学士	学士以下
人事部	1	1	5	13
行政部	0	3	10	8
财务部	2	4	9	12
销售部	4	6	12	15

图 4－33　员工学历表

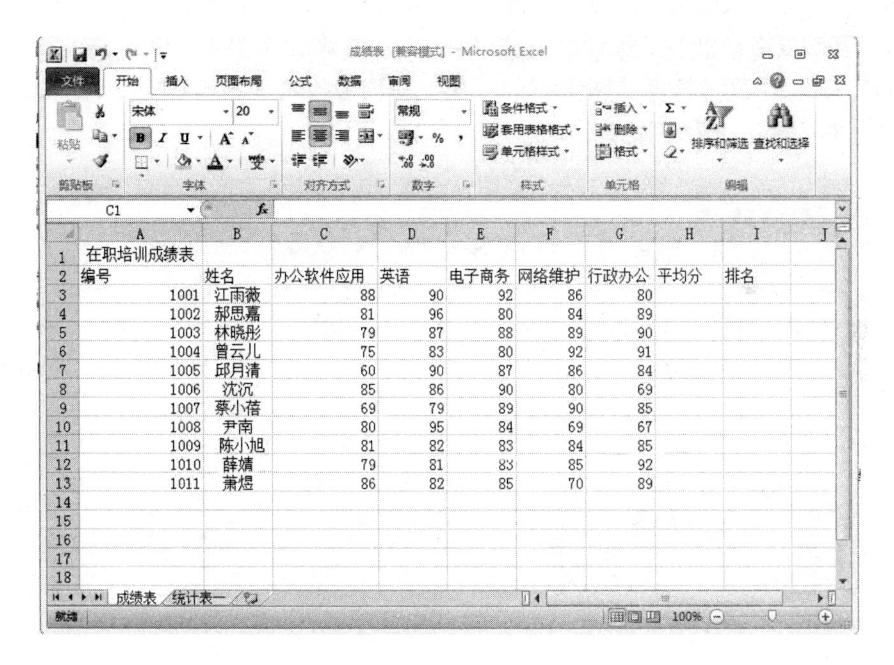

在职培训成绩表								
编号	姓名	办公软件应用	英语	电子商务	网络维护	行政办公	平均分	排名
1001	江雨薇	88	90	92	86	80		
1002	郝思嘉	81	96	80	84	89		
1003	林晓彤	79	87	88	89	90		
1004	曾云儿	75	83	80	92	91		
1005	邱月清	60	90	87	86	84		
1006	沈沉	85	86	90	80	69		
1007	蔡小蓓	69	79	89	90	85		
1008	尹南	80	95	84	69	67		
1009	陈小旭	81	82	83	84	85		
1010	薛婧	79	81	83	85	92		
1011	萧煜	86	82	85	70	89		

图 4－34　成绩表

L42

	A	B	C	D	E	F	G	H	I	J	K
1	公司车辆使用管理表										
2	车号	使用者	所在部门	使用原因	使用日期	开始使用时间	交车时间	车辆消耗费	报销费	驾驶员补助费	
3	鲁F 45672	邱月清	策划部	私事	2005-2-2	9:20	11:50	¥10			
4	鲁F 45672	邱月清	策划部	私事	2005-2-6	8:00	20:00	¥120			
5	鲁F 36598	江雨薇	人力资源部	公事	2005-2-1	9:30	12:00	¥30			
6	鲁F 45672	江雨薇	人力资源部	私事	2005-2-4	13:00	21:00	¥80			
7	鲁F 81816	江雨薇	人力资源部	私事	2005-2-7	8:30	15:00	¥70			
8	鲁F 36598	杨清清	宣传部	公事	2005-2-2	8:30	17:30	¥60			
9	鲁F 36598	杨清清	宣传部	公事	2005-2-4	14:30	19:20	¥50			
10	鲁F 36598	杨清清	宣传部	公事	2005-2-6	9:30	11:50	¥30			
11	鲁F 45672	杨清清	宣传部	公事	2005-2-7	13:00	20:00	¥70			
12	鲁F 56789	沈沉	宣传部	公事	2005-2-6	10:00	12:30	¥70			
13	鲁F 67532	沈沉	宣传部	公事	2005-2-6	14:00	17:50	¥20			
14	鲁F 81816	柳晓琳	宣传部	公事	2005-2-6	8:00	17:30	¥90			
15	鲁F 45672	尹南	业务部	公事	2005-2-1	8:00	15:00	¥80			
16	鲁F 45672	陈露	业务部	公事	2005-2-3	14:00	20:00	¥60			
17	鲁F 56789	陈露	业务部	公事	2005-2-5	9:00	18:00	¥90			
18	鲁F 67532	尹南	业务部	公事	2005-2-3	12:20	15:00	¥30			
19	鲁F 67532	尹南	业务部	公事	2005-2-7	9:20	21:00	¥120			
20	鲁F 81816	陈露	业务部	公事	2005-2-1	8:00	21:00	¥130			
21	鲁F 81816	陈露	业务部	公事	2005-2-2	8:00	18:00	¥60			
22	鲁F 36598	乔小麦	营销部	公事	2005-2-3	7:50	21:00	¥100			
23	鲁F 56789	乔小麦	营销部	公事	2005-2-7	8:00	20:00	¥120			
24	鲁F 67532	乔小麦	营销部	公事	2005-2-1	10:00	19:20	¥50			
25											
26											
27											

车辆使用管理表

图 4 – 35 车辆使用管理表

（4）打开任务 2 中创建的“年度考核”工作簿，输入年度考核内容并保存。年度考核表主要用于考评每个人的工作并对其进行综合评价，然后以此作为标准发放奖金。该工作簿有下面 7 个基础表格：出勤量统计表（图 4 – 36）、绩效表（图 4 – 37）、第一季度考核表（图 4 – 38）、第二季度考核表（图 4 – 39）、第三季度考核表（图 4 – 40）、第四季度考核表（图 4 – 41）和年度考核表（图 4 – 42）。

	A	B	C	D	E	F	G
1	出勤量统计表						
2	员工编号	员工姓名	第一季度出勤量	第二季度出勤量	第三季度出勤量	第四季度出勤量	
3	1001	江雨薇	98	85	92	92	
4	1002	郝思嘉	76	92	93	90	
5	1003	林晓彤	95	95	94	93	
6	1004	曾云儿	96	93	89	96	
7	1005	邱月清	89	88	86	90	
8	1006	沈沉	90	94	87	92	
9	1007	蔡小蓓	100	92	94	91	
10	1008	尹南	94	91	95	86	
11	1009	陈小旭	95	93	98	87	
12	1010	薛婧	86	83	93	94	
13	1011	萧煜	96	96	92	95	
14	1012	陈露	89	90	91	98	
15	1013	杨清清	94	89	90	93	
16	1014	柳晓琳	92	95	96	92	
17	1015	杜媛媛	91	91	90	91	
18	1016	乔小麦	93	92	90	90	
19	1017	丁欣	80	86	90	91	
20	1018	赵震	95	90	91	90	
21							
22							
23							
24							
25							
26							
27							

出勤量统计表 绩效表 第一季度考核表 第二季度考核表 第三季度考核表 第四季度考核表 年度考核表

图 4 – 36 出勤量统计表

绩效表

员工编号	员工姓名	第一季度工作态度	第一季度工作能力	第二季度工作态度	第二季度工作能力	第三季度工作态度	第三季度工作能力	第四季度工作态度	第四季度工作能力
1001	江雨薇	92	98	92	89	96	96	91	92
1002	郝思嘉	93	76	89	86	89	82	92	93
1003	林晓彤	94	95	93	87	90	92	95	94
1004	曾云儿	89	96	96	94	100	91	93	89
1005	邱月清	98	92	89	95	94	86	96	86
1006	沈沉	76	95	86	70	95	87	76	87
1007	蔡小蓓	95	93	87	72	98	94	92	94
1008	尹南	96	96	94	95	86	70	91	95
1009	陈小旭	98	95	87	93	87	90	93	98
1010	薛婧	80	98	94	96	94	82	95	93
1011	萧煜	92	96	95	94	95	94	96	92
1012	陈露	91	89	95	92	98	95	90	91
1013	杨清清	90	94	98	91	93	98	89	90
1014	柳晓琳	96	92	93	98	92	89	95	96
1015	杜媛媛	90	91	92	76	95	86	91	80
1016	乔小麦	90	93	91	95	93	87	92	90
1017	丁欣	92	90	90	96	96	94	86	92
1018	赵震	91	95	85	98	92	89	90	91

出勤量统计表 绩效表 第一季度考核表 第二季度考核表 第三季度考核表 第四季度考核表 年度考核表

图 4－37 绩效表

第一季度考核表

员工编号	员工姓名	出勤量	工作态度	工作能力	季度总成绩
1001	江雨薇	98	92	98	
1002	郝思嘉	76	93	76	
1003	林晓彤	95	94	95	
1004	曾云儿	96	89	96	
1005	邱月清	89	98	92	
1006	沈沉	90	76	95	
1007	蔡小蓓	100	95	93	
1008	尹南	94	96	96	
1009	陈小旭	95	98	95	
1010	薛婧	86	80	98	
1011	萧煜	96	92	96	
1012	陈露	89	91	89	
1013	杨清清	94	90	94	
1014	柳晓琳	92	96	92	
1015	杜媛媛	91	90	91	
1016	乔小麦	93	90	93	
1017	丁欣	80	92	90	
1018	赵震	95	91	95	

出勤量统计表 绩效表 第一季度考核表 第二季度考核表 第三季度考核表 第四季度

图 4－38 第一季度考核表

	A	B	C	D	E	F
1	第二季度考核表					
2	员工编号	员工姓名	出勤量	工作态度	工作能力	季度总成绩
3	1001	江雨薇	85	92	89	
4	1002	郝思嘉	92	89	86	
5	1003	林晓彤	95	93	87	
6	1004	曾云儿	93	96	94	
7	1005	邱月清	88	89	95	
8	1006	沈沉	94	86	70	
9	1007	蔡小蓓	92	87	72	
10	1008	尹南	91	94	95	
11	1009	陈小旭	93	87	93	
12	1010	薛婧	83	94	96	
13	1011	萧煜	96	95	94	
14	1012	陈露	90	95	92	
15	1013	杨清清	89	98	91	
16	1014	柳晓琳	95	93	98	
17	1015	杜媛媛	91	92	76	
18	1016	乔小麦	92	91	95	
19	1017	丁欣	86	90	96	
20	1018	赵震	90	85	98	

图4－39 第二季度考核表

	A	B	C	D	E	F
1	第三季度考核表					
2	员工编号	员工姓名	出勤量	工作态度	工作能力	季度总成绩
3	1001	江雨薇	92	96	96	
4	1002	郝思嘉	93	89	82	
5	1003	林晓彤	94	90	92	
6	1004	曾云儿	89	100	91	
7	1005	邱月清	86	94	86	
8	1006	沈沉	87	95	87	
9	1007	蔡小蓓	94	98	94	
10	1008	尹南	95	86	70	
11	1009	陈小旭	98	87	90	
12	1010	薛婧	93	94	82	
13	1011	萧煜	92	95	94	
14	1012	陈露	91	98	95	
15	1013	杨清清	90	93	98	
16	1014	柳晓琳	96	92	89	
17	1015	杜媛媛	90	95	86	
18	1016	乔小麦	90	93	87	
19	1017	丁欣	90	96	94	
20	1018	赵震	91	92	89	

图4－40 第三季度考核表

	A	B	C	D	E	F	G	H
1	第四季度考核表							
2	员工编号	员工姓名	出勤量	工作态度	工作能力	季度总成绩		
3	1001	江雨薇	92	91	92			
4	1002	郝思嘉	90	92	93			
5	1003	林晓彤	93	95	94			
6	1004	曾云儿	96	93	89			
7	1005	邱月清	90	96	86			
8	1006	沈沉	92	76	87			
9	1007	蔡小蓓	91	92	94			
10	1008	尹南	86	91	95			
11	1009	陈小旭	87	93	98			
12	1010	薛婧	94	95	93			
13	1011	萧煜	95	96	92			
14	1012	陈露	98	90	91			
15	1013	杨清清	93	89	90			
16	1014	柳晓琳	92	95	96			
17	1015	杜媛媛	91	91	80			
18	1016	乔小麦	90	92	90			
19	1017	丁欣	91	86	92			
20	1018	赵震	90	90	91			
21								
22								
23								
24								
25								
26								
27								

出勤量统计表 / 绩效表 / 第一季度考核表 / 第二季度考核表 / 第三季度考核表 / 第四季度考核表 / 年度考

图 4－41　第四季度考核表

	A	B	C	D	E	F	G	H	I	J
1	年度考核表									
2	员工编号	员工姓名	出勤量	工作态度	工作能力	年度总成绩	排名	奖金		
3	1001	江雨薇	91.75	92.75	93.75					
4	1002	郝思嘉	87.75	90.75	84.25					
5	1003	林晓彤	94.25	93	92					
6	1004	曾云儿	93.5	94.5	92.5					
7	1005	邱月清	88.25	94.25	89.75					
8	1006	沈沉	90.75	83.25	84.75					
9	1007	蔡小蓓	94.25	93	88.25					
10	1008	尹南	91.5	91.75	89					
11	1009	陈小旭	93.25	91.25	94					
12	1010	薛婧	89	90.75	92.25					
13	1011	萧煜	94.75	94.5	94					
14	1012	陈露	92	93.5	91.75					
15	1013	杨清清	91.5	92.5	93.25					
16	1014	柳晓琳	93.75	94	93.75					
17	1015	杜媛媛	90.75	92	83.25					
18	1016	乔小麦	91.25	91.5	91.25					
19	1017	丁欣	86.75	91	93					
20	1018	赵震	91.5	89.5	93.25					
21										
22										
23										
24										
25										
26										
27										

出勤量统计表 / 绩效表 / 第一季度考核表 / 第二季度考核表 / 第三季度考核表 / 第四季度考核表 / 年度考核表

图 4－42　年度考核表

4.4　设置表格格式

任务 4　格式化工作表

一、任务描述

本任务讲述格式化人力资源管理系统各工作表的方法以及设置工作表的边框、背景色与图案的方法。

二、相关知识与技能

1. 设置表格边框

在默认情况下，工作表的网格是灰色的，而且是打印不出来的。为了使工作表更加美观，在制作表格时，通常需要为其添加边框。其具体操作如下：

（1）在打开的 Excel 2010 程序窗口中，选择准备设置表格边框的单元格或单元格区域。在“单元格”组中，单击“格式”按钮。

（2）在弹出的“格式”下拉菜单中，单击“设置单元格格式”菜单项。

（3）弹出“设置单元格格式”对话框，单击“边框”选项卡。在“预置”区域中，单击“外边框”按钮。在“边框”区域中，单击准备选择的边框线，单击“确定”按钮，如图 4－43 所示。

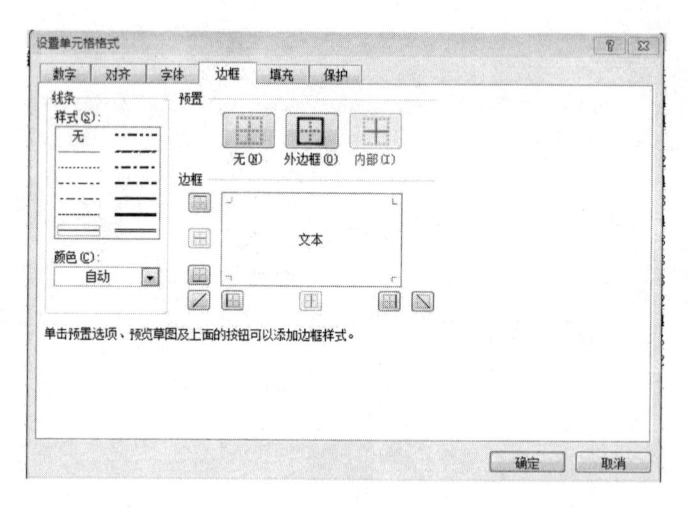

图 4－43 边框设置

2. 设置填充图案和背景色

在默认情况下，单元格的背景颜色为白色。为了美化表格，有时候可以为需要的单元格设置背景颜色。其具体操作如下（如图 4－44 所示）：

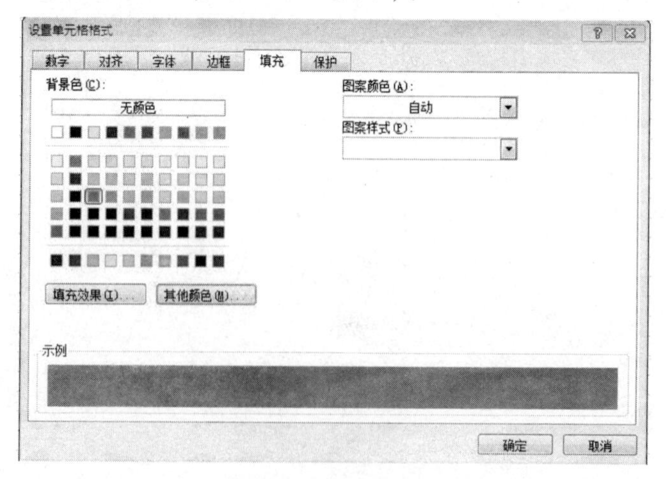

图 4－44 背景颜色

（1）选中要设置背景颜色的单元格或者单元格区域，单击鼠标右键。在弹出的快捷菜单中单击“设置单元格格式”命令。

（2）在弹出的“设置单元格格式”对话框中，找到“填充”选项卡。在“背景色”色板中选择一种颜色，然后单击“确定”按钮。

3. 设置背景图案

在 Excel 2010 中，也可以使用自备的一些图片，并将其设置成工作表的背景。其具体操作如下：

（1）在打开的 Excel 2010 的程序窗口中，单击工作表中的任意单元格。单击“页面布局”选项卡，并在“页面设置”组中单击“背景”按钮。

（2）弹出“工作表背景”对话框，在对话框导航窗格中，单击准备插入图片的目标磁盘。单击准备插入的图片，单击“插入”按钮。

4. 设置底纹

其具体操作如下：

（1）在打开的 Excel 2010 程序窗口中，单击准备设置底纹的单元格或单元格区域。单击“开始”选项卡，并在“字体”组中单击“设置单元格格式”按钮。

（2）弹出“设置单元格格式”对话框，单击“填充”选项卡，并单击对话框左下角的“填充效果”按钮。

（3）弹出“填充效果”对话框，在“颜色 2（2）”下拉列表框中选择设置底纹的颜色。在“底纹样式”区域中，选择要设置的底纹样式并单击“确定”按钮。

（4）返回至“设置单元格格式”对话框。此时在对话框“示例”区域中，显示刚设置的底纹样式，单击“确定”按钮。

此时在当前工作表中，已经显示刚刚添加的纹理。

三、探索与练习

（1）格式化档案表。

打开任务 3 中保存的“档案表”工作簿。将第一行的标题 A1：J1 合并并居中。标题格式为华文楷体，字号为 20。对齐方式在水平、垂直方向上均为居中。字体默认，颜色默认，无边框，背景色填充为 RGB（204，255，255），其中“参加工作时间”栏为白色底色。第一行行高为 27，其他为默认。“出生日期”设置为日期类型（例如 1979 年 2 月 2 日），“参加工作时间”设置为日期类型（例如二〇〇〇年七月一日）。“工资”列设为货币类型，例如 ¥3，000。添加背景图片，完成后保存，如图 4－45 所示。

（2）格式化员工学历表。

打开任务 3 中保存的“员工学历表”工作簿。将标题行 B1：F2 合并并居中。将第 3、5、7 行的背景颜色设为 RGB（51，204，204）。对齐方式在水平、垂直方向上均为居中。将 B1：F7 边框设置为外边框。完成后保存，如图 4－46 所示。

（3）格式化成绩表。

打开任务 3 中保存的“成绩表”工作簿。将标题栏 A1：I1 合并并居中。将“姓名”列设为水平居中对齐。标题栏单元格的字体设为加粗、20 号，颜色设为蓝色。边框颜色设为 RGB（51，102，255）。A2：I2 的背景填充色设为 RGB（153，204，255）。从计算机中选择两张图片插入工作表。完成后保存，如图 4－47 所示。

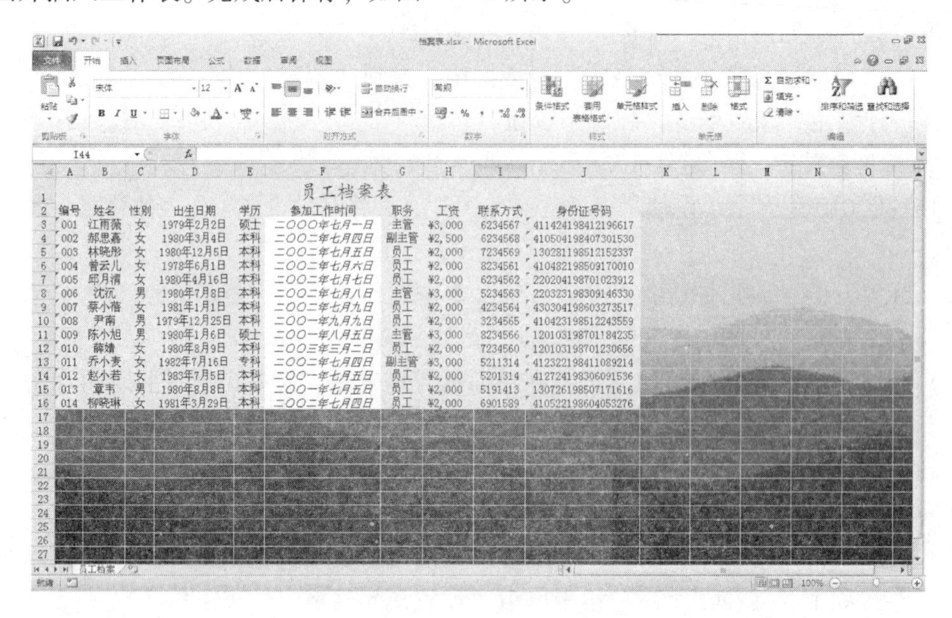

员工档案表

编号	姓名	性别	出生日期	学历	参加工作时间	职务	工资	联系方式	身份证号码
001	江雨薇	女	1979年2月2日	硕士	二〇〇〇年七月一日	主管	¥3,000	6234567	411424198412196617
002	郝思嘉	女	1980年3月4日	本科	二〇〇二年七月四日	副主管	¥2,500	6234568	410504198407301530
003	林晓彤	女	1980年12月5日	本科	二〇〇二年七月五日	员工	¥2,000	7234569	130281198512152337
004	曾云儿	女	1978年6月1日	本科	二〇〇二年七月六日	员工	¥2,000	8234561	410482198509170010
005	邱月清	女	1980年4月16日	本科	二〇〇二年七月七日	员工	¥2,000	6234562	220204198701023912
006	沈沉	男	1980年7月8日	本科	二〇〇二年七月八日	主管	¥3,000	5234563	220323198309146330
007	蔡小蓓	女	1981年1月1日	本科	二〇〇二年七月九日	员工	¥2,000	4234564	430304198603273517
008	尹南	男	1979年12月25日	本科	二〇〇一年九月九日	员工	¥2,000	3234565	410423198512243559
009	陈小旭	男	1980年1月6日	硕士	二〇〇一年八月五日	主管	¥3,000	8234566	120103198701184235
010	薛婧	女	1980年8月9日	本科	二〇〇三年三月二日	员工	¥2,000	7234560	120103198701230656
011	乔小麦	女	1982年7月16日	专科	二〇〇二年七月四日	副主管	¥3,000	5211314	412322198411089214
012	赵小若	女	1983年7月5日	本科	二〇〇一年七月五日	员工	¥2,000	5201314	412724198306091536
013	章韦	男	1980年8月8日	本科	二〇〇一年七月五日	员工	¥2,000	5191413	130726198507171616
014	柳晓琳	女	1981年3月29日	本科	二〇〇二年七月四日	员工	¥2,000	6901589	410522198604053276

图 4－45 格式化档案表

员工学历表

部门	博士	硕士	学士	学士以下
人事部	1	1	5	13
行政部	0	3	10	8
财务部	2	4	9	12
销售部	4	6	12	15

图 4－46 格式化员工学历表

在职培训成绩表

编号	姓名	办公软件应用	英语	电子商务	网络维护	行政办公	平均分	排名
1001	江雨薇	88	90	92	86	80		
1002	郝思嘉	81	96	80	84	89		
1003	林晓彤	79	87	88	89	90		
1004	曾云儿	75	83	80	92	91		
1005	邱月清	60	90	87	86	84		
1006	沈沉	85	86	90	80	69		
1007	蔡小蓓	69	79	89	90	85		
1008	尹南	80	95	84	69	67		
1009	陈小旭	81	82	83	84	85		
1010	薛婧	79	81	83	85	92		
1011	萧煜	86	82	85	70	89		

图 4－47 格式化成绩表

（4）格式化车辆使用管理表。

打开任务 3 保存的“车辆使用管理表”工作簿，将标题栏 A1：J1 合并并居中，字体设为黑体、24 号，标题栏边框设为“全部”、颜色设为绿色。对齐方式全部设为居中，背景颜色设为 RGB（204，255，255）。A1：J1 的边框颜色设为粗绿色，A2：A24 的边框颜色设为细绿色。“开始使用时间”和“交车时间”格式均设为时间（如 13：00），“车辆消耗费用”

“报销费”“驾驶员补助费”均设为货币类型（如￥80）。完成后保存，如图4-48所示。

公司车辆使用管理表									
车号	使用者	所在部门	使用原因	使用日期	开始使用时间	交车时间	车辆消耗费	报销费	驾驶员补助费
鲁F 45672	尹南	业务部	公事	2005-2-1	8:00	15:00			
鲁F 45672	陈露	业务部	公事	2005-2-3	14:00	20:00			
鲁F 56789	陈露	业务部	公事	2005-2-5	9:00	18:00			
鲁F 67532	尹南	业务部	公事	2005-2-3	12:20	15:00			
鲁F 67532	尹南	业务部	公事	2005-2-7	9:20	21:00			
鲁F 81816	陈露	业务部	公事	2005-2-1	8:00	21:00			
鲁F 81816	陈露	业务部	公事	2005-2-2	8:00	18:00			
鲁F 36598	杨清清	宣传部	公事	2005-2-2	8:30	17:30			
鲁F 36598	杨清清	宣传部	公事	2005-2-4	14:30	19:20			
鲁F 36598	杨清清	宣传部	公事	2005-2-6	9:30	11:50			
鲁F 45672	杨清清	宣传部	公事	2005-2-7	13:00	20:00			
鲁F 56789	沈沉	宣传部	公事	2005-2-6	10:00	12:30			
鲁F 67532	沈沉	宣传部	公事	2005-2-6	14:00	17:50			
鲁F 81816	柳晓琳	宣传部	公事	2005-2-6	8:00	17:30			
鲁F 36598	乔小麦	营销部	公事	2005-2-3	7:50	21:00			
鲁F 56789	乔小麦	营销部	公事	2005-2-7	8:00	20:00			
鲁F 67532	乔小麦	营销部	公事	2005-2-1	10:00	19:20			
鲁F 36598	江雨薇	人力资源部	公事	2005-2-1	9:30	12:00			
鲁F 45672	江雨薇	人力资源部	私事	2005-2-4	13:00	21:00			
鲁F 81816	江雨薇	人力资源部	私事	2005-2-7	8:30	15:00			
鲁F 45672	邱月清	策划部	私事	2005-2-2	9:20	11:50			
鲁F 45672	邱月清	策划部	私事	2005-2-6	8:00	20:00			

图4-48　格式化车辆使用管理表

（5）格式化年度考核表。

打开任务3中保存的“年度考核”工作簿，每个工作表都设置为“全部边框”，颜色设为RGB（51，204，204），标题栏都合并居中，对齐方式均设为居中。出勤量统计表（图4-49）的标题栏单元格的字体为宋体、12号；绩效表（图4-50）的标题栏单元格的字体为黑体、18号。第一季度考核表（图4-51）、第二季度考核表（图4-52）、第三季度考核表（图4-53）、第四季度考核表（图4-54）、年度考核表（图4-55）的标题栏的字体为楷体、18号，且单元格区域背景颜色均设为RGB（204，255，204）。完成后保存。

出勤量统计表					
员工编号	员工姓名	第一季度出勤量	第二季度出勤量	第三季度出勤量	第四季度出勤量
1001	江雨薇	98	85	92	92
1002	郝思嘉	76	92	93	90
1003	林晓彤	95	95	94	93
1004	曾云儿	96	93	89	96
1005	邱月清	89	88	86	90
1006	沈沉	90	94	87	92
1007	蔡小蓓	100	92	94	91
1008	尹南	94	91	95	86
1009	陈小旭	95	93	98	87
1010	薛婧	86	83	93	94
1011	萧煜	96	96	92	95
1012	陈露	89	90	91	98
1013	杨清清	94	89	90	93
1014	柳晓琳	92	95	96	92
1015	杜媛媛	91	91	90	91
1016	乔小麦	93	92	90	90
1017	丁欣	80	86	90	91
1018	赵震	95	90	91	90

图4-49　格式化出勤量统计表

绩效表									
员工编号	员工姓名	第一季度工作态度	第一季度工作能力	第二季度工作态度	第二季度工作能力	第三季度工作态度	第三季度工作能力	第四季度工作态度	第四季度工作能力
1001	江雨薇	92	98	92	89	96	96	91	92
1002	郝思嘉	93	76	89	86	89	82	92	93
1003	林晓彤	94	95	93	87	90	92	95	94
1004	曾云儿	89	96	96	94	100	91	93	89
1005	邱月清	98	92	89	95	94	86	96	86
1006	沈沉	76	95	86	70	95	87	76	87
1007	蔡小蓓	95	93	87	72	98	94	92	94
1008	尹南	96	96	94	95	86	70	91	95
1009	陈小旭	98	95	87	93	87	90	93	98
1010	薛婧	80	98	94	96	94	82	95	93
1011	萧煜	92	96	95	94	95	94	96	92
1012	陈露	91	89	95	92	98	95	90	91
1013	杨清清	90	94	98	91	93	98	89	90
1014	柳晓琳	96	92	93	98	92	89	95	96
1015	杜媛媛	90	91	92	76	95	86	91	80
1016	乔小麦	90	93	91	95	93	87	92	90
1017	丁欣	92	90	90	96	96	94	86	92
1018	赵震	91	95	85	98	92	89	90	91

图 4-50　格式化绩效表

第一季度考核表					
员工编号	员工姓名	出勤量	工作态度	工作能力	季度总成绩
1001	江雨薇	98	92	98	
1002	郝思嘉	76	93	76	
1003	林晓彤	95	94	95	
1004	曾云儿	96	89	96	
1005	邱月清	89	98	92	
1006	沈沉	90	76	95	
1007	蔡小蓓	100	95	93	
1008	尹南	94	96	96	
1009	陈小旭	95	98	95	
1010	薛婧	86	80	98	
1011	萧煜	96	92	96	
1012	陈露	89	91	89	
1013	杨清清	94	90	94	
1014	柳晓琳	92	96	92	
1015	杜媛媛	91	90	91	
1016	乔小麦	93	90	93	
1017	丁欣	80	92	90	
1018	赵震	95	91	95	

图 4-51　格式化第一季度考核表

第二季度考核表					
员工编号	员工姓名	出勤量	工作态度	工作能力	季度总成绩
1001	江雨薇	85	92	89	
1002	郝思嘉	92	89	86	
1003	林晓彤	95	93	87	
1004	曾云儿	93	96	94	
1005	邱月清	88	89	95	
1006	沈沉	94	86	70	
1007	蔡小蓓	92	87	72	
1008	尹南	91	94	95	
1009	陈小旭	93	87	93	
1010	薛婧	83	94	96	
1011	萧煜	96	95	94	
1012	陈露	90	95	92	
1013	杨清清	89	98	91	
1014	柳晓琳	95	93	98	
1015	杜媛媛	91	92	76	
1016	乔小麦	92	91	95	
1017	丁欣	86	90	96	
1018	赵震	90	85	98	

图 4-52　格式化第二季度考核表

第三季度考核表

员工编号	员工姓名	出勤量	工作态度	工作能力	季度总成绩
1001	江雨薇	92	96	96	
1002	郝思嘉	93	89	82	
1003	林晓彤	94	90	92	
1004	曾云儿	89	100	91	
1005	邱月清	86	94	86	
1006	沈沉	87	95	87	
1007	蔡小蓓	94	98	94	
1008	尹南	95	86	70	
1009	陈小旭	98	87	90	
1010	薛婧	93	94	82	
1011	萧煜	92	95	94	
1012	陈露	91	98	95	
1013	杨清清	90	93	98	
1014	柳晓琳	96	92	89	
1015	杜媛媛	90	95	86	
1016	乔小麦	90	93	87	
1017	丁欣	90	96	94	
1018	赵震	91	92	89	

图 4－53　格式化第三季度考核表

第四季度考核表

员工编号	员工姓名	出勤量	工作态度	工作能力	季度总成绩
1001	江雨薇	92	91	92	
1002	郝思嘉	90	92	93	
1003	林晓彤	93	95	94	
1004	曾云儿	96	93	89	
1005	邱月清	90	96	86	
1006	沈沉	92	76	87	
1007	蔡小蓓	91	92	94	
1008	尹南	86	91	95	
1009	陈小旭	87	93	98	
1010	薛婧	94	95	93	
1011	萧煜	95	96	92	
1012	陈露	98	90	91	
1013	杨清清	93	89	90	
1014	柳晓琳	92	95	96	
1015	杜媛媛	91	91	80	
1016	乔小麦	90	92	90	
1017	丁欣	91	86	92	
1018	赵震	90	90	91	

图 4－54　格式化第四季度考核表

年度考核表

员工编号	员工姓名	出勤量	工作态度	工作能力	年度总成绩	排名	奖金
1001	江雨薇	91.75	92.75	93.75			
1002	郝思嘉	87.75	90.75	84.25			
1003	林晓彤	94.25	93	92			
1004	曾云儿	93.5	94.5	92.5			
1005	邱月清	88.25	94.25	89.75			
1006	沈沉	90.75	83.25	84.75			
1007	蔡小蓓	94.25	93	88.25			
1008	尹南	91.5	91.75	89			
1009	陈小旭	93.25	91.25	94			
1010	薛婧	89	90.75	92.25			
1011	萧煜	94.75	94.5	94			
1012	陈露	92	93.5	91.75			
1013	杨清清	91.5	92.5	93.25			
1014	柳晓琳	93.75	94	93.75			
1015	杜媛媛	90.75	92	83.25			
1016	乔小麦	91.25	91.5	91.25			
1017	丁欣	86.75	91	93			
1018	赵震	91.5	89.5	93.25			

图 4－55　格式化年度考核表

4.5 公式与函数

任务5 应用公式与函数

常用函数使用

一、任务描述

本任务讲述在工作表里应用公式与函数进行各类计算的方法。

二、相关知识与技能

以任务4中保存的“成绩表”工作簿为例。在工作表里应用各类公式与函数进行计算，计算的结果如图4－56所示。

I3 =RANK(H3,$H$3:$H$13,0)

在职培训成绩表

编号	姓名	办公软件应用	英语	电子商务	网络维护	行政办公	平均分	排名
1001	江雨薇	88	90	92	86	80	87.20	1
1002	郝思嘉	81	96	80	84	89	86.00	3
1003	林晓彤	79	87	88	89	90	86.60	2
1004	曾云儿	75	83	80	92	91	84.20	4
1005	邱月清	60	90	87	86	84	81.40	10
1006	沈沉	85	86	90	80	69	82.00	9
1007	蔡小蓓	69	79	89	90	85	82.40	7
1008	尹南	80	95	84	69	67	79.00	11
1009	陈小旭	81	82	83	84	85	83.00	6
1010	薛婧	79	81	83	85	92	84.00	5
1011	萧煜	86	82	85	70	89	82.40	7

图4－56 用成绩表的函数公式排位

在表中也可进行相关的统计，其效果如图4－57所示。

B5 =COUNTIF(成绩表!C3:C13,">=80")-COUNTIF(成绩表!C3:C13,">=90")

	办公软件应用	英语	电子商务	网络维护	行政办公	平均分
最高分	88	96	92	92	92	87.2
总人数	11	11	11	11	11	11
90分以上的人数	0	4	2	2	3	0
80-90分的人数	6	6	9	7	6	10
70-80分的人数	3	1	0	1	0	1
60-70分的人数	2	0	0	1	2	0
60分以下的人数	0	0	0	0	0	0

图4－57 用成绩表的函数公式进行人数统计

1. 公式的使用

（1）定义。公式是对工作表中的数值执行计算的等式。公式以“=”开头，且在通常情况下，公式由函数、参数、常量和运算符组成。

① 函数：Excel 2010包含许多预定义公式。它们可以对一个或多个数据执行运算，并返回一个或多个值。函数可以简化或缩短工作表中的公式。

② 参数：函数中用来执行操作或计算单元格或单元格区域数值的变量。

③ 常量：是指在公式中直接输入的数字或文本值，其参与运算但不发生改变。

④ 运算符：其用来对公式中的元素进行特定类型的运算。运算符的类型可以表达公式内执行计算的类型，有算术、比较、文本链接和引用等运算符。

（2）输入公式。

① 通过编辑栏输入公式。

在 Excel 2010 工作表中，单击准备输入公式的单元格，单击编辑栏中的编辑框。在编辑框中输入准备输入的公式，例如“ = B2 + C2 + D2”。

在 Excel 2010 窗口的编辑栏中，单击“输入”按钮，即可完成通过编辑栏输入公式的操作。

② 在单元格中直接输入公式。

在 Excel 2010 工作表中，双击准备输入公式的单元格。在已选的单元格中输入准备输入的公式，例如输入“ = B4 + C4 + D4 + E4 + F4”。

单击已选单元格之外的任意单元格，例如单击 D5 单元格，这样即可完成在单元格中直接输入公式的操作。

（3）修改公式。

在公式输入完毕后，可以根据需要对公式进行修改。

选中要进行修改的公式所在的单元格，并在编辑栏中修改公式。修改完毕后单击输入按钮“✔”或者按下“Enter”即可。

（4）移动和复制公式。

在 Excel 2010 中，如果想要将公式复制到其他单元格中，可以参照单元格数据的复制方法进行，其具体操作如下：

① 在 Excel 2010 工作表中，单击选择准备复制公式的单元格，并把鼠标指针移动至已选单元格右下角的填充柄上。

② 单击并拖动鼠标指针至准备移动的目标位置。

（5）删除公式。

如果选中单元格，并按下“Enter”键，那么就可以同时删除数据和公式。如果只想删除公式而保留数据，那么具体操作如下：

① 选中要删除公式的单元格，如“F4”，复制该单元格中的公式和数值。

② 在“开始”选项卡中，单击“剪贴板”组中的“粘贴”按钮。在打开的下拉菜单中单击“值”按钮，如图 4 – 58 所示。

图 4 – 58　删除公式

③ 此时单元格的值被保留下来，而公式就被删除了。

2. 单元格的引用

在 Excel 2010 中，可使用单元格的地址来代替单元格内的数据，这叫作单元格的引用。单元格的引用在于标识工作表上的单元格或单元格区域。

（1）相对引用。

其具体操作如下：

① 单击选择准备引用的单元格，例如单击选择 E3 单元格。在窗口编辑栏的编辑框中输入引用的单元格公式“=B3+C3+D3”，并单击“输入”按钮。

此时在已选单元格中，系统自动计算结果。单击“剪贴板”组中的“复制”按钮。

② 单击选择准备粘贴引用公式的单元格，例如单击选择 E4 单元格。在“剪贴板”组中单击“粘贴”按钮。

③ 此时在已选单元格中，系统自动计算出结果，且在编辑框中显示公式“=B4+C4+D4”。引用指向当前公式位置相应的单元格。

（2）绝对引用。

绝对引用是指把公式复制或移动到新位置后，公式中引用单元格的地址保持不变。在绝对引用时，被引用的单元格的行号和列标前面要加符号“$”，其具体操作如下：

① 选择准备绝对引用的单元格，例如“E3 单元格”。在窗口编辑栏的编辑框中输入准备绝对引用的公式“=$B$3+$C$3+$D$3”。单击“输入”按钮。

此时在已选单元格中，系统自动计算出结果。单击“剪贴板”组中的“复制”按钮。

② 在 Excel 2010 工作表中，单击准备粘贴绝对引用公式的单元格。在“剪贴板”组中单击“粘贴”按钮。此时，已粘贴绝对引用公式的单元格公式仍旧是“=$B$3+$C$3+$D$3”。

（3）混合引用。

混合引用指相对引用和绝对引用在一个单元格的引用。如果公式所在单元格的位置发生改变，那么相对引用部分会改变，而绝对引用部分不变。其具体操作如下：

① 选择准备引用绝对行和相对列的单元格。在编辑框中，输入准备引用绝对行和相对列的公式“=B$3+C$3+D$3”，单击“输入”按钮。

此时，在已选单元格中，系统自动计算出结果。单击“剪贴板”组中的“复制”按钮。

② 单击准备粘贴引用公式的单元格。单击“剪贴板”组中的“粘贴”按钮。在已粘贴的单元格中，行标题不变，而列标题发生变化。

3. 函数的使用

（1）函数的基本概念。

函数是预定义的内置公式。它有特定的格式与用法，通常函数由一个函数名和相应的参数组成。参数位于函数名的右侧并用括号括起来，它是函数用以生成新值或进行运算的信息，大多数参数的数据类型都是确定的，而其具体值由用户提供。

在多数情况下，函数的计算结果是数值，同时也可以返回文本、数组或逻辑值等信息。与公式相比较，函数可用于执行复杂的计算。

在 Excel 2010 中，调用函数时需要遵守 Excel 2010 对函数制定的语法结构，否则将会产生语法错误。函数的语法结构由等号、函数名称、括号、参数组成，如图 4-59 所示。

=SUM(C3:D3,F3:G3,68)

图 4－59　函数的组成

在 Excel 2010 中，函数按其功能可分为财务函数、日期时间函数、数学与三角函数、统计函数、查找与引用函数、数据库函数、文本函数、逻辑函数以及信息函数。常用函数 SUM、AVERAGE、COUNT、MAX 和 MIN 的功能和用法见表 4－2。

表 4－2　常用函数表

函数	格式	功能
SUM	= SUM(number1 , number2 , ……)	求出并显示括号或括号区域中所有数值或参数的和
AVERAGE	= AVERAGE(number1 , number2 , ……)	求出并显示括号或括号区域中所有数值或参数的算术平均值
COUNT	= COUNT(value1 , value2 , ……)	计算参数表中的数字参数和包含数字的单元格的个数
MAX	= MAX(number1 , number2 , ……)	求出并显示一组参数的最大值,忽略逻辑值及文本字符
MIN	= MIN(number1 , number2 , ……)	求出并显示一组参数的最小值,忽略逻辑值及文本字符

（2）输入函数。

在 Excel 2010 中，函数可以直接输入，也可以使用命令输入。当用户对函数非常熟悉时，可采用直接输入法。

① 直接输入。

首先单击要输入函数的单元格，再依次输入等号、函数名、具体参数（要带左右括号），然后回车或单击按钮以确认即可。

② 使用插入函数功能输入函数。

由于在多数情况下，用户对函数不太熟悉，因此要利用“插入函数”命令，并按照提示一一按需选择。其具体步骤如下：

在 Excel 2010 工作表中，选择准备输入函数的单元格。单击“公式”选项卡，并在“函数库”组中单击“插入函数”按钮。

弹出“插入函数”对话框，在“或选择类别”下拉列表框中选择“常用函数”选项。在“选择函数”列表框中选择准备插入的函数，并单击“确定”按钮，如图 4－60 所示。

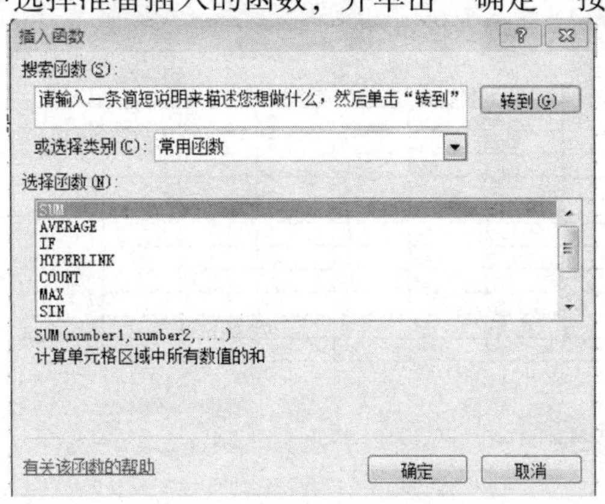

图 4－60　“插入函数”对话框

弹出“函数参数”对话框，在“SUM”区域中，单击“Number 1”文本框右侧的折叠按钮，如图 4－61 所示。

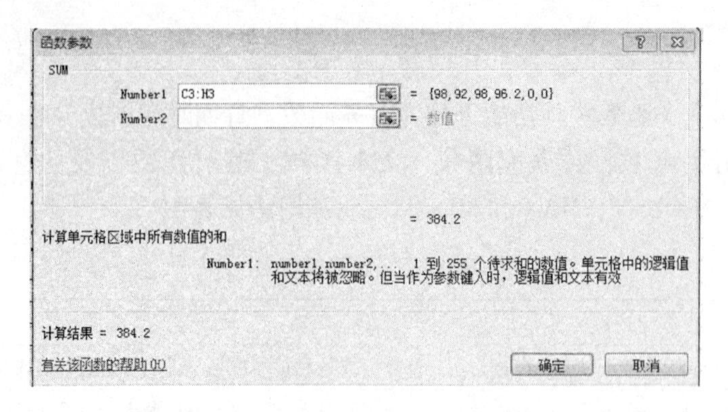

图 4－61 选择函数参数的区域范围

在编辑区选择可变单元格区域。在“函数参数”对话框中，单击“展开对话框”按钮。

返回“函数参数”对话框，则“Number 1”文本框中显示参数。单击“确定”按钮，则计算结果显示在单元格中。

③ 使用快捷按钮输入。

对于一些常用的函数，例如求和函数、求平均值函数、计数函数等，可利用“开始”或“公式”选项卡中的快捷按钮来完成，如图 4－62所示。

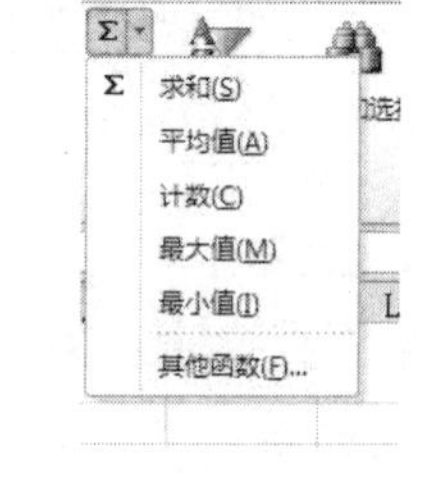

图 4－62 用快捷按钮输入函数

三、知识拓展

打开任务 4 中保存的“成绩表”工作簿，则初始状态如图 4－63所示。

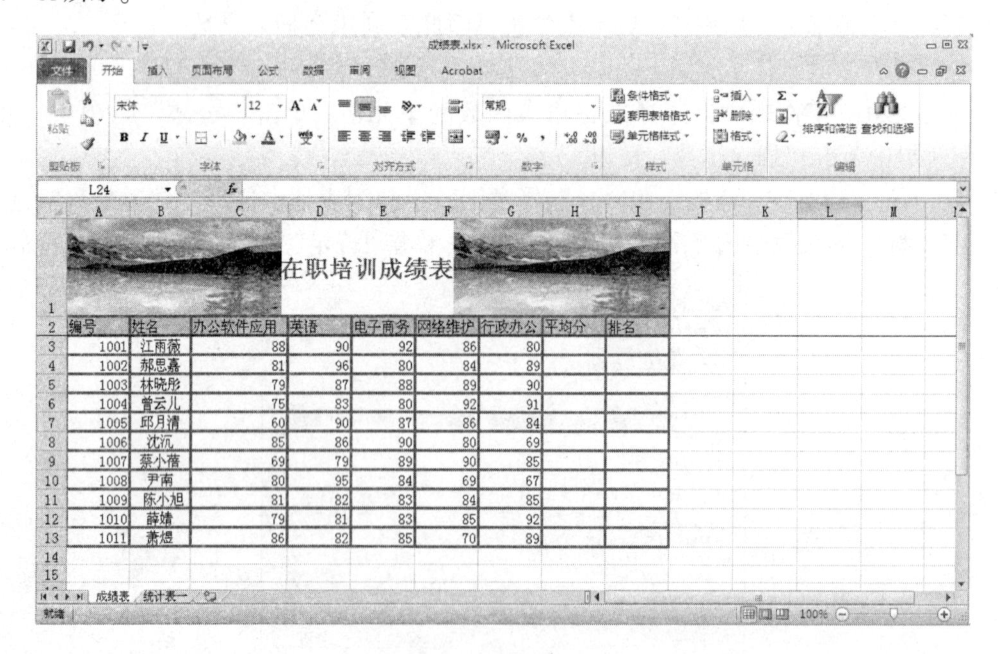

编号	姓名	办公软件应用	英语	电子商务	网络维护	行政办公	平均分	排名
1001	江雨薇	88	90	92	86	80		
1002	郝思嘉	81	96	80	84	89		
1003	林晓彤	79	87	88	89	90		
1004	曾云儿	75	83	80	92	91		
1005	邱月清	60	90	87	86	84		
1006	沈沉	85	86	90	80	69		
1007	蔡小蓓	69	79	89	90	85		
1008	尹南	80	95	84	69	67		
1009	陈小旭	81	82	83	84	85		
1010	薛婧	79	81	83	85	92		
1011	萧煜	86	82	85	70	89		

图 4－63 成绩表的初始状态

1. 计算平均分

利用公式计算办公软件应用、英语、电子商务、网络维护、行政管理这五门课的平均成绩，具体操作步骤如下：

（1）在 H3 单元格中输入公式“=（C3+D3+E3+F3+G3）/5”。

（2）利用公式复制完成 H4：H13 部分单元格的内容，完成后保存，如图 4-64 所示。

H3 =(C3+D3+E3+F3+G3)/5

在职培训成绩表

编号	姓名	办公软件应用	英语	电子商务	网络维护	行政办公	平均分	排名
1001	江雨薇	88	90	92	86	80	87.20	
1002	郝思嘉	81	96	80	84	89	86.00	
1003	林晓彤	79	87	88	89	90	86.60	
1004	曾云儿	75	83	80	92	91	84.20	
1005	邱月清	60	90	87	86	84	81.40	
1006	沈沉	85	86	90	80	69	82.00	
1007	蔡小蓓	69	79	89	90	85	82.40	
1008	尹南	80	95	84	69	67	79.00	
1009	陈小旭	81	82	83	84	85	83.00	
1010	薛婧	79	81	83	85	92	84.00	
1011	萧煜	86	82	85	70	89	82.40	

图 4-64 用函数计算平均值

2. 成绩排名

在排名部分使用 RANK 函数。

RANK 函数返回一个数字在数字列表中的排位。数字的排位是其大小与列表中其他值的比值（如果列表已排过序，则数字的排位就是它当前的位置）。其语法为“RANK（number, ref,［order］）”。number 为需要找到排位的数字，ref 为数字列表数组或对数字列表的引用（ref 中的非数值型数值将被忽略），orde（可选项）为一数字，指明数字排位的方式。如果 order 为 0（零）或省略，Microsoft Excel 对数字的排位是基于 ref 按照降序排列。如果 order 不为零，Microsoft Excel 对数字的排位是基于 ref 按照升序排列。

首先在 I3 单元格引用函数 RANK，即“=RANK（H3，$H$3：$H$13，0）”。其中 H3 表示需要排位的单元格，“$H$3：$H$13”采用绝对引用，因为后面要进行函数复制，而这部分表示需要排位的单元格区域，所以其是保持不变的。完成 I3 单元格的函数后，将其依次复制到 I4：I13 区域，如图 4-65 所示。

I3 =RANK(H3,$H$3:$H$13,0)

在职培训成绩表

编号	姓名	办公软件应用	英语	电子商务	网络维护	行政办公	平均分	排名
1001	江雨薇	88	90	92	86	80	87.20	1
1002	郝思嘉	81	96	80	84	89	86.00	3
1003	林晓彤	79	87	88	89	90	86.60	2
1004	曾云儿	75	83	80	92	91	84.20	4
1005	邱月清	60	90	87	86	84	81.40	10
1006	沈沉	85	86	90	80	69	82.00	9
1007	蔡小蓓	69	79	89	90	85	82.40	7
1008	尹南	80	95	84	69	67	79.00	11
1009	陈小旭	81	82	83	84	85	83.00	6
1010	薛婧	79	81	83	85	92	84.00	5
1011	萧煜	86	82	85	70	89	82.40	7

图 4-65 用函数进行排位

3. 各门课成绩的统计

在“成绩表”工作簿中新建工作表“统计表一”。在统计表中，需要统计各门课的最高分、总人数以及各区域分数段人数的情况。

（1）首先最高分使用 MAX 函数完成。在单元格 B2 中输入公式“ = MAX（成绩表! C3：C13）”。由于引用同一个工作簿的不同表中的内容，所以单元格的引用为“成绩表! C3：C13”。完成 B2 单元格的内容后，将函数依次复制到 C2：G2 中，如图 4 – 66 所示。

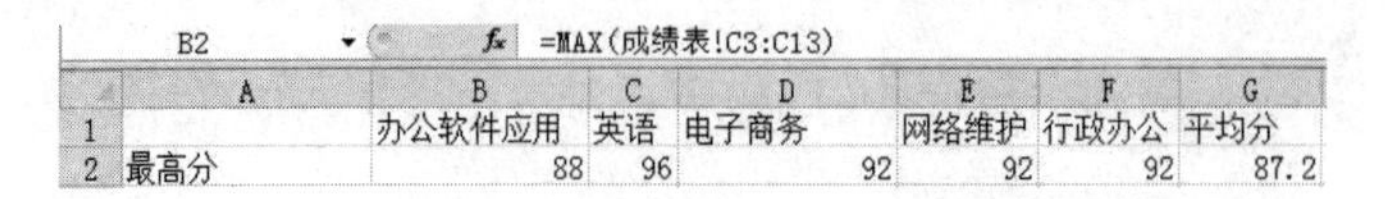
B2 =MAX(成绩表!C3:C13)

	A	B	C	D	E	F	G
1		办公软件应用	英语	电子商务	网络维护	行政办公	平均分
2	最高分	88	96	92	92	92	87.2

图 4 – 66 用函数统计最高分

（2）计算总人数则使用 COUNT 函数完成。在单元格 B3 中输入公式“ = COUNTA（成绩表! C3：C13）”，然后完成 C3：G3 区域。

（3）对各分数段人数的统计也是应用 COUNT 函数完成。和计算总人数不同的是，在计数的同时应加上一定条件。首先在 B4 单元格中插入函数“ = COUNTIF（成绩表! C3：C13,″> =90″）”,″> =90″表示 90 分以上的概念，然后在 B5 单元格中插入函数“ = COUNTIF（成绩表! C3：C13,″> =80″） – COUNTIF（成绩表! C3：C13,″> =90″）”，在 B6 单元格中插入函数“ = COUNTIF（成绩表! C3：C13,″> =70″） – COUNTIF（成绩表! C3：C13,″> =80″）”，在 B7 单元格中插入函数“ = COUNTIF（成绩表! C3：C13,″> =60″） – COUNTIF（成绩表! C3：C13,″> =70″）”，在 B8 单元格中插入函数“ = COUNTIF（成绩表! C3：C13,″<60″）”。然后利用函数的复制完成 C4：G8 区域的内容。完成后保存，如图 4 – 67 所示。

B5 =COUNTIF(成绩表!C3:C13,">=80")-COUNTIF(成绩表!C3:C13,">=90")

	A	B	C	D	E	F	G	H
1		办公软件应用	英语	电子商务	网络维护	行政办公	平均分	
2	最高分	88	96	92	92	92	87.2	
3	总人数	11	11	11	11	11	11	
4	90分以上的人数	0	4	2	2	3	0	
5	80-90分的人数	6	6	9	7	6	10	
6	70-80分的人数	3	1	0	1	0	1	
7	60-70分的人数	2	0	0	1	2	0	
8	60分以下的人数	0	0	0	0	0	0	

图 4 – 67 用函数进行人数统计

四、探索与练习

打开任务 4 中保存的“车辆使用管理表”工作簿与“年度考核表”工作簿。分别完成对车辆使用管理表（图 4 – 68）、第一季度考核表（图 4 – 69）、第二季度考核表（图 4 – 70）、第三季度考核表（图 4 – 71）、第四季度考核表（图 4 – 72）与年度考核表（图 4 – 73）的计算与统计，并保存。

J4 =IF((G4-F4)*24>8,INT((G4-F4)*24-8)*30,0)

	B	C	D	E	F	G	H	I	J
1	公司车辆使用管理表								
2	使用者	所在部门	使用原因	使用日期	开始使用时间	交车时间	车辆消耗费	报销费	驾驶员补助费
3	尹南	业务部	公事	2005/2/1	8:00	15:00	¥80	¥80	¥0
4	陈露	业务部	公事	2005/2/3	14:00	20:00	¥60	¥60	¥0
5	陈露	业务部	公事	2005/2/5	9:00	18:00	¥90	¥90	¥30
6	尹南	业务部	公事	2005/2/3	12:20	15:00	¥30	¥30	¥0
7	尹南	业务部	公事	2005/2/7	9:20	21:00	¥120	¥120	¥90
8	陈露	业务部	公事	2005/2/1	8:00	21:00	¥130	¥130	¥150
9	陈露	业务部	公事	2005/2/2	8:00	18:00	¥60	¥60	¥60
10	杨清清	宣传部	公事	2005/2/2	8:30	17:30	¥60	¥60	¥0
11	杨清清	宣传部	公事	2005/2/4	14:30	19:20	¥50	¥50	¥0
12	杨清清	宣传部	公事	2005/2/6	9:30	11:50	¥30	¥30	¥0
13	杨清清	宣传部	公事	2005/2/7	13:00	20:00	¥70	¥70	¥0
14	沈沉	宣传部	公事	2005/2/6	10:00	12:30	¥70	¥70	¥0
15	沈沉	宣传部	公事	2005/2/6	14:00	17:50	¥20	¥20	¥0
16	柳晓琳	宣传部	公事	2005/2/6	8:00	17:30	¥90	¥90	¥30
17	乔小麦	营销部	公事	2005/2/3	7:50	21:00	¥100	¥100	¥150
18	乔小麦	营销部	公事	2005/2/7	8:00	20:00	¥120	¥120	¥120
19	乔小麦	营销部	公事	2005/2/1	10:00	19:20	¥50	¥50	¥30

Sheet1 Sheet2 Sheet3

图 4－68　车辆使用管理表的计算结果

C14 =INDEX(出勤量统计表!C2:F20,13,1)

	A	B	C	D	E	F
1	第一季度考核表					
2	员工编号	员工姓名	出勤量	工作态度	工作能力	季度总成绩
3	1001	江雨薇	98	92	98	96.2
4	1002	郝思嘉	76	93	76	81.1
5	1003	林晓彤	95	94	95	94.7
6	1004	曾云儿	96	89	96	93.9
7	1005	邱月清	89	98	92	93.2
8	1006	沈沉	90	76	95	88.3
9	1007	蔡小蓓	100	95	93	95
10	1008	尹南	94	96	96	95.6
11	1009	陈小旭	95	98	95	95.9
12	1010	薛婧	86	80	98	90.2
13	1011	萧煜	96	92	96	94.8
14	1012	陈露	89	91	89	89.6
15	1013	杨清清	94	90	94	92.8
16	1014	柳晓琳	92	96	92	93.2
17	1015	杜媛媛	91	90	91	90.7
18	1016	乔小麦	93	90	93	92.1
19	1017	丁欣	80	92	90	88.6
20	1018	赵震	95	91	95	93.8

图 4－69　第一季度考核表的计算结果

D9 =INDEX(绩效表!C8:J26,2,3)

	A	B	C	D	E	F
1	第二季度考核表					
2	员工编号	员工姓名	出勤量	工作态度	工作能力	季度总成绩
3	1001	江雨薇	85	92	89	89.1
4	1002	郝思嘉	92	89	86	88.1
5	1003	林晓彤	95	93	87	90.4
6	1004	曾云儿	93	96	94	94.4
7	1005	邱月清	88	89	95	91.8
8	1006	沈沉	94	86	70	79.6
9	1007	蔡小蓓	92	87	72	80.5
10	1008	尹南	91	94	95	93.9
11	1009	陈小旭	93	87	93	91.2
12	1010	薛婧	83	94	96	92.8
13	1011	萧煜	96	95	94	94.7
14	1012	陈露	90	95	92	92.5
15	1013	杨清清	89	98	91	92.7
16	1014	柳晓琳	95	93	98	95.9
17	1015	杜媛媛	91	92	76	83.8
18	1016	乔小麦	92	91	95	93.2
19	1017	丁欣	86	90	96	92.2
20	1018	赵震	90	85	98	92.5

图 4－70　第二季度考核表的计算结果

E18　=INDEX(绩效表!C17:J35,2,6)

第三季度考核表					
员工编号	员工姓名	出勤量	工作态度	工作能力	季度总成绩
1001	江雨薇	92	96	96	95.2
1002	郝思嘉	93	89	82	86.3
1003	林晓彤	94	90	92	91.8
1004	曾云儿	89	100	91	93.3
1005	邱月清	86	94	86	88.4
1006	沈沉	87	95	87	89.4
1007	蔡小蓓	94	98	94	95.2
1008	尹南	95	86	70	79.8
1009	陈小旭	98	87	90	90.7
1010	薛婧	93	94	82	87.8
1011	萧煜	92	95	94	93.9
1012	陈露	91	98	95	95.1
1013	杨清清	90	93	98	94.9
1014	柳晓琳	96	92	89	91.3
1015	杜媛媛	90	95	86	89.5
1016	乔小麦	90	93	87	89.4
1017	丁欣	90	96	94	93.8
1018	赵震	91	92	89	90.3

图4－71　第三季度考核表的计算结果

F7　=C7*20%+D7*30%+E7*50%

第四季度考核表					
员工编号	员工姓名	出勤量	工作态度	工作能力	季度总成绩
1001	江雨薇	92	91	92	91.7
1002	郝思嘉	90	92	93	92.1
1003	林晓彤	93	95	94	94.1
1004	曾云儿	96	93	89	91.6
1005	邱月清	90	96	86	89.8
1006	沈沉	92	76	87	84.7
1007	蔡小蓓	91	92	94	92.8
1008	尹南	86	91	95	92
1009	陈小旭	87	93	98	94.3
1010	薛婧	94	95	93	93.8
1011	萧煜	95	96	92	93.8
1012	陈露	98	90	91	92.1
1013	杨清清	93	89	90	90.3
1014	柳晓琳	92	95	96	94.9
1015	杜媛媛	91	91	80	85.5
1016	乔小麦	90	92	90	90.6
1017	丁欣	91	86	92	90
1018	赵震	90	90	91	90.5

图4－72　第四季度考核表的计算结果

H3　=LOOKUP(G3,$F$24:$F$27,$G$24:$G$27)

年度考核表							
员工编号	员工姓名	出勤量	工作态度	工作能力	年度总成绩	排名	奖金
1001	江雨薇	91.75	92.75	93.75	93.05	4	¥5,000
1002	郝思嘉	87.75	90.75	84.25	86.90	17	¥1,000
1003	林晓彤	94.25	93.00	92.00	92.75	6	¥3,000
1004	曾云儿	93.50	94.50	92.50	93.30	3	¥5,000
1005	邱月清	88.25	94.25	89.75	90.80	14	¥2,000
1006	沈沉	90.75	83.25	84.75	85.50	18	¥1,000
1007	蔡小蓓	94.25	93.00	88.25	90.88	13	¥2,000
1008	尹南	91.50	91.75	89.00	90.33	15	¥2,000
1009	陈小旭	93.25	91.25	94.00	93.03	5	¥5,000
1010	薛婧	89.00	90.75	92.25	91.15	11	¥2,000
1011	萧煜	94.75	94.50	94.00	94.30	1	¥5,000
1012	陈露	92.00	93.50	91.75	92.33	8	¥3,000
1013	杨清清	91.50	92.50	93.25	92.68	7	¥3,000
1014	柳晓琳	93.75	94.00	93.75	93.83	2	¥5,000
1015	杜媛媛	90.75	92.00	83.25	87.38	16	¥1,000
1016	乔小麦	91.25	91.50	91.25	91.33	10	¥3,000
1017	丁欣	86.75	91.00	93.00	91.15	11	¥2,000
1018	赵震	91.50	89.50	93.25	91.78	9	¥3,000

排名参照标准	奖金
1	¥5,000
6	¥3,000
11	¥2,000
16	¥1,000

图4－73　年度考核奖金的计算与统计结果

条件求和函数的使用

条件函数使用

4.6 数据管理

任务6 应用数据清单

制作员工信息登记表

一、任务描述

本任务介绍数据清单的使用方法。

二、相关知识与技能

在 Excel 2010 中，数据清单是包含相似数据组的带标题的一组工作表数据行，可以将“数据清单”看成是“数据库”。其中行作为数据库中的记录，列对应数据库中的字段，列标题作为数据库中的字段名称。数据清单是一种特殊的表格，且必须包含表结构和纯数据。表中的数据是按某种关系组织起来的，所以数据清单也称为关系表。

表结构为数据清单中的第一行列标题，Excel 2010 利用这些标题名对数据进行查找、排序以及筛选等。要正确建立数据清单应遵守以下规则：

（1）避免在一张工作表中建立多个数据清单。如果在工作表中还有其他数据，那么要与数据清单之间留出空行和空列。

（2）列标题名唯一，且同列数据的数据类型和格式应完全相同。

（3）若在数据清单的第一行里创建列标题，则列标题使用的字体格式应与清单中其他数据有所区别。

（4）单元格中数据的对齐方式可用格式工具栏上的“对齐方式”按钮来设置，但不要用输入空格的方法来调整。

在打开的 Excel 2010 工作簿中，单击“文件”按钮，打开后台视图，然后单击“选项”按钮。在随机打开的“选项”对话框中切换到“快速访问工具栏”选项卡。在“从下列位置选择命令”下拉列表中选择“不在功能区的命令”。随后找到记录单命令，将其添加到自动访问工具栏中。此时就可以在“快速访问工具栏”中找到“记录单”命令，如图 4－74 所示。

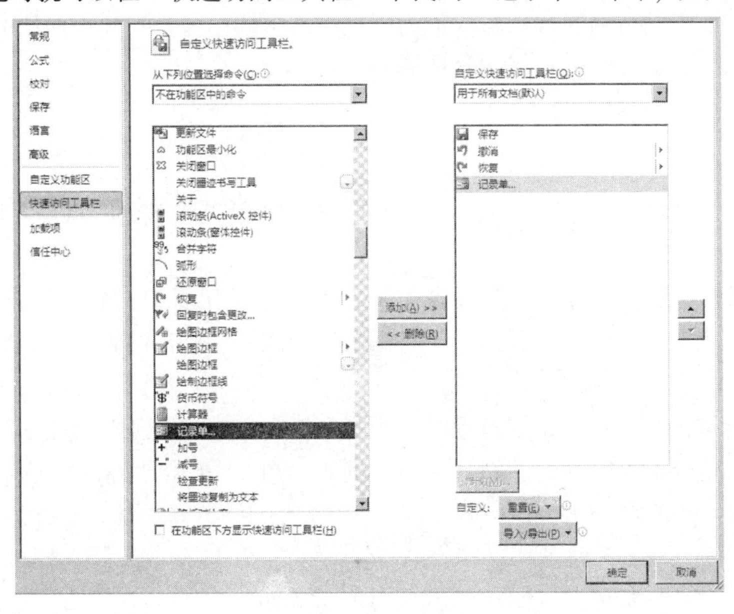

图 4－74 记录单

当需要输入数据时，单击“记录单”按钮。在随机打开的对话框中，可以轻松地输入数据。单击“新建”按钮，在相应的文本框中输入数据。可以添加新的记录，还可以删除、查找、逐条浏览相应记录，如图4－75所示。

F17 f_x 91

	A	B	C	D	E	F
1	出勤量统计表					
2	员工编号	员工姓名	第一季度出勤量	第二季度出勤量	第三季度出勤量	第四季度出勤量
3	1001	江雨薇	98	85	92	92
4	1002	郝思嘉				90
5	1003	林晓彤				93
6	1004	曾云儿				96
7	1005	邱月清				90
8	1006	沈沉				92
9	1007	蔡小蓓				91
10	1008	尹南				86
11	1009	陈小旭				87
12	1010	薛婧				94
13	1011	萧煜				95
14	1012	陈露				98
15	1013	杨清清				93
16	1014	柳晓琳				92
17	1015	杜媛媛				91
18	1016	乔小麦				90
19	1017	丁欣				91
20	1018	赵震	95	90	91	90

出勤量统计表

员工编号: 1001
员工姓名: 江雨薇
第一季度出勤量: 98
第二季度出勤量: 85
第三季度出勤量: 92
第四季度出勤量: 92

1 / 18
新建(W)
删除(D)
还原(R)
上一条(P)
下一条(N)
条件(C)
关闭(L)

图4－75 记录表

三、探索与练习

打开任务3中保存的“年度考核”工作簿，创建出勤量统计表的数据清单并保存。

任务7 应用数据筛选

数据筛选

一、任务描述

本任务讲述数据筛选功能的使用方法

二、相关知识与技能

数据筛选功能包括自动筛选、高级筛选与自定义筛选三类，现分别以档案表、车辆使用管理表、成绩表为例，说明这三类筛选功能。

三、知识拓展

1. 自动筛选

自动筛选是一种快速的筛选方法。用户可通过此方法快速地选出数据。以档案表为例，其具体操作如下。

（1）启动Excel 2010，打开“档案表”工作簿。在工作表的“性别”一列中，任意选择一个单元格。单击“开始”选项卡，在“编辑”组中，单击“排序和筛选”按钮，选择“筛选”选项。

（2）在行标题的字段中，系统自动添加下拉箭头，单击“性别”下拉箭头，在“文本筛选”区域中，选择准备筛选的性别复选框，例如“男”。单击“确定”按钮，这样即可自动筛选，如图4－76所示。

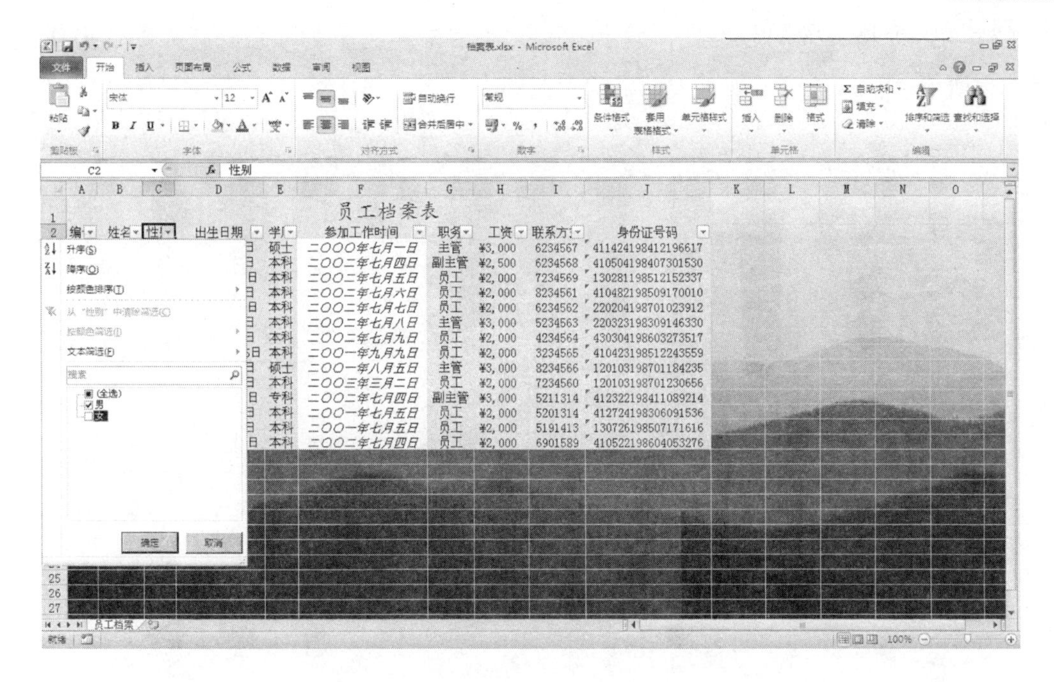

图 4－76　自动筛选

2. 高级筛选

在实际应用中，往往会遇到更复杂的筛选条件，这时就需要使用高级筛选。以车辆使用管理表为例，具体操作如下。

（1）打开任务 5 中保存的“车辆使用管理表”工作簿。在表格 N9：O13 区域中，输入详细的高级筛选的条件，如图 4－77 所示。

（2）在 Excel 2010 程序上方，单击“数据”选项卡。在“排序和筛选”组中，单击“高级”按钮。

（3）弹出“高级筛选”对话框，选择“将筛选结果复制到其他位置”单选框。单击“条件区域”框右侧的折叠按钮。

（4）弹出“高级筛选－条件区域”对话框，拖动鼠标选择刚刚在空白区域输入高级筛选条件的单元格。单击对话框“高级筛选－条件区域”右下方的折叠按钮。

（5）返回“高级筛选”对话框，单击“复制到”文本框右侧的折叠按钮。

（6）弹出“高级筛选－复制到”对话框，单击单元格 A26，单击“高级筛选－复制到”对话框右侧的折叠按钮，如图 4－78 所示。

高级筛选条件	
所在部门	使用日期
业务部	2005-2-1
宣传部	2005-2-6
策划部	2005-2-2

图 4－77　高级筛选条件

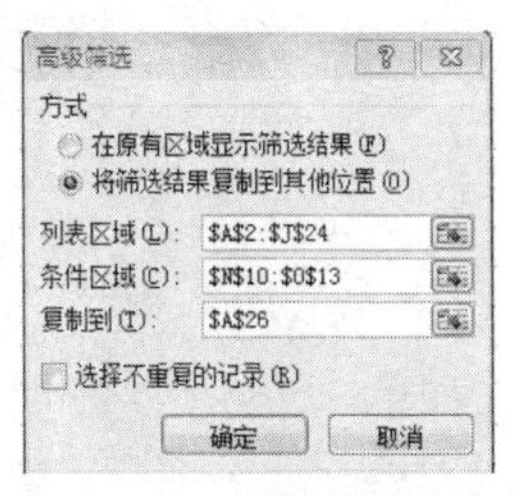

图 4－78　“高级筛选”对话框

（7）返回到“高级筛选”对话框，单击“确定”按钮。

（8）在单元格 A26 的起始处，显示所筛选的结果，这样即可完成高级筛选操作，如图 4 - 79所示。

	A	B	C	D	E	F	G	H	I	J
4	鄂A 45672	陈露	业务部	公事	2005/2/3	14:00	20:00	¥60	¥60	¥0
5	鄂A 56789	陈露	业务部	公事	2005/2/5	9:00	18:00	¥90	¥90	¥30
6	鄂A 67532	尹南	业务部	公事	2005/2/3	12:20	15:00	¥30	¥30	¥0
7	鄂A 67532	尹南	业务部	公事	2005/2/7	9:20	21:00	¥120	¥120	¥90
8	鄂A 81816	陈露	业务部	公事	2005/2/1	8:00	21:00	¥130	¥130	¥150
9	鄂A 81816	陈露	业务部	公事	2005/2/2	8:00	18:00	¥60	¥60	¥60
10	鄂A 36598	杨清清	宣传部	公事	2005/2/2	8:30	17:30	¥60	¥60	¥0
11	鄂A 36598	杨清清	宣传部	公事	2005/2/4	14:30	19:20	¥50	¥50	¥0
12	鄂A 36598	杨清清	宣传部	公事	2005/2/6	9:30	11:50	¥30	¥30	¥0
13	鄂A 45672	杨清清	宣传部	公事	2005/2/7	13:00	20:00	¥70	¥70	¥0
14	鄂A 56789	沈沉	宣传部	公事	2005/2/6	10:00	12:30	¥70	¥70	¥0
15	鄂A 67532	沈沉	宣传部	公事	2005/2/6	14:00	17:50	¥20	¥20	¥0
16	鄂A 81816	柳晓琳	宣传部	公事	2005/2/6	8:00	17:30	¥90	¥90	¥30
17	鄂A 36598	乔小麦	营销部	公事	2005/2/3	7:50	21:00	¥100	¥100	¥150
18	鄂A 56789	乔小麦	营销部	公事	2005/2/7	8:00	20:00	¥120	¥120	¥120
19	鄂A 67532	乔小麦	营销部	公事	2005/2/1	10:00	19:20	¥50	¥50	¥30
20	鄂A 36598	江雨薇	人力资源部	公事	2005/2/1	9:30	12:00	¥30	¥30	¥0
21	鄂A 45672	江雨薇	人力资源部	私事	2005/2/4	13:00	21:00	¥80	¥0	¥0
22	鄂A 81816	江雨薇	人力资源部	私事	2005/2/7	8:30	15:00	¥70	¥0	¥0
23	鄂A 45672	邱月清	策划部	私事	2005/2/2	9:20	11:50	¥10	¥0	¥0
24	鄂A 45672	邱月清	策划部	私事	2005/2/6	8:00	20:00	¥120	¥0	¥120
25										
26	车号	使用者	所在部门	使用原因	使用日期	开始使用时间	交车时间	车辆消耗费	报销费	驾驶员补助费
27	鄂A 45672	尹南	业务部	公事	2005/2/1	8:00	15:00	¥80	¥80	¥0
28	鄂A 81816	陈露	业务部	公事	2005/2/1	8:00	21:00	¥130	¥130	¥150
29	鄂A 36598	杨清清	宣传部	公事	2005/2/6	9:30	11:50	¥30	¥30	¥0
30	鄂A 56789	沈沉	宣传部	公事	2005/2/6	10:00	12:30	¥70	¥70	¥0
31	鄂A 67532	沈沉	宣传部	公事	2005/2/6	14:00	17:50	¥20	¥20	¥0
32	鄂A 81816	柳晓琳	宣传部	公事	2005/2/6	8:00	17:30	¥90	¥90	¥30
33	鄂A 45672	邱月清	策划部	私事	2005/2/2	9:20	11:50	¥10	¥0	¥0

图 4 - 79　高级筛选的结果

3. 自定义筛选

在 Excel 2010 中，还可以根据实际情况自定义筛选条件。现以成绩表为例，介绍其具体操作过程。

（1）启动 Excel 2010，打开任务 5 中保存的“成绩表”工作簿。在工作表的“姓名”一列中任意选择一个单元格。单击“数据”选项卡，单击“筛选”按钮 。

（2）在 Excel 2010 工作表中，单击准备筛选的列标题下拉箭头，例如单击“英语”下拉箭头 。选择“数字筛选”菜单项，选择“自定义筛选”子菜单项。

（3）弹出“自定义自动筛选方式”对话框，在“英语”区域单击下拉箭头，并分别选择准备筛选的数据条件。选择“与”单选项，单击单选项下面的下拉列表框，选择准备筛选的条件选项。单击“确定”按钮，如图 4 - 80 所示。

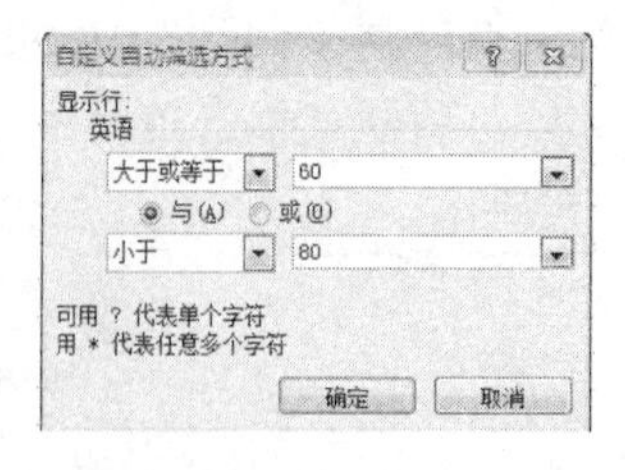

图 4 - 80　“自定义自动筛选方式”对话框

（4）此时所选择的“英语”数据已按照规定的条件筛选。完成后保存，如图 4 - 81 所示。

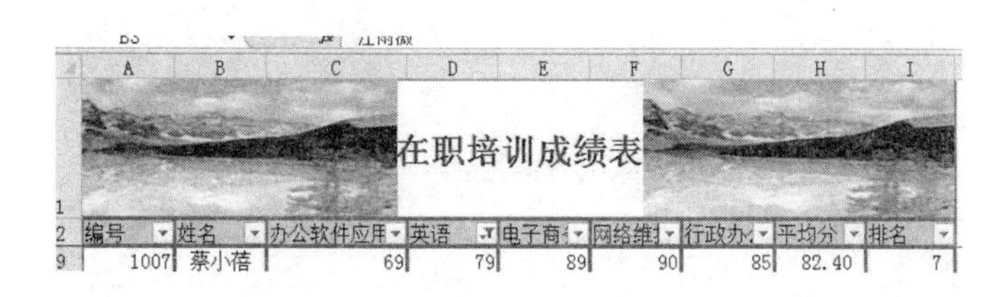

图 4－81　自定义筛选的结果

四、探索与练习

（1）筛选出员工档案表里所有学历为“本科”的员工。

（2）筛选出成绩表里所有平均分在 80～90 区间的员工。

任务 8　应用数据排序

排序与分类汇总

一、任务描述

本任务讲述数据排序功能的使用方法。

二、相关知识与技能

数据排序功能主要对工作表里的记录进行排序，但这与前面所讲的 RANK 函数不同。RANK 函数仅返回一个数据在数字列表中的排位。下面以成绩表为例，介绍数据排序功能。

三、知识拓展

用户可以根据数据清单中的数值对数据清单的行列数据进行排序。排序时，Excel 2010 将利用指定的排序顺序重新排列行、列或各单元格。可以根据一列或多列的内容按升序（1 到 9，A 到 Z）或降序（9 到 1，Z 到 A）对数据清单排序。

1. 单条件排序

按一个条件将数据进行升序或降序排序，称为单条件排序。以成绩表为例，其步骤如下。

（1）启动 Excel 2010，打开任务 7 中保存的“成绩表”工作簿。单击数据表中的任意单元格。单击“排序和筛选”按钮，选择“自定义排序”菜单项。

（2）弹出“排序”对话框。在“主关键字”下拉菜单中选择“英语”选项，在“排序依据”下拉菜单中选择“数值”选项，在“次序”下拉菜单中选择“升序”选项。单击“确定”按钮，如图 4－82 所示。

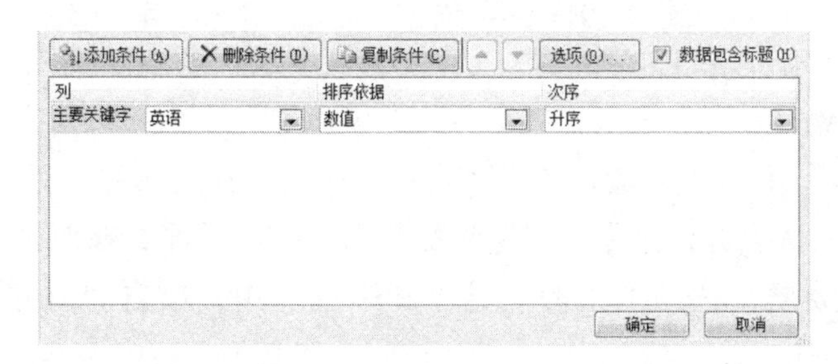

图 4－82　单条件排序

（3）工作表中的数据已按照单条件“英语”数值升序排序，如图 4－83 所示。

在职培训成绩表

编号	姓名	办公软件应用	英语	电子商务	网络维护	行政办公	平均分	排名
1007	蔡小蓓	69	79	89	90	85	82.40	7
1010	薛婧	79	81	83	85	92	84.00	5
1009	陈小旭	81	82	83	84	85	83.00	6
1011	萧煜	86	82	85	70	89	82.40	7
1004	曾云儿	75	83	80	92	91	84.20	4
1006	沈沉	85	86	90	80	69	82.00	9
1003	林晓彤	79	87	88	89	90	86.60	2
1001	江雨薇	88	90	92	86	80	87.20	1
1005	邱月清	60	90	87	86	84	81.40	10
1008	尹南	80	95	84	69	67	79.00	11
1002	郝思嘉	81	96	80	84	89	86.00	3

图4－83　单条件排序的结果

2. 多条件排序

用户可以同时按多个条件排序，且排序方法和按单条件排序类似。以成绩表为例，其步骤如下。

（1）启动Excel 2010，打开“成绩表”工作簿。单击工作表中的任意一个单元格，单击“开始”选项卡。在“编辑”组中单击“排序和筛选”按钮，选择“自定义排序”选项。

（2）弹出“排序”对话框，在“主关键字”下拉菜单中选择“英语”选项。在“排序依据”下拉菜单中选择“数值”选项。在“次序”下拉菜单中选择“升序”选项。单击“添加条件”按钮。

（3）对话框中多了一项关键字选项。在“次要关键字”下拉列表框中选择“编号”选项。在“排序依据”下拉菜单中选择“数值”选项。在“次序”下拉列表框中，选择“降序”选项。单击“确定”按钮，如图4－84所示。

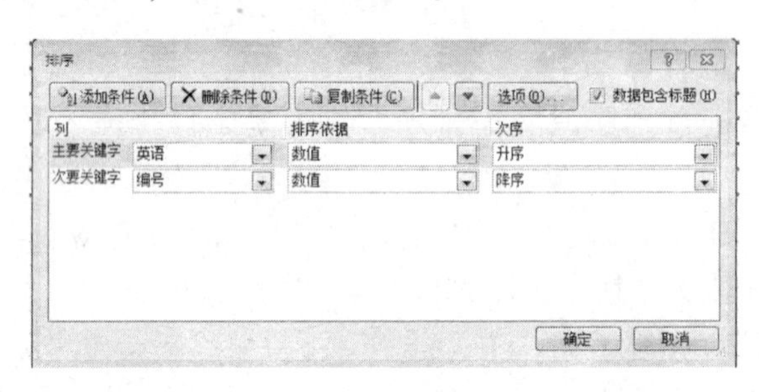

图4－84　多条件排序

可以看见，编号1009和编号1011的英语成绩都是82（图4－85）。在排序的时候首先按照英语成绩排序，当有相同数据的时候再按照次要关键字编号的降序排列。

3. 按简单升序降序排序

如果以前在同一工作表上对数据清单进行过排序，那么除非修改排序选项，否则Excel 2010将按同样的排序选项进行排序。如想改变原来的排序，那么在要排序数据列中单击任一单元格，选择“数据”选项卡中的“排序和筛选”组，单击“升序”按钮（或者“降序”按钮）。

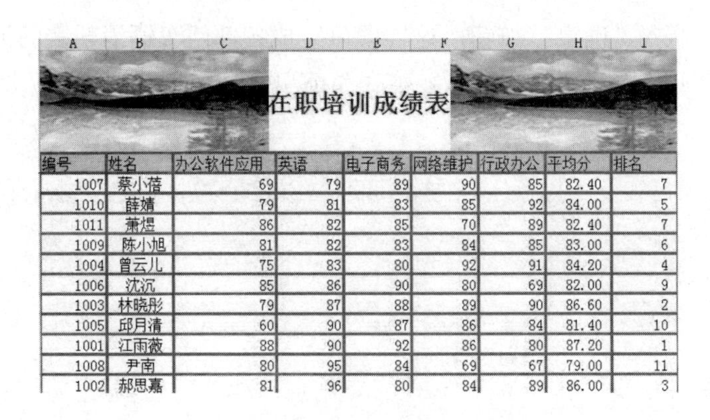

在职培训成绩表

编号	姓名	办公软件应用	英语	电子商务	网络维护	行政办公	平均分	排名
1007	蔡小蓓	69	79	89	90	85	82.40	7
1010	薛婧	79	81	83	85	92	84.00	5
1011	萧煜	86	82	85	70	89	82.40	7
1009	陈小旭	81	82	83	84	85	83.00	6
1004	曾云儿	75	83	80	92	91	84.20	4
1006	沈沉	85	86	90	80	69	82.00	9
1003	林晓彤	79	87	88	89	90	86.60	2
1005	邱月清	60	90	87	86	84	81.40	10
1001	江雨薇	88	90	92	86	80	87.20	1
1008	尹南	80	95	84	69	67	79.00	11
1002	郝思嘉	81	96	80	84	89	86.00	3

图 4－85　多条件排序的结果

四、探索与练习

将成绩表同时按照平均分（主要关键字）的降序与编号（次要关键字）的升序进行排序，完成后保存。

任务 9　应用分类汇总

一、任务描述

本任务介绍分类汇总功能的使用方法。

二、知识拓展

分类汇总就是把数据分类别进行统计，以便对数据进行分析管理。

1. 创建分类汇总

打开“车辆使用管理表”工作簿，根据部门使用车辆的情况进行汇总，具体要求计算整个部门使用车辆的车辆消耗费总和以及各部门使用车辆的次数，完成后保存。

分类汇总首先要求按照汇总字段排序，具体操作如下：

（1）选择“部门”列中的任意一个单元格，单击“数据”选项卡，在“排序和筛选”组中单击“升序”按钮。

（2）此时数据自动以部门名称升序排列，在“分级显示”组中，单击选择“分类汇总”按钮。

（3）弹出“分类汇总”对话框，在“分类字段”下拉列表框中选择“所在部门”选项，在“汇总方式”下拉列表框中选“计数”选项，在“选定汇总项”列表框中选“车辆消耗费”选项，单击“确定”按钮。这样即可完成各部门车辆使用次数的计数，如图 4－86 所示。

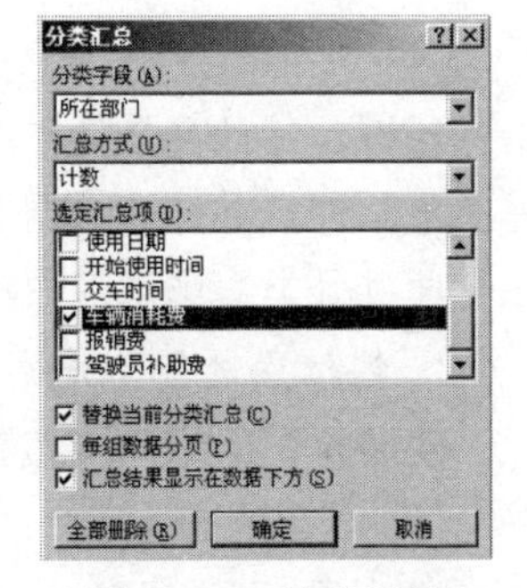

图 4－86　计数汇总

（4）选择“车辆消耗费”列中的任意一个单元格，单击选择“分类汇总”按钮。

（5）弹出“分类汇总”对话框，在“分类字段”下拉列表框中选择“所在部门”选项，在“汇总方式”下拉列表框中选“求和”选项，在“选定汇总项”列表框中选“车辆消耗费”选项，将多选框“替换当前分类汇总”的勾去掉，单击“确定”按钮。这样即可完成各部门车辆消耗费的汇总。

（6）两次分类汇总完成，汇总信息显示在当前单元格中，如图4－87所示。

	A	B	C	D	E	F	G	H	I	J
1	公司车辆使用管理表									
2	车号	使用者	所在部门	使用原因	使用日期	开始使用时间	交车时间	车辆消耗费	报销费	驾驶员补助费
3	鲁F 45672	尹南	业务部	公事	2005/2/1	8:00	15:00	¥80	¥80	¥0
4	鲁F 45672	陈露	业务部	公事	2005/2/3	14:00	20:00	¥60	¥60	¥0
5	鲁F 56789	陈露	业务部	公事	2005/2/5	9:00	18:00	¥90	¥90	¥30
6	鲁F 67532	尹南	业务部	公事	2005/2/3	12:20	15:00	¥30	¥30	¥0
7	鲁F 67532	尹南	业务部	公事	2005/2/7	9:20	21:00	¥120	¥120	¥90
8	鲁F 81816	陈露	业务部	公事	2005/2/1	8:00	21:00	¥130	¥130	¥150
9	鲁F 81816	陈露	业务部	公事	2005/2/2	8:00	18:00	¥60	¥60	¥60
10			业务部 汇总					¥570		
11			业务部 计数					7		
12	鲁F 36598	杨清清	宣传部	公事	2005/2/2	8:30	17:30	¥60	¥60	¥0
13	鲁F 36598	杨清清	宣传部	公事	2005/2/4	14:30	19:20	¥50	¥50	¥0
14	鲁F 36598	杨清清	宣传部	公事	2005/2/6	9:30	11:50	¥30	¥30	¥0
15	鲁F 45672	杨清清	宣传部	公事	2005/2/7	13:00	20:00	¥70	¥70	¥0
16	鲁F 56789	沈沉	宣传部	公事	2005/2/6	10:00	12:30	¥70	¥70	¥0
17	鲁F 67532	沈沉	宣传部	公事	2005/2/6	14:00	17:50	¥20	¥20	¥0
18	鲁F 81816	柳晓琳	宣传部	公事	2005/2/6	8:00	17:30	¥90	¥90	¥30
19			宣传部 汇总					¥390		
20			宣传部 计数					7		
21	鲁F 36598	乔小麦	营销部	公事	2005/2/3	7:50	21:00	¥100	¥100	¥150
22	鲁F 56789	乔小麦	营销部	公事	2005/2/7	8:00	20:00	¥120	¥120	¥120
23	鲁F 67532	乔小麦	营销部	公事	2005/2/1	10:00	19:20	¥50	¥50	¥30
24			营销部 汇总					¥270		
25			营销部 计数					3		
26	鲁F 36598	江雨薇	人力资源部	公事	2005/2/1	9:30	12:00	¥30	¥30	¥0
27	鲁F 45672	江雨薇	人力资源部	私事	2005/2/4	13:00	21:00	¥80	¥0	¥0
28	鲁F 81816	江雨薇	人力资源部	私事	2005/2/7	8:30	15:00	¥70	¥0	¥0
29			人力资源部 汇总					¥180		
30			人力资源部 计数					3		

图4－87 费用汇总结果

2. 清除分类汇总

具体操作如下：

（1）单击“数据”选项卡，在“分级显示”组中单击选择“分类汇总”按钮。

（2）弹出“分类汇总”对话框，单击“全部删除”按钮。

三、探索与练习

在Excel 2010中对数据表做分类汇总前，必须要先做什么操作？

任务10 应用合并计算

一、任务描述

本任务介绍合并计算功能的使用方法。

二、相关知识与技能

所谓合并计算是指，通过合并计算的方法来汇总一个或多个源区中的数据。Excel 2010提供了两种合并计算数据的方法。一是通过位置，即对源区域中相同位置的数据进行汇总；二是通过分类，当源区域没有相同的布局时，则采用分类方式进行汇总。

1. 按位置进行合并计算

前面介绍的“年度考核表”工作簿中的年度信息汇总除了可利用函数完成以外，还有更简便的方法，就是利用合并计算。其具体操作如下：

（1）拖动鼠标指针，选择“年度考核表”工作表标签的单元区域C3：E20，以保存合并计算的数据。

（2）单击“数据”选项卡，在“数据工具”组中单击选择“合并计算”按钮。

（3）弹出“合并计算”对话框，单击“引用位置”文本框，此时文本框中出现闪烁的光标。

（4）单击“第一季度考核表”工作表标签，在工作表中选择准备合并计算的单元格区域 C3：E20，单击“添加”按钮。

（5）依次选择“第二季度考核表”“第三季度考核表”“第四季度考核表”的 C3：E20 区域。

（6）最后单击“确定”按钮完成按位置合并计算数据的操作，如图 4－88 所示。完成后保存，如图 4－89 所示。

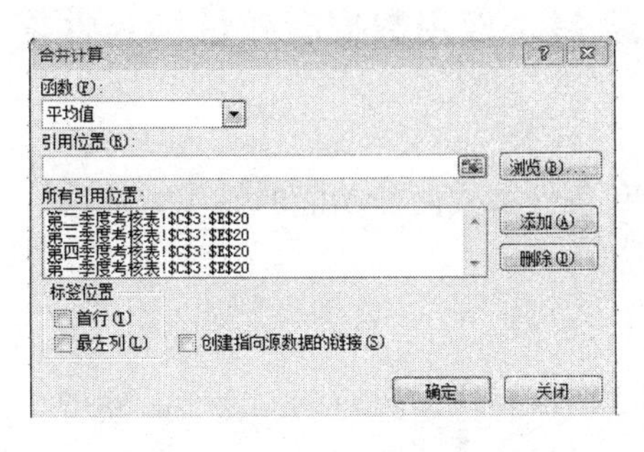

图 4－88　按位置合并计算

R67

	A	B	C	D	E	F	G	H
1	年度考核表							
2	员工编号	员工姓名	出勤量	工作态度	工作能力	年度总成绩	排名	奖金
3	1001	江雨薇	91.75	92.75	93.75			
4	1002	郝思嘉	87.75	90.75	84.25			
5	1003	林晓彤	94.25	93	92			
6	1004	曾云儿	93.5	94.5	92.5			
7	1005	邱月清	88.25	94.25	89.75			
8	1006	沈沉	90.75	83.25	84.75			
9	1007	蔡小蓓	94.25	93	88.25			
10	1008	尹南	91.5	91.75	89			
11	1009	陈小旭	93.25	91.25	94			
12	1010	薛婧	89	90.75	92.25			
13	1011	萧煜	94.75	94.5	94			
14	1012	陈露	92	93.5	91.75			
15	1013	杨清清	91.5	92.5	93.25			
16	1014	柳晓琳	93.75	94	93.75			
17	1015	杜媛媛	90.75	92	83.25			
18	1016	乔小麦	91.25	91.5	91.25			
19	1017	丁欣	86.75	91	93			
20	1018	赵震	91.5	89.5	93.25			

出勤量统计表　绩效表　第一季度考核表　第二季度考核表　第三季度考核表　第四季度考核表　年度考核表

就绪

图 4－89　年度考核表合并计算的结果

2. 按分类进行合并计算

通过分类来合并计算数据是指，当多重来源区域包含相似的数据但却以不同方式排列时，此命令可使用标记，依不同分类进行数据的合并计算，也就是说，当选定的格式的表格具有不同的内容时，可以根据这些表格的分类来分别进行合并工作。其具体操作如下：

（1）选择按分类合并计算数据单元格区域中任意的一个单元格，如选择 B2 单元格，单击“数据”选项卡，在“数据工具”组中单击选择“合并计算”按钮。

（2）弹出“合并计算”对话框，单击“引用位置”文本框，单击其右侧的“折叠”按钮。

（3）单击准备按分类合并计算数据的工作表标签，在工作表中，单击准备按分类合并计算数据的单元格区域，单击“折叠”按钮。

（4）“合并计算”对话框呈现展开状态，在其中单击“添加”按钮。

（5）再次单击准备按分类合并计算数据的工作表标签，单击“合并计算”对话框中的“添加”按钮，单击“最左列”复选框，单击“确定”按钮。

三、探索与练习

阐述“按位置进行合并计算”与“按分类进行合并计算”各自的适用环境。

任务11 应用数据有效性和条件格式

一、任务描述

本任务介绍数据有效性和条件格式两类功能的使用方法。

二、相关知识与技能

1. 数据有效性

在输入数据的时候，有些数据有特定的要求。这个时候就要设置数据有效性。

现以成绩表为例说明。每门课的成绩范围在0~100之间，超出这个范围的数据都是错误的。其具体设置步骤如下：

（1）打开任务8中保存的“成绩表”工作簿，单击“数据”选项卡。在“数据工具”组中，单击“数据有效性”按钮。

（2）弹出“数据有效性”对话框，在“有效性条件”区域中的C3：G13单击“允许”下拉箭头。在弹出的下拉菜单项中，选择准备允许用户输入的值“整数”。

（3）显示“整数”设置。在“数据”下拉菜单中，选择“介于”下拉菜单项。在“最小值”文本框中输入“0”，在“最大值”文本框中输入“100”，如图4-90所示。

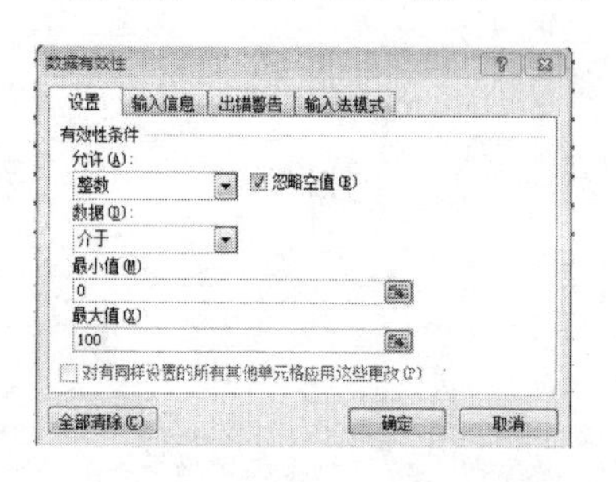

图4-90 数据有效性的设置

（4）单击“输入信息”选项卡，选择“选定单元格时显示输入信息”复选框。在“选定单元格时显示下列信息”区域中，单击“标题”文本框，输入准备输入的标题“允许的数值”。在“输入信息”文本框中，输入准备输入的信息“0~100”。

（5）单击“出错警告”选项卡。单击“样式”下拉列表菜单，在其中选择“警告”下拉菜单项。在“标题”文本框中，输入准备输入的标题“数据超出范围”。在“错误信息”文本框中，输入准备输入的提示信息，如“对不起，您输入的数据已经超出范围!”。单击“确定”按钮。

2. 条件格式

使用条件格式可以突出显示所关注的单元格或单元格区域，条件格式基于条件更改单元格区域的外观，如果条件为 True，则基于该条件设置单元格区域的格式；如果条件为 False，则不基于该条件设置单元格区域的格式。

如把年度考核表中各档次的人员用不同的颜色字体显示。其具体操作如下：

（1）打开“年度考核表”工作簿的“年度考核表”工作表标签，选择准备突出显示的单元格区域 F3：F20。单击“开始”选项卡。在“样式”组中单击“条件格式”按钮 。在弹出的菜单中选择“新建规则”菜单项。

（2）选择“只为包含下列内容的单元格设置格式”“单元格值”“介于”“ =90”“ =100”选项，将格式设置为“加粗”“绿色”。

（3）再新建规则，选择“只为包含下列内容的单元格设置格式”“单元格值”“介于”“ =80”“ =90”选项，将格式设置为“倾斜”“红色”，如图 4－91 所示。

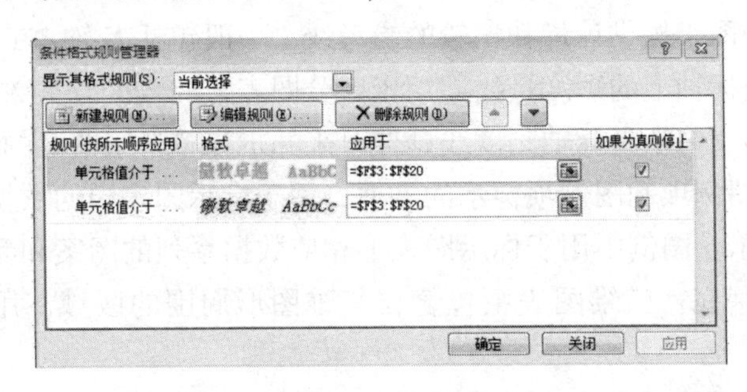

图 4－91　条件格式规则管理器

三、探索与练习

将成绩表里所有大于等于 90 的平均分用蓝色字体标识。

4.7　图表的使用

任务 12　应用图表

汽车销售统计图制作

一、任务描述

本任务介绍图表的使用方法。

二、相关知识与技能

图表是 Excel 比较常用的对象之一。与工作表相比，图表具有十分突出的优势，它具有清晰、直观的显著特点。它不仅能够直观地表现出数据值，还能形象地反映出数据的对比关系。图表以图形的方式来显示工作表中的数据。

图表的类型有多种，分别为柱形图、条形图、折线图、饼图、XY 散点图、面积图、圆环图、雷达图、曲面图、气泡图、股价图、圆柱图、圆锥图和棱锥图共 14 种类型。Excel 2010 的默认图表类型为柱形图。

在 Excel 2010 中，创建好的图表由图表区、绘图区、图表标题、数据系列、图例项和坐标轴等多个部分组成。

（1）图表区：整个图表及其包含的元素。

（2）绘图区：在二维图表中，其为以坐标轴为界并包含全部数据系列的区域。在三维图表中，绘图区以坐标轴为界并包含数据系列、分类名称、刻度线和坐标轴标题。

（3）图表标题：在一般情况下，一个图表应该有一个文本标题，它可以自动与坐标轴对齐或在图表顶端居中。

（4）数据分类：图表上的一组相关数据点，取自工作表的一行或一列。图表中的每个数据系列以不同的颜色和图案加以区别，在同一图表上可以绘制一个以上的数据系列。

（5）数据标记：图表中的条形面积、圆点扇形或其他类似符号，或来自工作表单元格的单一数据点或数值。图表中所有相关的数据标记构成了数据系列。

（6）数据标志：根据不同的图表类型，数据标志可以表示数值、数据系列名称、百分比等。

（7）坐标轴：为图表提供计量和比较的参考线，一般包括 X 轴、Y 轴。

（8）刻度线：坐标轴上的短度量线，用于区分图表上的数据分类数值或数据系列。

（9）网格线：图表中从坐标轴刻度线延伸开来并贯穿整个绘图区的可选线条系列。

（10）图例：是图例项和图例项标示的方框，用于标示图表中的数据系列。

（11）图例项标示：图例中用于标示图表上相应数据系列的图案和颜色的方框。

（12）背景墙及基底：三维图表中包含在三维图形周围的区域，用于显示维度和边角尺寸。

（13）数据表：在图表下面的网格中显示每个数据系列的值。

图 4－92 所示为图表的组成。

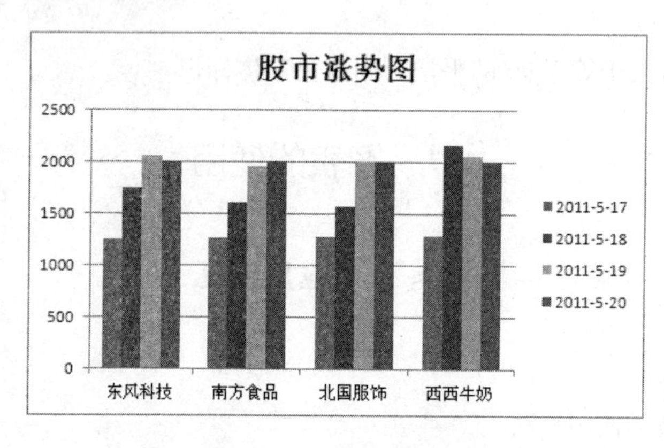

图 4－92　图表的组成

下面以员工学历表为例，介绍图表的使用方法。

三、知识拓展

1. 使用功能区创建图表

在员工学历表中，只是用数据说明并不形象，在这里最好的工具就是图表。下面为员工学历表创建相应图表，完成后保存。

（1）打开“员工学历表”工作簿，在工作表的空白处单击任意一个单元格。单击“插入”选项卡，单击“图表”组中的“饼图”按钮。

（2）在弹出的“饼图”下拉列表中单击“分离型三维饼图”选项。

（3）单击“设计”选项卡，单击“数据”组中的“选择数据”按钮。

（4）在弹出的“选择数据源”对话框中的“图例项（系列）（S）”区域中，单击选择“添加”按钮。

（5）弹出“编辑数据系列”对话框。单击“系列名称”文本框。在工作表中，选择作为系列名称的单元格 B1。单击“系列值”文本框，并将原有数据删除。选择准备作为系列值的单元格区域 C4：F4。单击“确定”按钮。

（6）返回至“选择数据源”对话框，在“水平（分类）轴标签（C）”区域中，单击选择“1”选项，单击选择“编辑”按钮。

（7）在弹出的“轴标签”对话框中，单击“轴标签区域（A）”文本框。在工作表中，单击选择准备作为轴标签的单元格区域 C3：F3。单击“确定”按钮。

（8）返回至“选择数据源”对话框，在其中单击“确定”按钮，即可通过功能区创建图表，如图 4－93 所示。

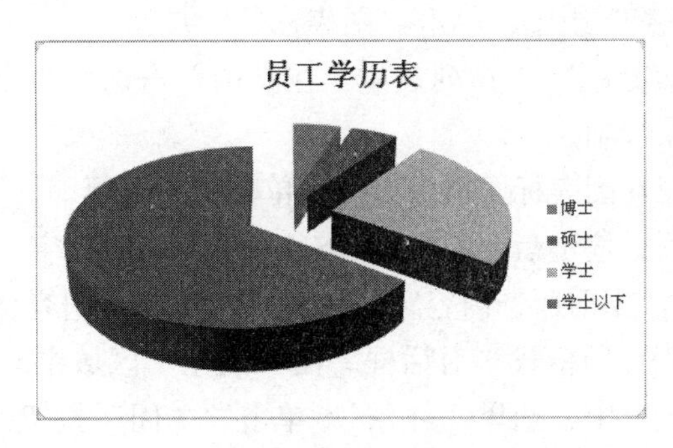

图 4－93　通过功能区创建图表

2. 更改图表类型

如果觉得创建的图表不符合整体要求，还可以对其进行类型的更改。

（1）启动 Excel 2010，打开“员工学历表”工作簿，单击选择已创建的图表。单击“设计”选项卡，在“类型”组中，单击选择“更改图表类型”按钮，如图 4－94 所示。

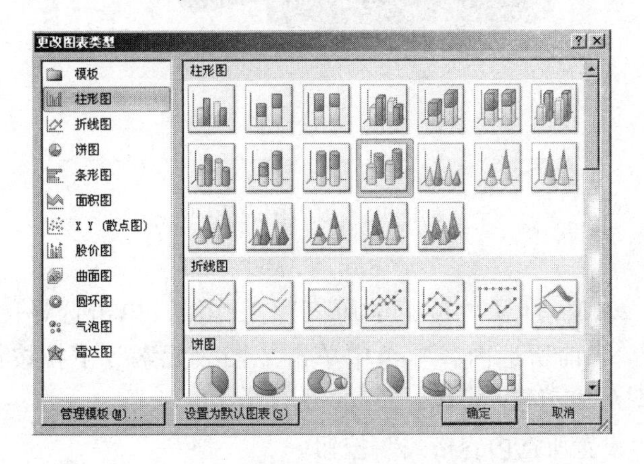

图 4－94　“更改图表类型”对话框

（2）弹出“更改图表类型”对话框。在“图表类型”列表框中，单击要更改的图表类型。单击更改的图表样式“三维圆柱图”。单击“确定”按钮，如图 4 - 95 所示。

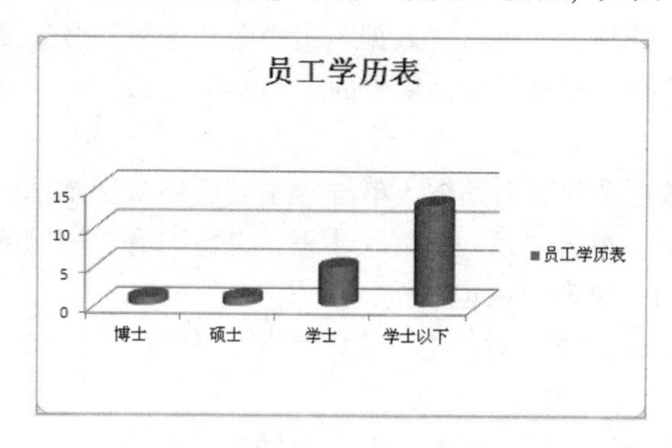

图 4 - 95　三维圆柱图

3. 设置图表标题

（1）启动 Excel 2010，打开“员工学历表”工作簿，单击选择已创建的图表。单击“布局”选项卡。在“标签”组中，单击“图表标题”按钮。

（2）在弹出的“图表标题”下拉列表中，在其中单击选择要更改图表标题的样式，如单击“居中覆盖标题”菜单项。

（3）把鼠标指针定位在图表标题文字后面，单击图表标题。

（4）单击图表标题后，按键盘上的“BackSpace”键删除文字，输入新的图表名称“人事部员工学历表”。单击“当前所选内容”组中的“设置所选内容格式”按钮。

（5）弹出“设置图表标题格式”对话框。在“填充”区域中，单击“纯色填充”单选项。在“颜色”下拉列表框中，选择“红色”。单击“关闭”按钮，即可在 Excel 2010 工作表中设置图表标题，如图 4 - 96 所示。

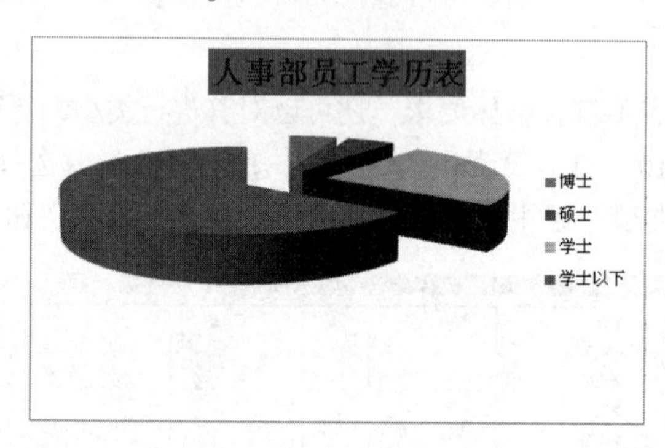

图 4 - 96　设置图表标题

4. 设置图表区

（1）启动 Excel 2010，打开“员工学历表”工作簿，单击选择已创建的图表。单击“布局”选项卡。在“当前所选内容”组中单击“图表元素”下拉按钮，在“图表元素”下拉列表中单击选择“图表区”元素。

（2）单击选择“设置所选内容格式”按钮。

（3）弹出“设置图表区格式”对话框。在“填充”区域中，单击“图案填充”单选项。在“图案填充”列表框中，选择“20 %”图案。单击“关闭”按钮，即可在 Excel

2010 工作表中设置图表区，如图 4－97 所示。

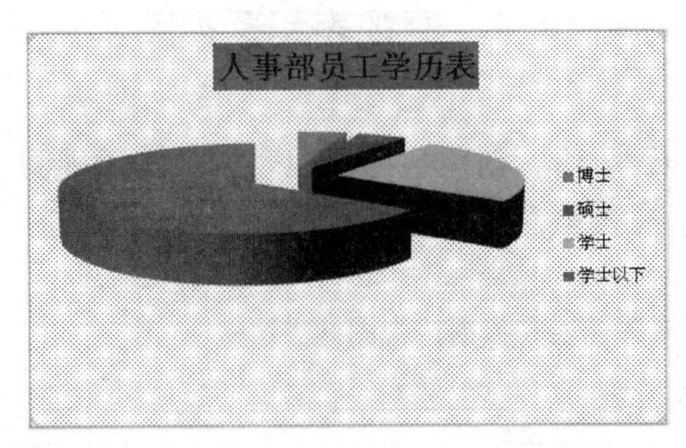

图 4－97　设置图表区

5. 添加数据标签

（1）启动 Excel 2010，打开“员工学历表”工作簿，单击选择已创建的图表。单击“布局”选项卡。在“标签”组中，单击“数据标签”按钮 。在弹出的“数据标签”下拉列表中，单击“其他数据标签选项”菜单项。

（2）在弹出的“设计数据标签格式”对话框中，单击“标签选项”按钮，选择“标签包括”多选框中的“类别名称”“百分比”选项。单击“关闭”选项按钮，如图 4－98 所示。

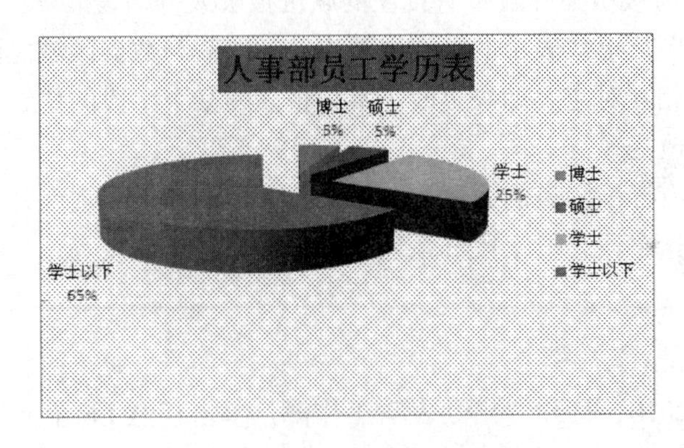

图 4－98　设置数据标签

四、探索与练习

前面已经创建了人事部员工学历表，现在完成所有部门员工学历表的图表内容，效果如图 4－99 所示。

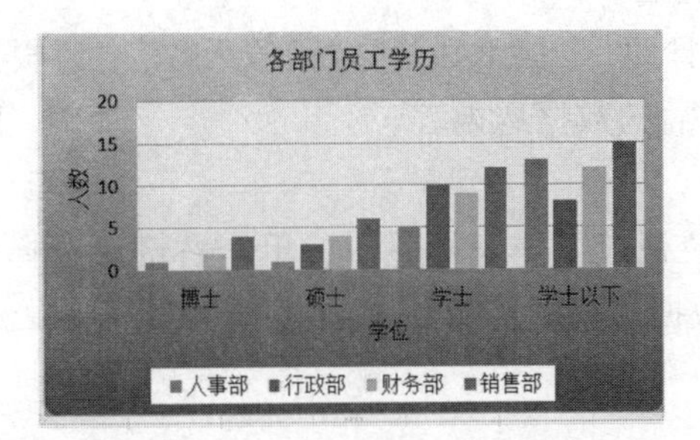

图 4－99　各部门员工学历图表

4.8　透视表和透视图

任务13　创建数据透视表和数据透视图

销售数据分析

一、任务描述

本任务介绍创建数据透视表和数据透视图的方法。

二、相关知识与技能

数据透视表是一种可以快速汇总大量数据的交互式表格。使用数据透视表，可以深入分析数值数据，并且可以解决一些数据问题。数据透视表有以下特点。

（1）能以多种方式查询大量数据。

（2）可以对数值数据进行分类汇总和聚合，按分类和子分类对数据进行汇总，创建自定义计算和公式。

（3）展开或折叠要关注结果的数据级别，查看感兴趣区域的明细数据。

（4）将行移动到列或将列移动到行（或“透视”），以查看源数据的不同汇总结果。

（5）对最有用和最关注的数据子集进行筛选、排序、分组和有条件地设置格式。

（6）提供简明、有吸引力并且带有批注的联机报表或打印表。

数据透视图是以图形形式表示的数据透视表，和图表与数据区域之间的关系相同。各数据透视表之间的字段相互对应。如果更改了某一报表的某个字段的位置，那么另一报表中的相应字段的位置也会改变。

数据透视图除具有标准图表的系列、分类、数据标记和坐标轴以外，数据透视图还有特殊的元素，如报表筛选字段、值字段、系列字段、项、分类字段等。

三、知识拓展

1. 创建数据透视表

（1）启动 Excel 2010，打开“出勤表”工作簿，单击任意 B6 单元格，单击窗口功能区中的“插入”选项卡，单击“表格”组中的“数据透视表”按钮。

（2）弹出“创建数据透视表”对话框，在“选择放置数据透视表的位置”区域中，单击“新工作表”单选项，单击“确定”按钮。

（3）弹出“数据透视表字段列表”窗格，在“选择要添加到报表的字段”区域中，单击选择准备添加字段的复选框。

（4）依次添加“请假日期”“员工姓名”“请假天数”“请假类别”。

图 4－100 所示为创建后的数据透视表。

2. 创建数据透视图

在已经创建好的数据透视表工作表标签上，单击右键。选择“插入”一个图表，单击“确定”按钮，则创建好数据透视图，如图 4－101 所示。

求和项:请假天数			
请假日期	员工姓名	请假类别	汇总
⊟2005/9/2	⊟江雨薇	病假	1.3
	江雨薇 汇总		1.3
	⊟柳小林	事假	0.5
	柳小林 汇总		0.5
	⊟乔小麦	事假	0.1
	乔小麦 汇总		0.1
	⊟尹南	婚假	3
	尹南 汇总		3
2005/9/2 汇总			4.9
⊟2005/9/4	⊟陈露	事假	0.1
	陈露 汇总		0.1
	⊟郝思嘉	病假	2.2
	郝思嘉 汇总		2.2
	⊟乔小麦	事假	0.2
	乔小麦 汇总		0.2
	⊟沈沉	病假	2
	沈沉 汇总		2
	⊟杨清清	病假	0.4
	杨清清 汇总		0.4
	⊟尹南	病假	1
	尹南 汇总		1
2005/9/4 汇总			5.9
⊟2005/9/15	⊟林晓彤	事假	2.1
	林晓彤 汇总		2.1
	⊟柳小林	事假	0.2
	柳小林 汇总		0.2
	⊟尹南	事假	0.5
	尹南 汇总		0.5

图 4-100 数据透视表

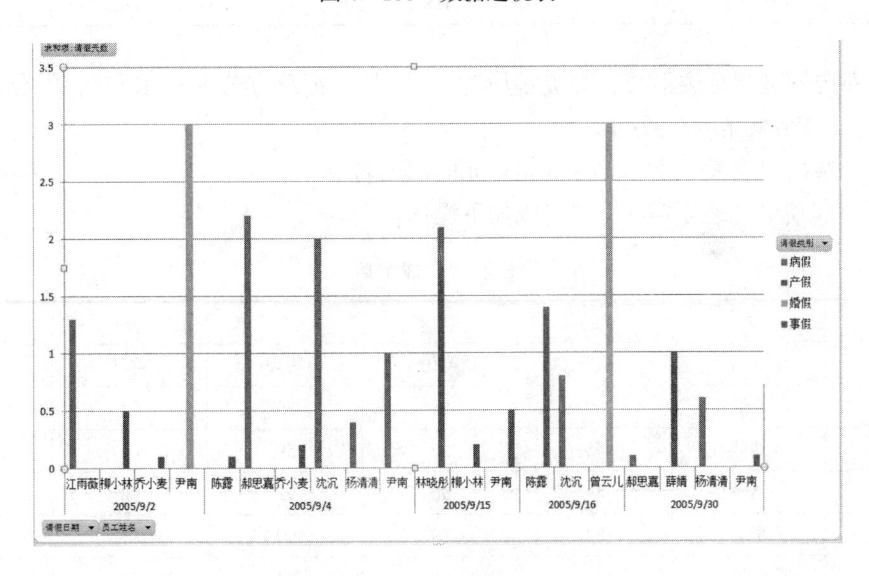

图 4-101 数据透视图

四、探索与练习

创建车辆使用管理表的数据透视表与数据透视图，完成后保存。

4.9 小结

本章着重介绍了 Excel 2010，通过开发一个人力资源管理系统，完成了对 Excel 2010 中相关操作的介绍。读者应重点掌握如下部分：

（1）工作簿、工作表的创建。工作簿、工作表、单元格的基本操作。

（2）数据的输入方法。

（3）表格格式的设置。

（4）利用公式和函数来计算表格数据。

（5）利用图表来直观表示数据的含义。

（6）对数据进行相关分析统计。

（7）数据透视表和数据透视图的使用。

习题与思考

1. 建立六月工资表（表4－3），并完成如下操作。

表4－3　六月工资表

姓名	部门	月工资	津贴	奖金	扣款	实发工资
李欣	自动化	496	303	420	102	1 117
刘强	计算机	686	323	660	112	1 557
徐白	自动化	535	313	580	108	1 320
王晶	计算机	576	318	626	110	1 410

（1）对内容进行分类汇总，分类字段为“部门”，汇总方式为“求和”，汇总项为“实发工资”，汇总结果显示在数据下方。

（2）筛选出“实发工资”高于1 400元的职工名单。

2. 创建成绩单（表4－4），并完成如下操作：

表4－4　成绩单

成绩单	(1)	(2)	(3)	(4)	(5)	(6)
学号	姓名	数学	英语	物理	哲学	总分
200401	王红	90	88	89	74	341
200402	刘佳	45	56	59	64	224
200403	赵刚	84	96	92	82	354
200404	李立	82	89	90	83	344
200405	刘伟	58	76	94	76	304
200406	张文	73	95	86	77	331
200407	杨柳	91	89	87	84	351
200408	孙岩	56	57	87	82	282
200409	田笛	81	89	86	80	336

（1）将标题“成绩单”设置为“宋体、20号、蓝色”，将A1：G1单元格区域设为合并及居中，并为整个表格添加表格线。表格内字体为“14号、水平居中、蓝色”。

（2）筛选出数学不及格学生及数学成绩高于90分的学生。

（3）将各科成绩中 80 分以上的设置为粗体蓝色，不及格的设置为红色斜体。

（4）利用公式或函数求各科的平均分。

3. 新建工作簿。将下列已知数据建立一抗洪救灾捐献统计表（存放在 A1：D5 区域内），将当前工作表 Sheet1 更名为“救灾统计表”。

单位	捐款（万元）	实物（件）	折合人民币（万元）
第一部门	1.95	89	2.45
第二部门	1.2	87	1.67
第三部门	0.95	52	1.30
总计			

（1）计算各项捐献的总和，分别填入“总计”行的各相应列中。（结果的数字格式为常规样式）。

（2）选择“单位”和“折合人民币”两列数据（不包含“总计”），绘制部门捐款的三维饼图。要求有图例并显示各部门捐款总数的百分比，且图表标题为“各部门捐款总数百分比图”，并嵌入在数据表格下方（存放在 A8：E18 区域内）。

项目5 演示文稿软件的应用（PowerPoint 2010）

5.1 PowerPoint 2010 的使用

任务1 创建说课演示文稿

创建演示文稿

一、任务描述

说课是提高教师教学能力的一种有效手段，是教师在备课基础上，于授课前面对领导、同行或评委，主要用口头语言讲解具体课题的教学设想及其依据的一种教研活动。它是教师将自己对教材的理解、教法及学法设计转化为“教学活动”的一种课前预演，也是督促教师进行业务学习和课堂教学研究、提高业务水平的重要途径。展示说课的内容，选择 PowerPoint 最恰当。

二、相关知识与技能

PowerPoint 是微软推出的制作演示文稿的专用工具，利用 PowerPoint 可以创建、查看和演示组合了文本、形状、图片、图形、动画、图表、视频等各种内容的幻灯片。演示文稿的主要用途是辅助演讲，它是进行学术交流、产品展示、阐述计划、实施方案的重要工具，能够形象直观并极富感染力地表达出演讲者所要表述的内容。

一份完整的演示文稿通常由一组关联的幻灯片组成，即演示文稿是一个“.pptx”文件，而幻灯片是演示文稿中的一个页面。

1. 启动 PowerPoint 2010

单击“开始”→“所有程序”→“Microsoft Office”，在展开的子菜单中选择“Microsoft PowerPoint 2010”选项，即可完成启动，启动界面如图 5－1 所示。

如果「开始」菜单有“Microsoft PowerPoint 2010”选项，也可以单击鼠标左键启动 PowerPoint 2010。

PowerPoint 窗口的初始状态是一个多视图的环境。窗口从上至下（从左至右）依次包括自定义快速访问工具栏、标题栏、功能区、视图切换窗格区、幻灯片区、备注区、状态栏、视图切换按钮栏和缩放级别栏。

（1）自定义快速访问工具栏：以图像按钮方式显示菜单命令，操作方便快捷。在此可自定义需要显示的菜单命令按钮。

（2）标题栏：显示当前工作窗口中的文稿名称、软件名称及相应窗口的控制工具（如

“最小化”“还原”和“关闭”按钮）。

图 5－1　PowerPoint 2010 的窗口界面

（3）功能区：提供选项卡和与选项卡相关的一组快捷操作命令。PowerPoint 2010 的功能区内置了 10 组选项卡。

（4）视图切换窗格：该区位于屏幕左侧，用于在“大纲”和“幻灯片”两个窗格之间快速切换，前者将显示文稿的纲目结构，后者显示幻灯片的缩略图。

（5）幻灯片编辑区：用于编辑、修饰幻灯片的主体工作区。

（6）备注区：用于书写每张幻灯片的演讲备注内容。

（7）状态栏：显示当前幻灯片的编号等信息。

（8）视图切换按钮栏：用于快速选择并切换至不同的工作视图，包括普通视图、幻灯片浏览、阅读视图和幻灯片放映。

（9）缩放级别栏：显示缩放比例。

2. 创建演示文稿

创建演示文稿时一般首先创建标题页和摘要页，以说明专题演讲的主题和主要内容。

（1）建立演示文稿的标题页。

① 启动 PowerPoint 2010 之后，执行“文件”→“新建”→“空白演示文稿”→“创建”命令，即可创建空白演示文稿。

② 创建的空白演示文稿是标题页幻灯片。该幻灯片显示两个占位符，其中有提示输入标题和副标题的文字。单击“单击此处添加标题”占位符，显示插入光标，可输入说课题目，例如“计算机应用基础”。

③ 输入标题内容后，用鼠标单击“单击此处添加副标题”占位符，输入副标题内容，在这里可以输入说课人的相关信息。制作好的演示文稿的标题页如图 5－2 所示。

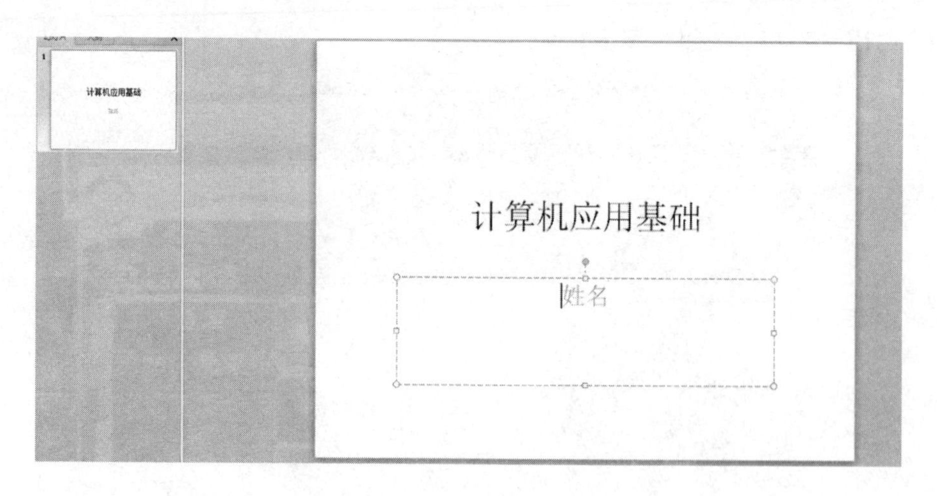

图5-2 建立演示文稿的标题页

（2）创建新幻灯片页。

① 在“开始”选项卡的“幻灯片”组中，单击“新建幻灯片”下的箭头，然后单击所需的幻灯片布局。由于每张幻灯片可能具有不同的版式，所以幻灯片不能连续自动添加新页。

② 这里选择“标题和内容”版式，建立摘要页。

③ 单击“标题”占位符，并输入摘要页的页标题内容（如“主要内容”）。单击“文本框”占位符，输入本次演讲的第1个一级标题“课题目的”，完成标题内容的输入后按回车键继续输入第2个一级标题，依次完成一级标题的输入，如图5-3所示。

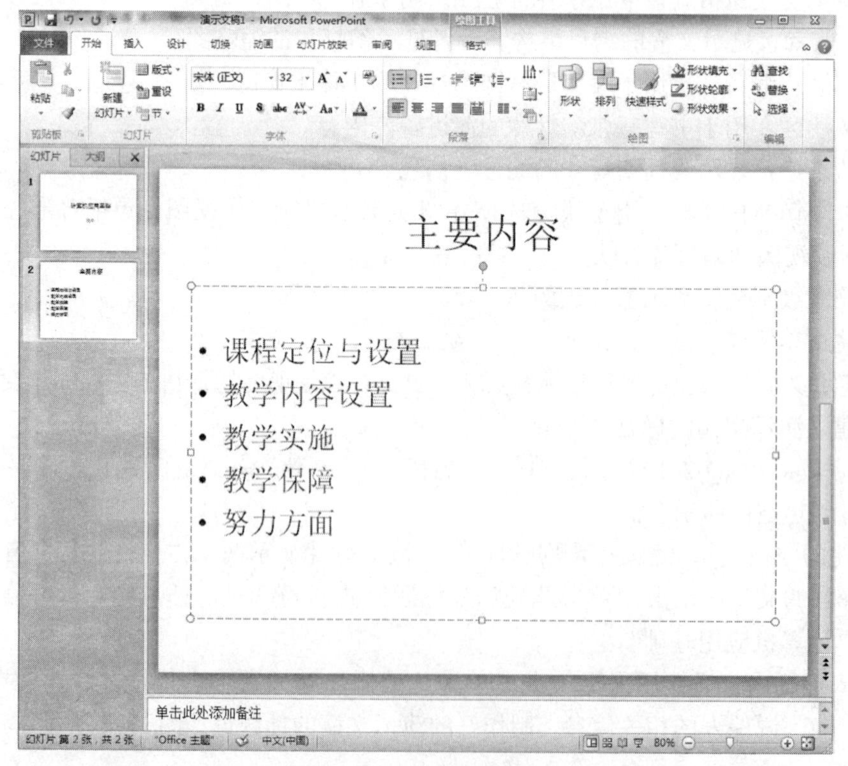

图5-3 幻灯片的摘要页

(3) 用升降级建立文稿的结构层次。

① 切换至大纲视图，显示标题及摘要页的结构。

② 为避免建立结构时重复输入相同内容，可拖拉选择摘要页的一组一级标题，按“Ctrl+C”组合键复制，然后在文尾添加新段落（显示输入点光标），再按“Ctrl+V”组合键进行粘贴，如图5-4所示。

③ 再次选择被粘贴的一组一级标题，单击右键选择“升级”按钮，即可将刚才被选中的一组一级标题升级为幻灯片的页标题，如图5-5所示。

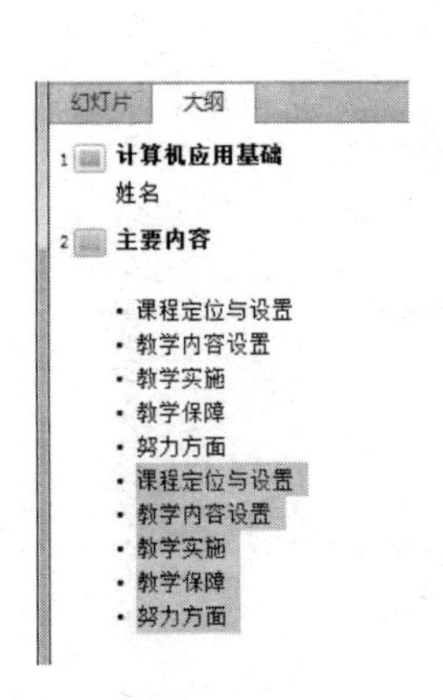

图5-4　在大纲视图中处理文稿结构的升级

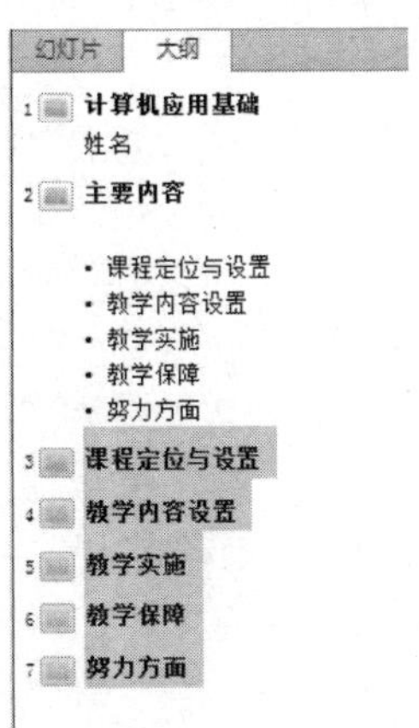

图5-5　在“大纲”视图升级幻灯片摘要页的内容

降级操作的方法与升级操作类似，关键在于选中操作对象。可升降的级别最多为5级。

3. 保存演示文稿

(1) 简单保存演示文稿。

建立演示文稿后，先不要急于录入内容，应先进行保存，以防止因意外导致内容丢失。

单击“文件”选项卡中的“另存为”命令，在“另存为”对话框中将演示文稿命名为“计算机基础说课课件”，选择合适的保存位置，如图5-6所示，再单击“保存”按钮即可。

图5-6　另存为对话框

在默认情况下，PowerPoint 2010 将文件保存为 PowerPoint 演示文稿（. pptx）文件格式。若要以非 . pptx 格式保存演示文稿，应单击“保存类型”列表，然后选择所需的文件格式。

（2）加密保存演示文稿。

① 选择“文件”选项卡中的“信息”命令，在信息窗口中单击“保护演示文稿”命令右侧的箭头，在列表中选择“用密码进行加密”选项，如图 5 – 7 所示。

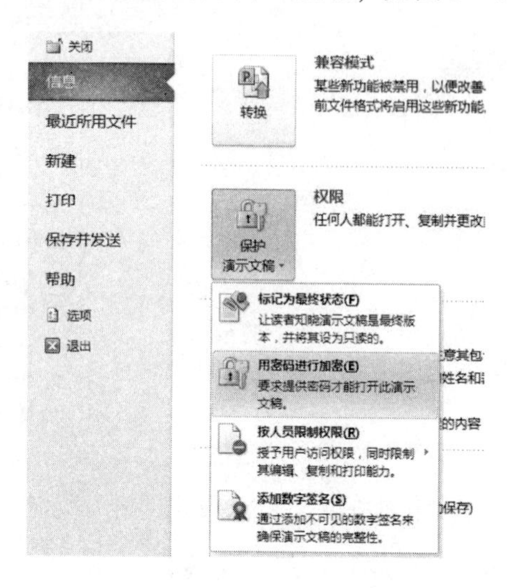

图 5 – 7 用密码进行加密保护文稿

② 在弹出的“加密文档”窗口中输入密码，如图 5 – 8 所示。

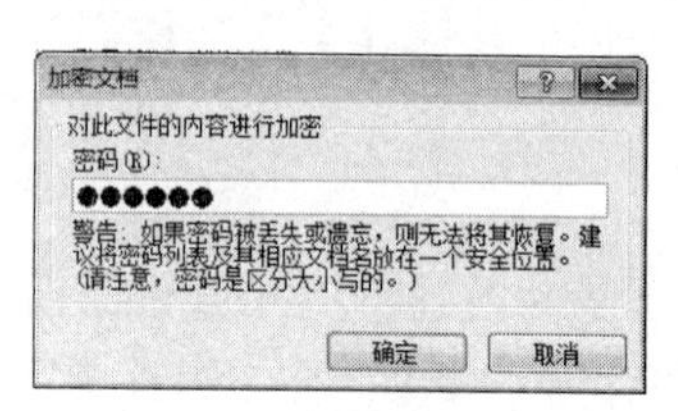

图 5 – 8 “加密文档”对话框

4. 编辑和修饰演示文稿

（1）编辑“SmartArt 图形”幻灯片。

在 PowerPoint 2010 中，增加了一种新的 SmartArt 图形布局，因此可以创建多种类型的图形，例如组织结构图、列表和图片图表，以使用户能够轻松创建专业的图形。另外，如果幻灯片上有图片，则可以快速将它们转换为 SmartArt 图形，就像处理文本一样。

① 继续在前面创建的文稿中进行操作。在标题为“主要内容”的幻灯片中，在“开始”选项卡的“段落”组中，单击“项目符号”按钮，并选择“无”，如图 5 – 9 所示。

② 在“开始”选项卡的“段落”组中，单击按钮下“转换为 SmartArt 图形”命令右侧的箭头，选择“垂直块列表”选项，在“开始”选项卡的“字体”组中对文字格式进行设置，设置标题字体格式为“宋体、40 磅、加粗”，如图 5 – 10 所示。

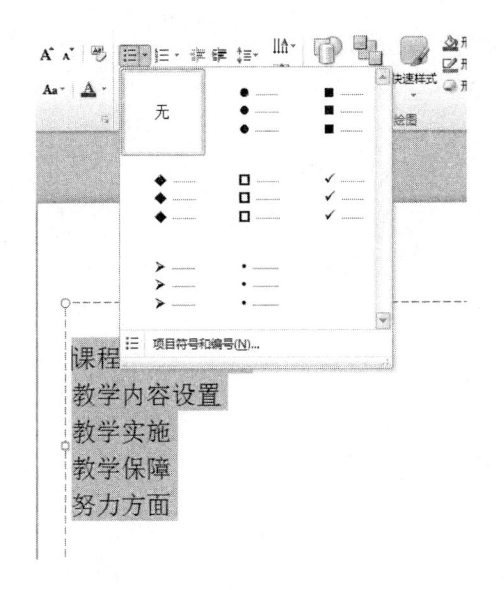

图 5－9　无项目符号内容

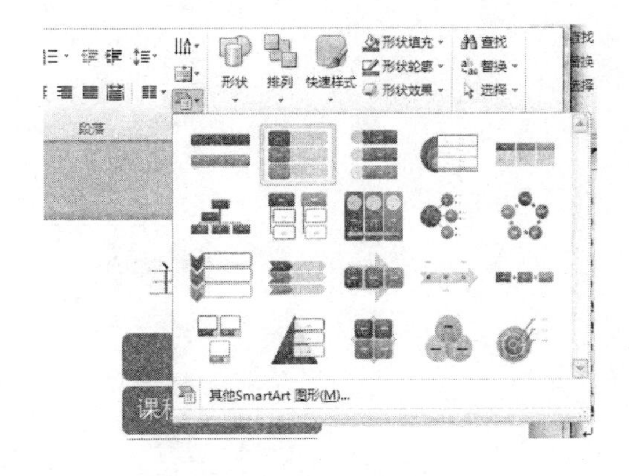

图 5－10　转换为 SmartArt 图形

（2）编辑“文本框”和“图片”幻灯片。

① 在标题为“课程定位与设置”的幻灯片中，删除幻灯片内容文本框，单击“插入”选项卡的“文本”组中“文本框”下的箭头，选择“横条文本框”选项，待鼠标变成十字状，在幻灯片上拖动鼠标，拖出一个文本框，并输入“课程定位”文字，设置字体格式为“宋体、28 磅”。

② 如上所示，依次再插入 3 个文本框，输入“设置原则”“课程培养目标”，并插入图片“课程定位与设置”。

③ 调整文本框、图片的大小和位置，效果如图 5－11 所示。

（3）编辑“表格”幻灯片。

① 在标题为“教学保障”的幻灯片中，单击内容文本框中的“插入表格”按钮。在弹出的“插入表格”对话框中，列数选“10”，行数选“4”，如图 5－12 所示。

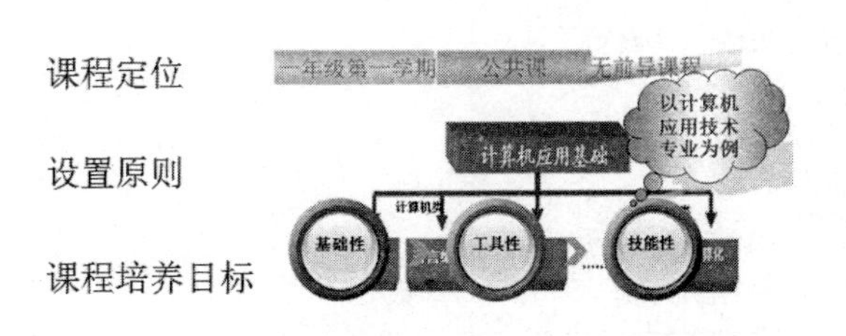

图 5－11　“文本框”和“图片”幻灯片

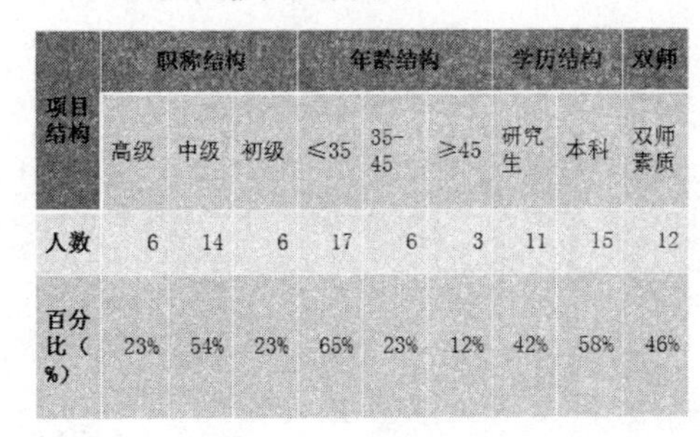

项目结构	职称结构			年龄结构			学历结构		双师
	高级	中级	初级	≤35	35-45	≥45	研究生	本科	双师素质
人数	6	14	6	17	6	3	11	15	12
百分比（%）	23%	54%	23%	65%	23%	12%	42%	58%	46%

图 5－12　“表格”幻灯片

② 输入表格文本内容。

（4）编辑“插图”幻灯片。

① 在标题为“教学内容设计”的幻灯片中，删除幻灯片内容文本框。单击“插入”选

项卡的“插图”组中“形状”下的箭头，显示形状库，如图5－13所示。

图5－13 形状库

② 选择“矩形”组中的“矩形”选项，待鼠标变成十字状，在幻灯片上拖动鼠标，拖出一个矩形；选中矩形，单击鼠标右键，在弹出的菜单中选择“编辑文字”命令，输入“职业核心能力”文字，再单击“开始”选项卡的“字体”组，设置字体格式为“黑体、14磅”。

③ 依上所述，继续插入2个矩形，并依次输入文字“任务式教学内容”“知识型教学内容”，并在每项下面依次输入子项目。

④ 选中矩形，单击鼠标右键，在弹出的菜单中选择“设置形状格式”命令，在弹出的“设置形状格式”对话框中设置矩形的大小，如图5－14所示。

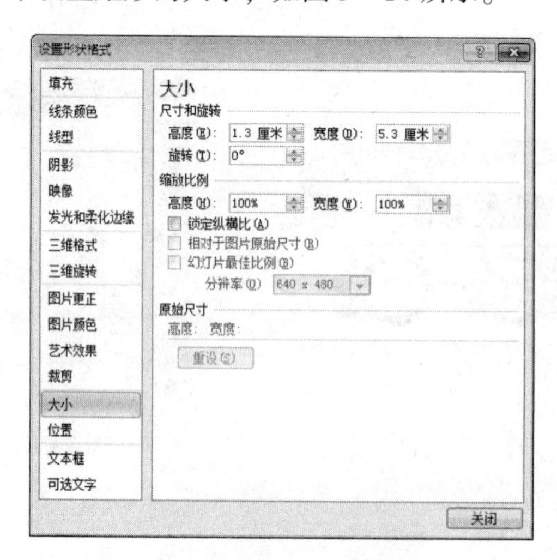

图5－14 设置形状格式

⑤ 在项目中间插入“基本形状”组中的“右箭头”，并编辑形状格式，如图 5－15 所示。

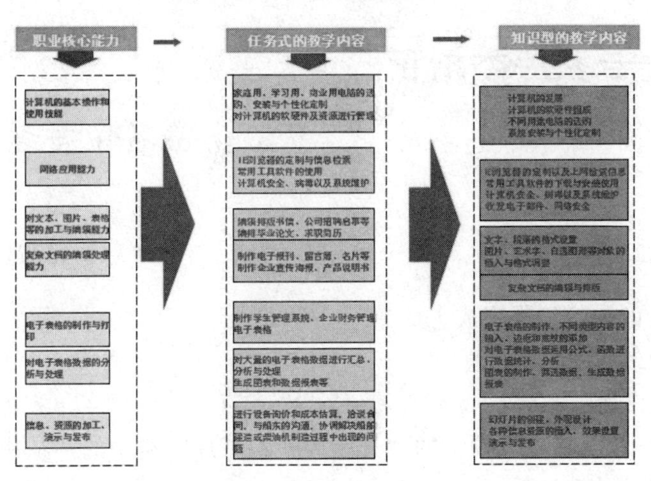

图 5－15　幻灯片效果

（5）编辑“图片”幻灯片。

在标题为“教学实施”的幻灯片中，删除幻灯片内容文本框，单击“插入”选项卡的“图像”组中的“图片”按钮，在弹出的“插入图片”对话框中选择“教学实施”图片，如图 5－16所示。

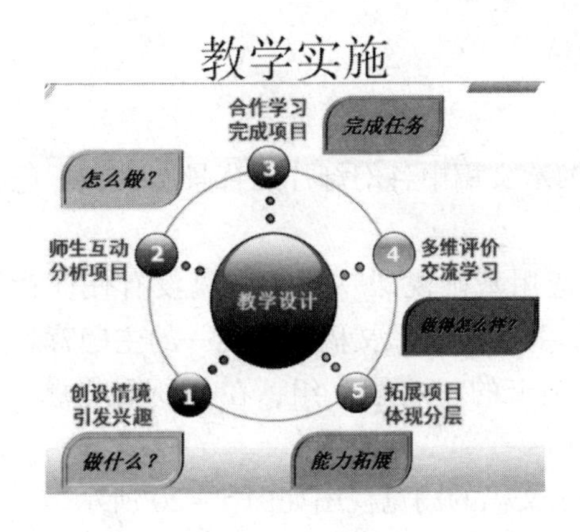

图 5－16　“教学实施”幻灯片

（6）编辑“艺术字体”幻灯片。

在前面编辑好的幻灯片的最后，再添加一张致谢幻灯片。

① 单击“开始”选项卡的“幻灯片”组中“新建幻灯片”下的箭头，选择“空白”幻灯片，创建新幻灯片页。

② 单击“插入”选项卡的“文本”组中“艺术字”下的箭头，选择第 3 行第 4 列字体，然后在“请在此放置您的文字”框中输入“敬请各位专家评委指正”，如图 5－17 所示。

③ 拖动鼠标，并选中刚才输入的文字。在“绘图工具”选项卡的“格式”选项中的“艺术字样式”组中，单击“文字效果”按钮 A▾ 右侧的箭头。选择“转换”→“跟随路径”→“上弯弧”命令，效果如图 5-18 所示。

敬请各位专家评委指正

图 5-17 插入艺术字体

敬请各位专家评委指正

图 5-18 设置艺术字样式

至此，幻灯片的内容编辑完成。

5. 放映演示文稿

（1）观看演示文稿。

① 单击“幻灯片放映”选项卡的“开始放映幻灯片”组中的“从头开始”按钮，即可观看整个演示文稿的放映效果。

② 如果想单独看某一页或此后几页的放映效果，可单击“幻灯片放映”选项卡的“开始放映幻灯片”组中的“从当前幻灯片开始”按钮或窗口下部“视图切换按钮栏”的“幻灯片放映”按钮。

（2）结束放映。

在幻灯片的任意位置单击右键，并在弹出的快捷菜单中选择“结束放映”命令，或直接按 Esc 键，即可结束幻灯片放映。

三、知识拓展

1. 应用幻灯片主题

在通常情况下，一份演示文稿中各幻灯片的背景图案和配色应当相对统一，以突出演讲的专题效果。

前面编辑的“计算机应用基础说课”演示文稿没有任何背景图案，且外观比较单调。为了使演示文稿更加美观，我们为演示文稿添加统一的主题背景。

（1）选择“设计”选项卡的“主题”组，在“所有主题”窗口选择“流畅”主题样式，如图 5-19 所示。

（2）应用主题后，演示文稿的浏览视图如图 5-20 所示。

2. 设置幻灯片的背景样式

仍以前面创建的演示文稿为例，设置幻灯片的背景样式。

（1）单击“设计”选项卡的“背景”组中“背景样式”选项右侧的箭头，弹出背景样式库，如图 5-21 所示。

（2）选择一种背景色，即将其可应用于整个演示文稿。

（3）为某页幻灯片添加个性化的背景样式，例如为第 7 张幻灯片设置个性化的背景样式。选中第 7 张幻灯片，在如图 5-21 所示的背景样式窗口中，选择“设置背景样式”命令，将显示“设置背景格式”对话框，如图 5-22 所示。

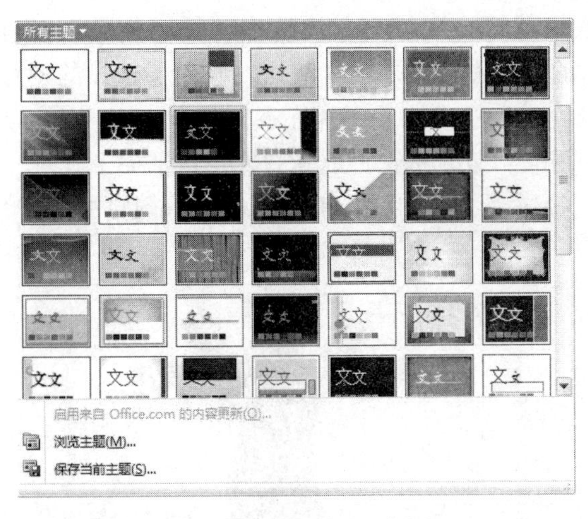

图5－19　幻灯片主题设置

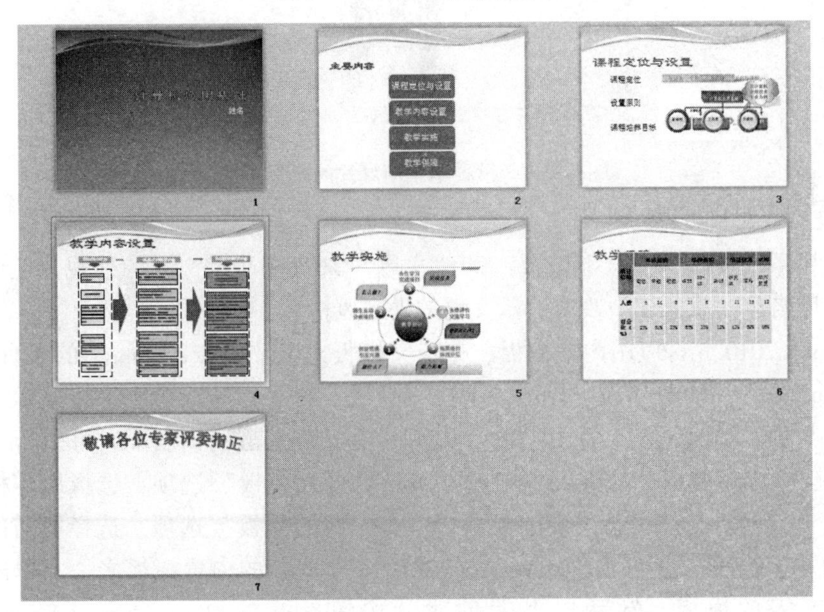

图5－20　应用主题

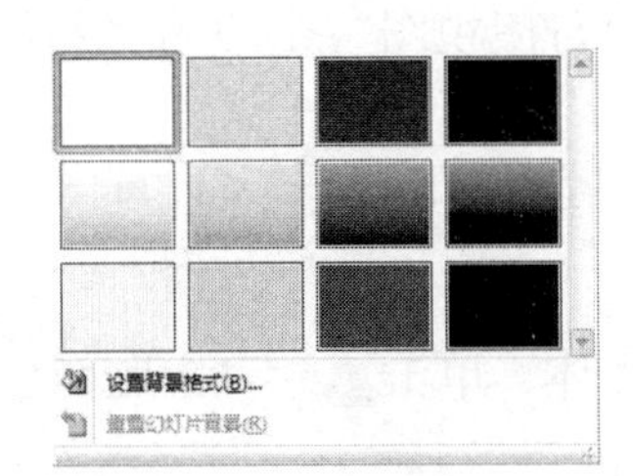

图5－21　“背景样式”窗口

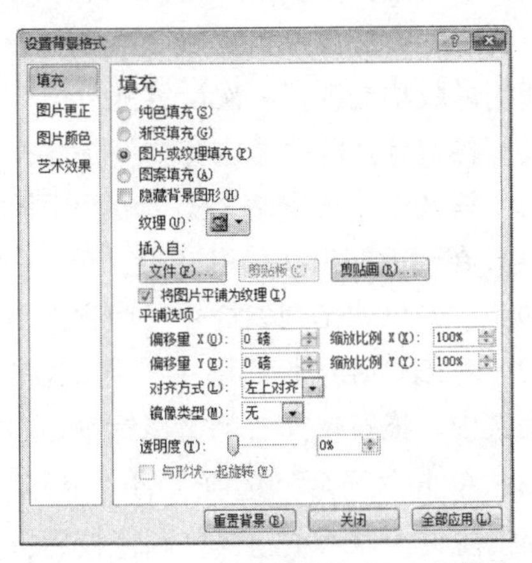

图5－22　“设置背景格式”对话框

（4）选择“图片或纹理填充”按钮，再选择“插入文件”按钮，在弹出的“插入图片”对话框中选择合适的背景图片。单击“确定”按钮，选择的图片就成为幻灯片的背景。

（5）仔细观察后发现，主题的背景图片还在幻灯片上。再次打开“设置背景格式”对话框，选中“隐藏背景图形”复选框，此时背景图形就消失了。

（6）单击“关闭”按钮，返回幻灯片页面，即可看到只改变了当前幻灯片页背景的效果，如图5-23所示。

图5-23 设置单张幻灯片的背景图片

3. 应用幻灯片母版

除了使用系统设计的“样本模板”和“主题”来改变演示文稿的外观，还可以通过设置母版来按照自己的意愿统一改变演示文稿的外观风格。

PowerPoint 2010允许应用内置模板、自定义模板，以及Office. com上的多种可用模板。在PowerPoint 2010中查找模板可单击“文件”选项卡的“新建”命令，将显示“可用的模板和主题”界面，如图5-24所示。在“可用的模板和主题”界面下，可执行下列操作之一：①重新使用最近使用过的模板。单击“最近打开的模板”选项，选择所需模板，然后单击“创建”按钮。②使用已安装的模板。单击“我的模板”选项，选择所需的模板，然后单击“确定”按钮。③使用随PowerPoint 2010一起安装的内置模板之一。单击“样本模板”，选择所需的模板，然后单击“创建”按钮。④在Office. com上查找模板。在“Office. com模板”选项下单击相应的模板类别，选择所需的模板，然后单击“下载”按钮，可将Office. com中的模板下载到计算机上。

使用母版功能进行一次设置就可以完成统一各张幻灯片版式的效果。通过母版可以统一演示文稿各幻灯片的两类内容：一是各个幻灯片页中的文稿格式（相当于Word文档中各级标题的“样式”）；二是各幻灯片的相同位置均需要显示的内容，如页脚信息、徽标图像等。

（1）在当前演示文稿窗口中，单击“视图”选项卡的“母版视图”组中的“幻灯片母版”命令，即可切换到幻灯片母版视图，如图5-25所示。

（2）在幻灯片母版视图中，确定窗口左侧窗格编号为“1”的普通正文页母版（缩略图）被选中。拖拉选择右侧窗格标题占位符的提示文字。

（3）单击“开始”选项卡的“字体”组，设置字体为黑体，单击**A**▾“主题颜色”右侧的向下箭头，显示主题颜色调色板后，设置字体颜色为黑色。

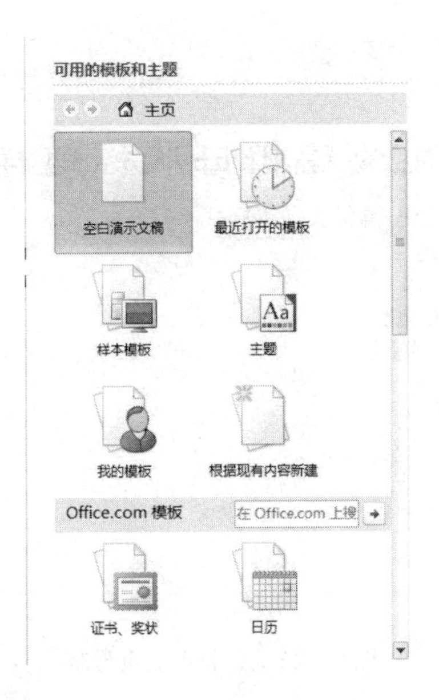

图 5－24　“可用的模板和主题” 界面

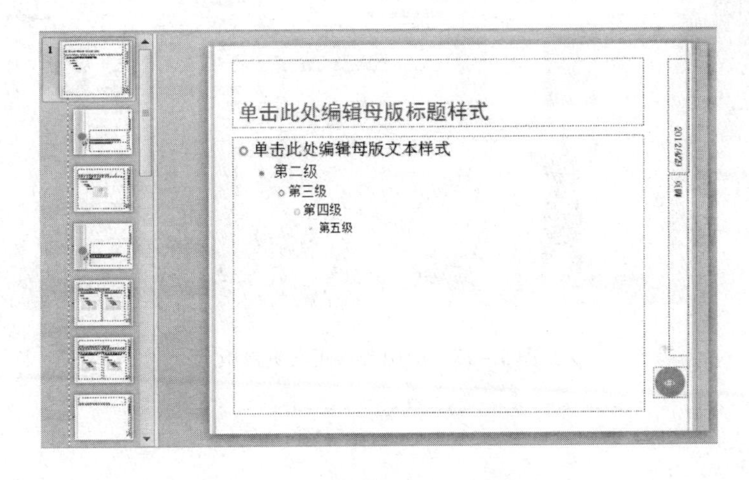

图 5－25　切换至幻灯片母版视图

(4) 插入校徽图片 “logo. jpg”，并将图片拖至幻灯片母版的左上角，如图 5－26 所示。

(5) 完成设置后，单击 “幻灯片母版” 选项卡中 “关闭” 组的 “关闭母版视图” 命令，返回普通视图，可以看到，普通正文页幻灯片中均出现了校徽图片，相应的标题样式也发生了变化，如图 5－27 所示。

(6) 如果文本格式没有改变，那么可选中其所在的占位符，再按 “Ctrl + Shift + Z” 组合键即可删除原来设置的格式。

(7) 在普通视图下，用户可以根据需要对个别幻灯片进行修改，直到满意为止。

(8) 保存演示文稿并观看其放映效果。

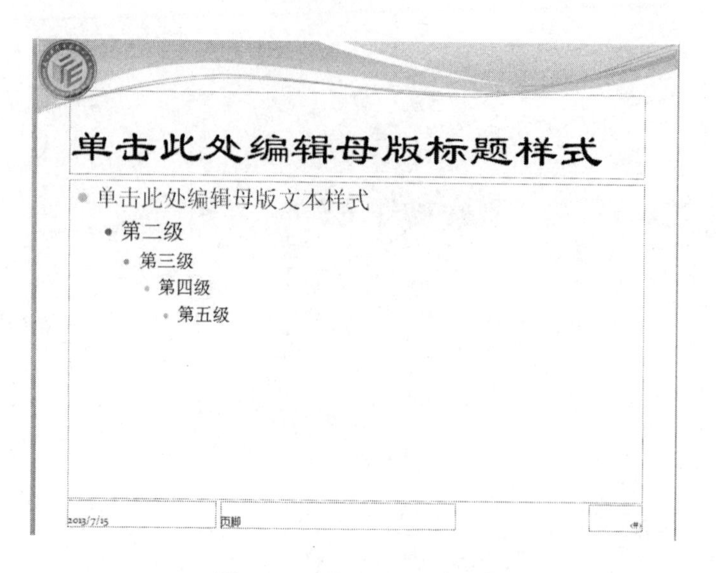

图 5－26 普通正文页母版

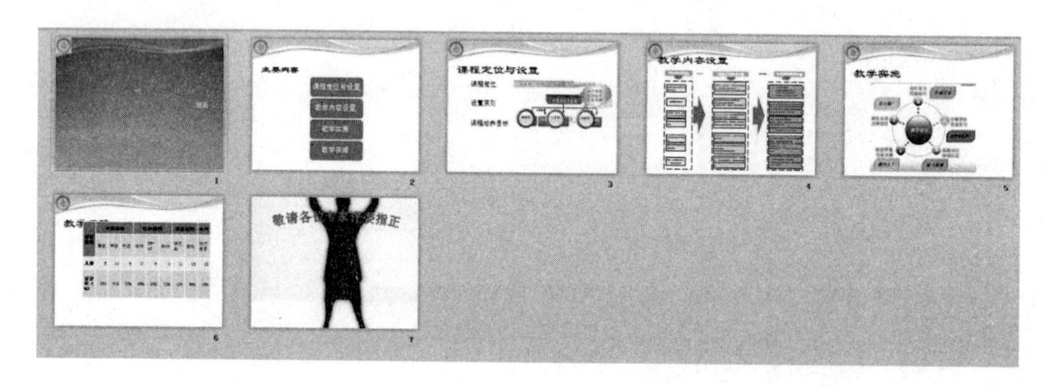

图 5－27 应用普通正文页母版

更改幻灯片母版时，已对单张幻灯片进行的更改将被保留。如果多个样式模板应用于演示文稿，那么其将拥有多个幻灯片模板，且每个已应用的设计模板对应一个幻灯片母版。所以，如果要更改整个演示文稿，就需要更改每个幻灯片母版或母版对（取决于操作者是否使用了标题母版）。

四、探索与练习

（1）设计制作具有某一主题的演示文稿，用艺术字修饰希望突出显示的标题。

（2）在自己创建的演示文稿中用表格说明统计信息。

（3）在自己创建的演示文稿中插入图片。

（4）在自己创建的演示文稿中插入图形对象并进行相应的编排。

（5）设置幻灯片的背景。

5.2　幻灯片放映效果设置

任务2　设置放映动画和控制效果

设置放映动画和控制效果

一、任务描述

创建了“计算机应用基础说课”演示文稿后，在放映时发现文稿比较呆板，若想使演示文稿在放映时更加生动形象，需要通过设置幻灯片的切换效果、动画效果来加强演示文稿的放映效果。

二、相关知识与技能

幻灯片页面中的对象（如文本框、图片、图形等），均可为其设置动画效果，以使其在放映过程中被突出显示。设置内容包括动画效果、动画速度、动画配音等。

动画设置过程包括三种形式，即进入动画、强调动画和退出动画。针对一些特殊的演讲需求，甚至可以设置沿某一路径运动的动画。

三、方法与步骤

1. 设置幻灯片切换的动画效果

幻灯片之间的出现和退出衔接称为幻灯片切换。当放映一个演示文稿时，可首先设置幻灯片切换的动画效果。

（1）打开“计算机应用基础说课”，选定要设置切换效果的第一张标题幻灯片。

（2）单击“切换”选项卡中“切换到此幻灯片”组中切换效果的▾按钮，在显示的切换效果库中选择“动态内容”组中的“飞过”，如图5-28所示。

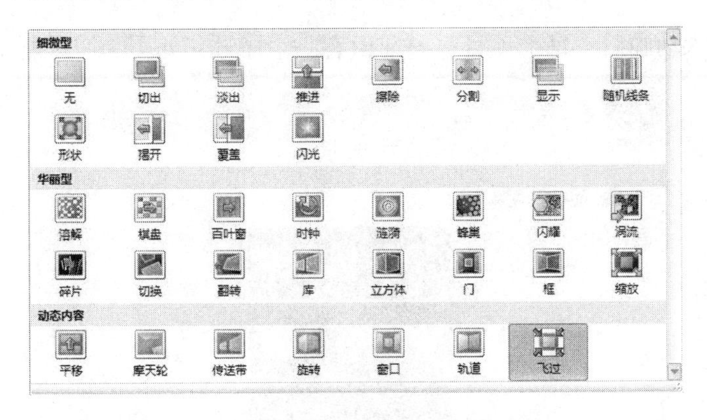

图5-28　幻灯片切换效果库

（3）在“切换”选项卡的“计时”组中，设置切换时发出的声音为“风铃”，并设置持续时间为“01.00”，如图5-29所示。

图5-29　幻灯片切换计时

2. 设置进入动画效果

（1）继续前例，选中第2张“主要内容”幻灯片中的标题内容，单击“动画”选项卡的“动画”组中“动画效果”的▾按钮，显示“动画效果”对话框，如图5－30所示。

（2）选择“进入”组中的“形状”选项。

（3）再单击“动画”组中“效果选项”按钮下的箭头，在弹出的“效果选项”界面中设置“方向”为“放大”，“形状”为“圆”，“序列”为“逐个”，如图5－31所示。

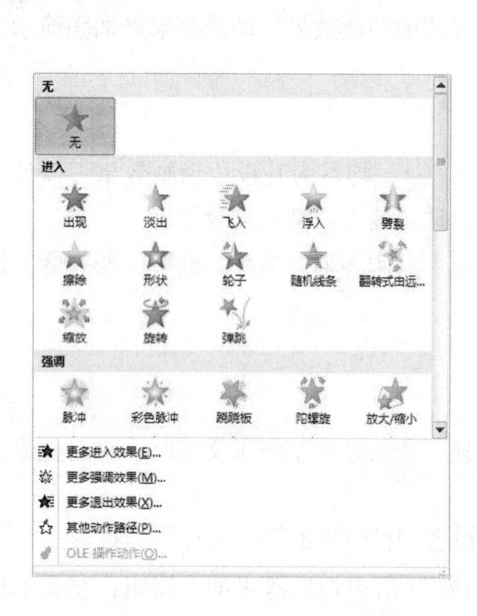

图5－30 “动画效果”对话框

图5－31 幻灯片进入动画的“效果选项”界面

（4）设置进入动画后，每个项目符号前面有一个序号，如图5－32所示。

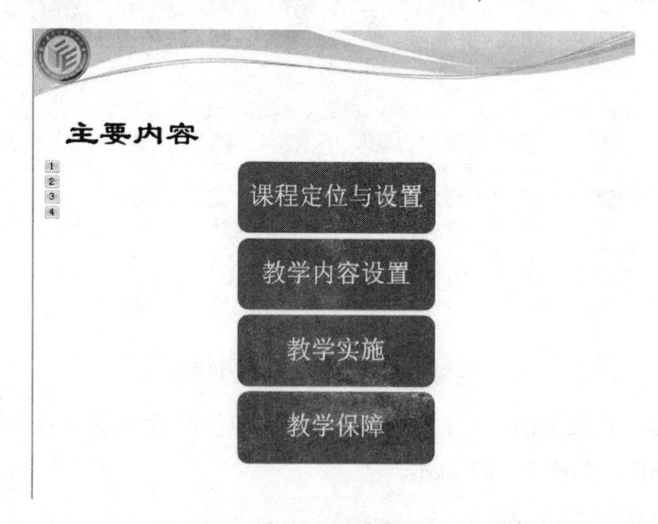

图5－32 幻灯片进入动画设置

（5）完成设置后，单击“动画”选项卡的“预览”组中的“预览”按钮，可观看放映效果。

如果在“动画”组的“进入”菜单中找不到合适的效果，可单击子菜单底部的“更多进入效果”命令，在“添加进入效果”对话框中查找并选择更多的效果，如图5－33所示。

3. 在幻灯片中添加多种动画效果

（1）选择最后一张幻灯片，选中文本占位符，将其“进入”动画效果设置为“飞入”。

（2）单击“动画”选项卡的“高级动画”组中的“动画窗格”按钮，将显示“动画窗格”列表。在“动画窗格”列表中选中“文本进入动画”选项（条目为1），并单击其右侧的下拉列表箭头，选择“效果选项”命令，将其“正文文本动画”设置为“作为一个对象”，如图5－34所示。

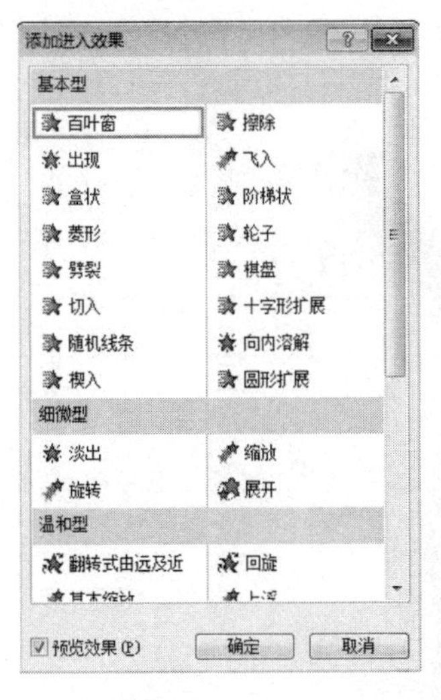

图5－33 “添加进入效果”对话框

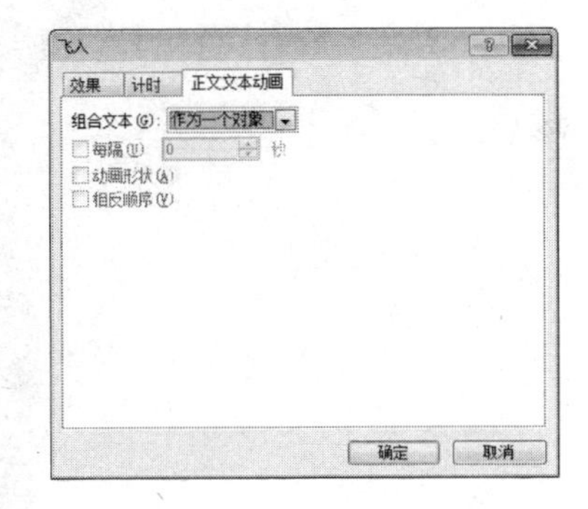

图5－34 “飞入”对话框

（3）单击“动画”选项卡中“高级动画”组的“添加动画”选项下的箭头，继续为文本添加强调动画，选择“强调”选项中的“脉冲”效果。

（4）再单击“添加动画”选项下的箭头，在弹出的对话框中选择“其他动作路径”命令，将弹出“更改动作路径”对话框，如图5－35所示。

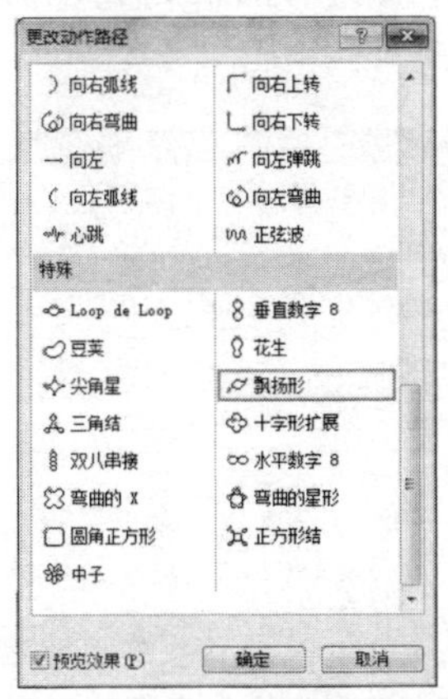

图5－35 “更改动作路径”对话框

（5）在“更改动作路径”对话框中，选择“特殊”组中的“飘扬形”选项。

（6）选中“动画窗格”列表中的第3条条目，将“动画”选项卡的“计时”组中的“持续时间”选项设置为“10.00”，以控制动作路径的持续时间，如图5-36所示。

图5-36　设置动画持续时间

（7）为幻灯片添加背景音乐。单击“插入”选项卡的“媒体”组中“音频”下的箭头，然后选择“文件中的音频”命令。

（8）在“插入音频”对话框中，选择需要播放的声音文件，如“十二月花.mp3”。

（9）随后，在“致谢”幻灯片中会出现一个播放工具条、一个小喇叭图标和图标，如图5-37所示。

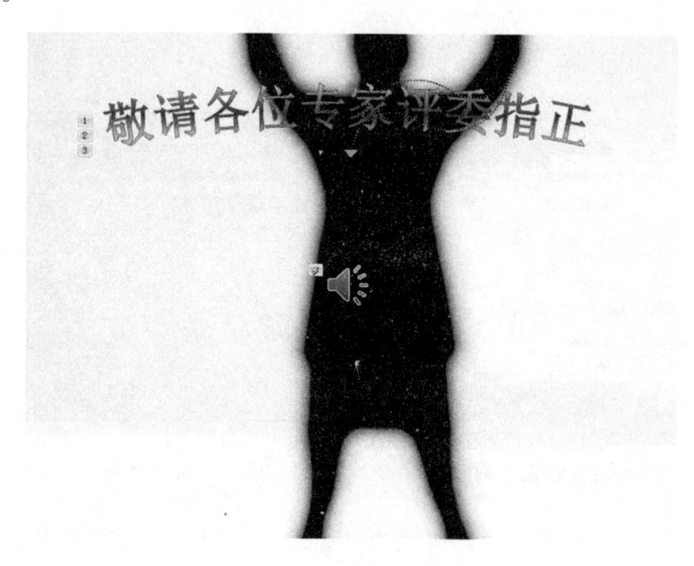

图5-37　插入音频后的页面

（10）在“动画窗格”列表中单击“十二月花.mp3”右侧的下拉列表按钮，然后选择“效果选项”命令，则显示“播放音频”对话框，在该对话框中设置“开始播放”与“停止播放”的方式，如图5-38所示。

图5-38　“播放音频”对话框

（11）单击“确定”按钮完成设置，单击按钮观看幻灯片放映效果。此时发现声音并没有预期播放，为什么呢？这与动画的播放顺序有关，在“动画窗格”列表中选中背景音乐，单击“重新排序”按钮，将背景音乐调到最上面，这样就可以在播放幻灯片时首先播放背景音乐了，如图5－39所示。

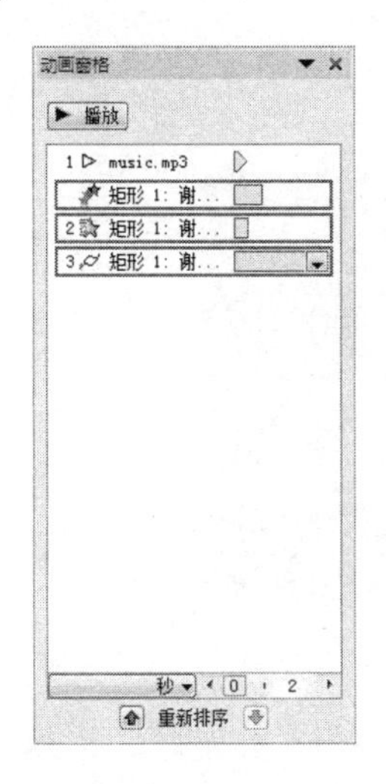

图5－39 将背景音乐调到最上面

（12）在“动画窗格”列表中选中“进入文本”（此时为条目2），调整文本进入动画的播放时间为“从上一项开始”。

（13）设置完成后观看放映效果，发现播放时该幻灯片中出现一个小喇叭图标，如果希望在幻灯片播放时隐藏该图标，在幻灯片中选中小喇叭图标，在显示的“音频工具”选项卡中选择“播放”选项，然后选中“音频选项”组中的“放映时隐藏”复选框，如图5－40所示。

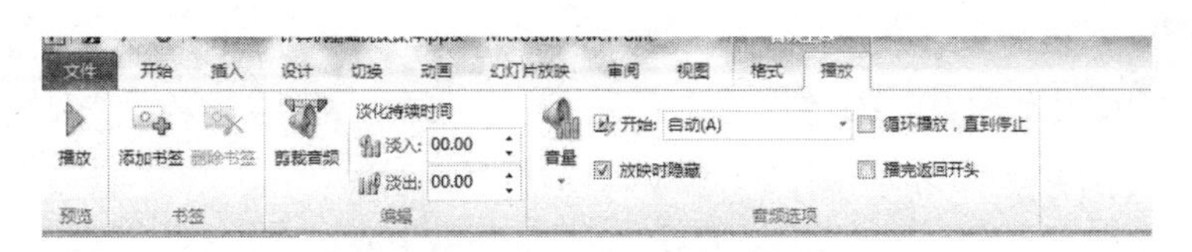

图5－40 设置音频选项

（14）设置完成后，观看放映效果，如有不满意的地方继续调整，直到满意为止。

4. 多个对象的放映设置

在一张幻灯片中添加多个动画效果后，存在放映的顺序和跟随的方式问题，如哪个动画先出现，哪个动画需要自动跟随放映等。

（1）继续前例，选中第2张幻灯片的“主要内容”页，单击“动画”选项卡的“高级动画”组中的“动画窗格”选项，打开动画窗格，其中显示已经设置的多个动画条目，如图5－41所示。

（2）选中其中一个条目，显示蓝色框。单击“动画窗格”选项下方的移动按钮（上移或下移），即可改变各对象动画的放映顺序。

（3）如果希望该幻灯片中的标题内容自动放映（即不通过单击鼠标的方式显示动画效

果)，在“动画窗格”列表中单击“2 教学内容设置”条目，显示蓝色框，同时幻灯片页相应的文本框左侧的动画顺序号呈高亮显示，单击该条目右侧的按钮，显示快捷菜单。

(4) 单击“从上一项之后开始”命令，该对象将尾随上一标题自动放映。

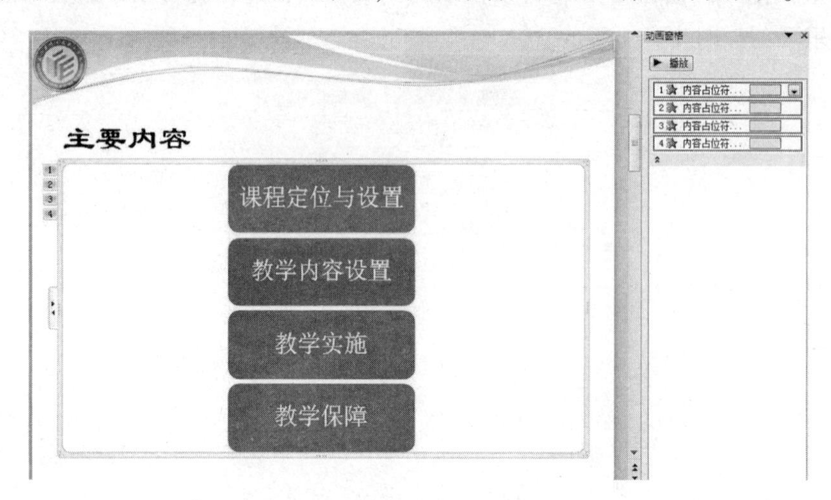

图 5-41　调整多个动画对象的放映顺序

5. 使用动画刷重复动画设置

(1) 继续前例，选中第 4 张标题为“教学内容设置”的幻灯片中的“职业核心能力”文本框。单击“动画”选项卡的“动画”组的“进入”选项中的“飞入”。

(2) 选中“职业核心能力”文本框，再单击“动画”选项卡的“高级动画”组中的“动画刷”按钮，此时鼠标会变为刷子，现在单击一下要设置的对象，例如“任务式教学内容”“知识型教学内容”文本框，即可让所有文本框有完全相同的动画效果，如图 5-42 所示。

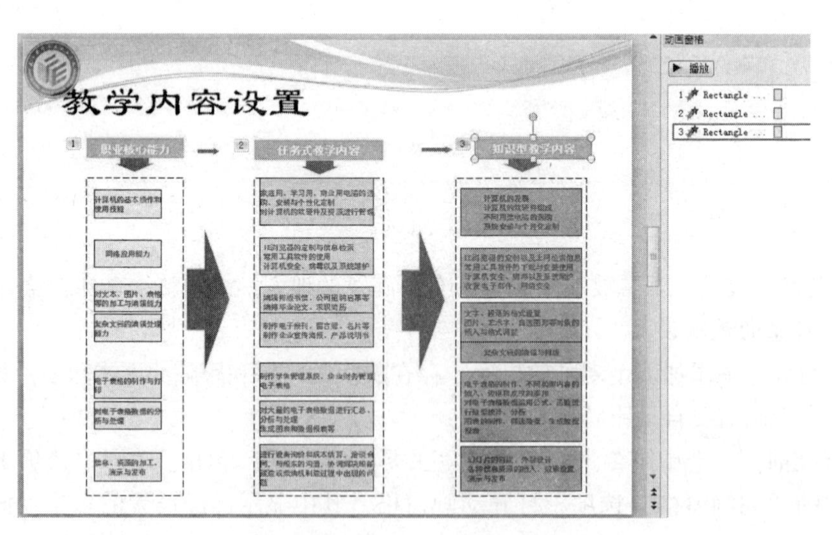

图 5-42　用动画刷重复动画设置

(3) 选中“教学内容设置”幻灯片中的组合文本框，单击“动画”选项卡的“动画”组的“进入”组中的“形状”选项。

(4) 选中“组合文本框”选项，单击“动画刷”按钮，再单击要设置的剩下的组合框，使它们有相同的动画效果。

(5) 单击“动画”选项卡的“高级动画”组中的“动画窗格”按钮，在显示的“动画窗格”列表中调整动画顺序，如图 5－43 所示。

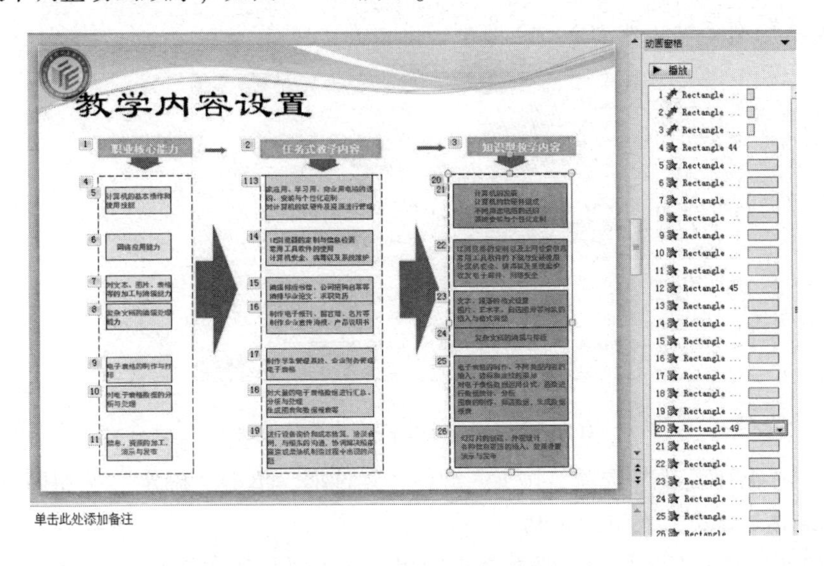

图 5－43　用动画刷重复动画设置并调整放映顺序

6. 设置多张幻灯片的连续自动放映

在有些情况下，幻灯片只是供浏览或阅读，演示文稿的播放不需要人工干预，用户希望各幻灯片自动定时放映。

(1) 继续前例，单击▦按钮，切换到幻灯片浏览视图，然后选择所有幻灯片（按“Ctrl + A”组合键）。

(2) 单击“切换”选项卡的“计时”组的“换片方式”选项中的“设置自动换片时间”复选框，并在相应位置输入间隔时间，如“00：03：00”，如图 5－44 所示。

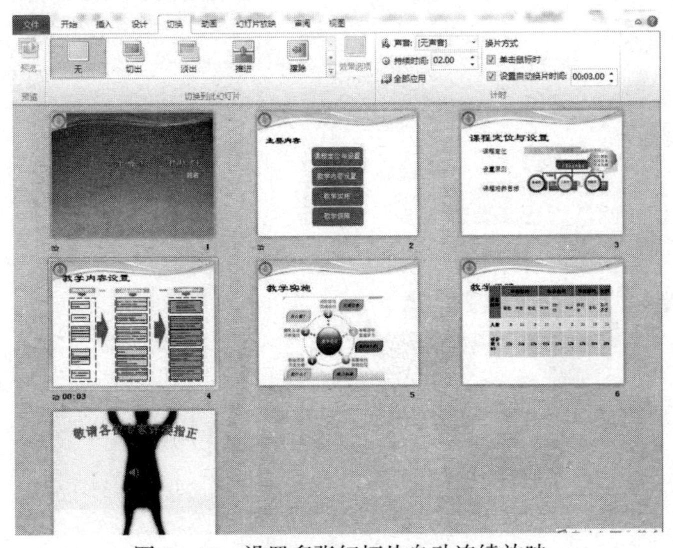

图 5－44　设置多张幻灯片自动连续放映

7. 设置多张幻灯片的循环放映

在有些情况下，用户希望幻灯片在全部自动放映的前提下，再循环放映，其操作步骤如下。

（1）单击“幻灯片放映”选项卡的“设置”组中的“设置幻灯片放映”按钮，显示“设置放映方式”对话框，如图5－45所示。

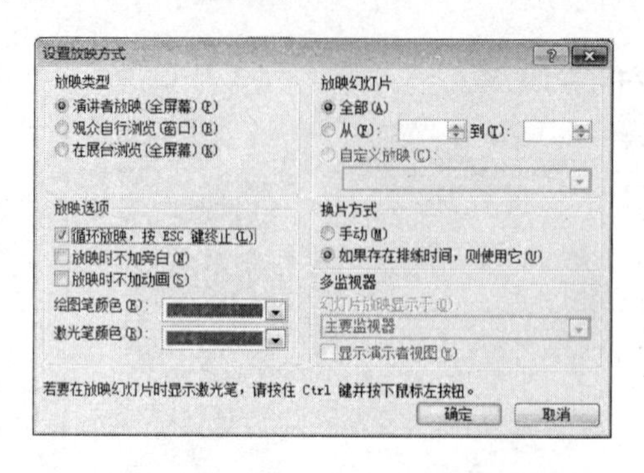

图5－45 设置多张幻灯片循环放映

（2）选中“循环放映”选项，按Esc键终止复选框，单击“确定”按钮即可。

8. 用超链接创建交互式演示文稿

用于创建超链接的对象可以是任意图形对象，也可以是任意文本。

可以链接的位置包括同一演示文稿的各张幻灯片页、其他电子文档（如Word文档、图片文档、电影文档等）甚至网页。

如果在演讲过程中希望体现层次结构感，应该在完成某一主题的演讲后，返回摘要页进行归纳并引至下一主题。例如，讲解完第5张幻灯片，需要返回“主要内容”页进行归纳，则应从第5张幻灯片返回“主要内容”页（第2张幻灯片）。完成归纳后，再跳转至第6张幻灯片继续下一主题的演讲。

（1）继续前例，切换至第5张幻灯片。为设置跳转用按钮，可单击“插入”选项卡的“图像”组的“剪贴画”按钮，插入一个剪贴画，其效果如图5－46所示。

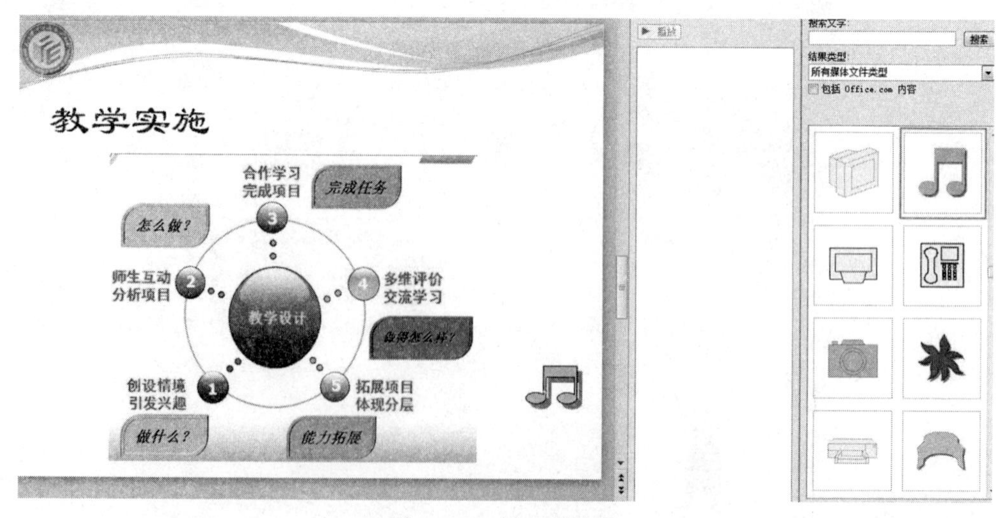

图5－46 插入剪贴画

（2）选中剪贴画（显示框线及尺寸控制点），单击“插入”选项卡的“链接”组中的“超链接”按钮，显示“插入超链接”对话框，如图 5－47 所示。

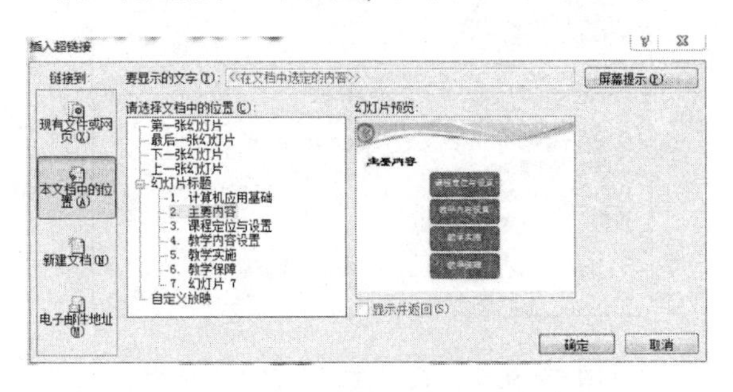

图 5－47 “插入超链接”对话框

（3）单击对话框左侧导航区的“本文档中的位置”项，切换右侧设置区，并在“请选择文档中的位置”区显示本文档中各个幻灯片的标题名称。

（4）单击“主要内容”标题项，对话框右侧显示相应幻灯片。

（5）单击“确定”按钮，即可完成从第 5 张幻灯片跳转至第 2 张幻灯片的超链接设置。

（6）然后，切换至第 2 张幻灯片（即“主要内容”页），选择第 4 个标题“教学保障”，单击“插入”选项卡的“链接”组的“超链接”按钮，在“插入超链接”对话框中设置跳转的目标位置为第 6 张幻灯片“数据结构设计”（即演讲的下一个主题内容页）。

四、知识拓展

1. 预演放映控制

完成幻灯片放映前的准备后，为保证实际演讲效果，建议在此基础上进行若干次预演，以便控制演讲节奏，其步骤如下。

（1）单击“幻灯片放映”选项卡的“设置”组中的“排练计时”按钮，系统将自动从第 1 张幻灯片开始放映。此时在幻灯片左上角出现“录制”对话框，如图 5－48 所示。该对话框自动显示当前幻灯片的停留时间。

（2）按下 Enter 键或用鼠标单击来控制每张幻灯片的放映速度，可边演讲边进行计时。

（3）当放映完最后一张幻灯片时，系统自动弹出一个对话框，给出幻灯片放映一共需要的时间，并询问“是否保留新的幻灯片排练时间”，如图 5－49 所示。

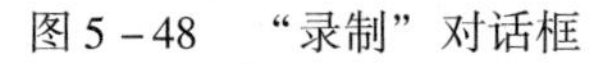

图 5－48 “录制”对话框

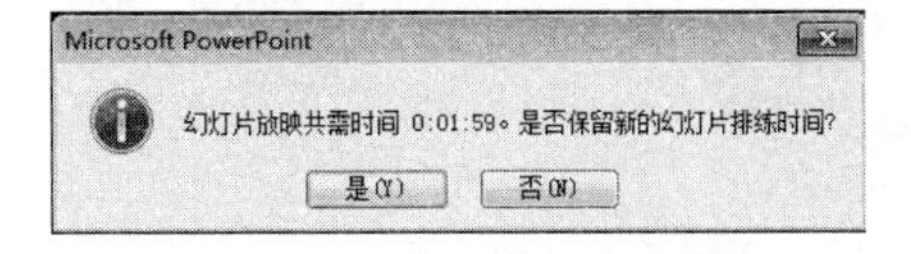

图 5－49 “录制完成”对话框

（4）单击“是”按钮，此时在幻灯片浏览视图下，可以看到每张幻灯片的下方自动显示放映该幻灯片所需要的时间。

（5）保存演示文稿。至此已完成了排练计时操作，但还不能自动放映幻灯片，必须进一步设置放映方式。

（6）单击“幻灯片放映”选项卡的“设置”组中的“设置幻灯片放映”按钮，打开“设置放映方式”对话框，如图 5－50 所示。

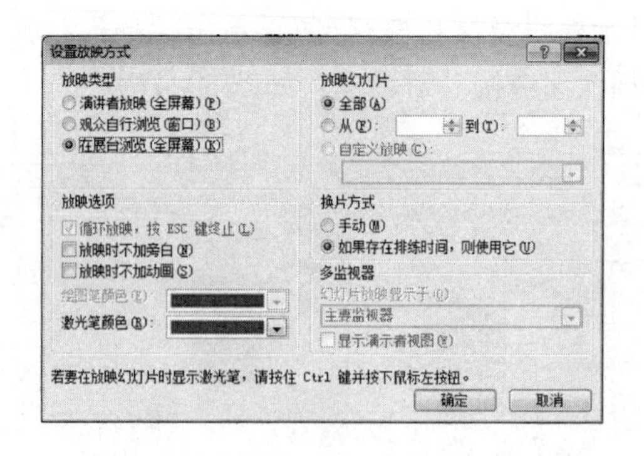

图 5 - 50　“设置放映方式”对话框

（7）在“设置放映方式”对话框中选择“在展台浏览（全屏幕）”选项，同时在“换片方式”组中选择“如果存在排练时间，则使用它”选项，然后单击“确定”按钮。

（8）按“Shift + F5”组合键观看放映，可以看到演示文稿无需人工干预就能不间断地按事先设定的时间连续放映，直到按 Esc 键才会终止放映。

2. 打印演示文稿

演示文稿可以以“整页幻灯片”“备注页”“大纲”“讲义”多种形式进行打印，其中“讲义”就是将演示文稿中的若干张幻灯片按照一定的组合方式打印在纸张上，以便发给观众辅助听讲，这种形式的打印可以节约纸张。

（1）单击“文件”选项卡的“打印”命令，显示“打印”选项窗口，如图 5 - 51 所示。

图 5 - 51　“打印”窗口

（2）在“打印机”区域选择打印机，还可以进一步设置打印机的属性。

（3）在“设置”区域选择“打印全部幻灯片”选项或部分幻灯片。

（4）在“设置”区域选择“讲义”中的 9 张水平放置的幻灯片，同时右侧窗口显示打印预览效果。

(5) 在打印“份数”区域设置需要的打印份数。

(6) 设置完成后，单击“打印”按钮就可以开始打印了。

五、探索与练习

(1) 针对已完成制作的演示文稿，为演示文稿设置各类幻灯片翻页动画。

(2) 针对演讲过程中需要突出显示的对象，设置动画效果，包括进入、强调、退出和更改路径。

(3) 针对需要跳转的幻灯片（或电子文档），设置超链接并进行测试。

(4) 在上述设置的基础上，进行最后的放映控制并检查制作效果。

(5) 为已完成的幻灯片设置预演放映。

5.3 小结

本章通过说课演示文稿的制作介绍了演示文稿的静态效果、动态效果的制作方法。

静态效果的制作包括幻灯片的基本操作、编辑幻灯片上的各种对象、对演示文稿进行美化修饰等。此外，本章还介绍了控制幻灯片外观的方法。

PowerPoint 2010 的特点和优势还在于演示文稿的动态效果的制作，包括幻灯片的切换效果、幻灯片中的动画效果、幻灯片的放映方式等。这些功能使幻灯片充满了生机和活力。另外，为了增加幻灯片放映的灵活性，保证演讲的节奏，本章还介绍了创建交互式演示文稿的方法。

习题与思考

制作一份关于毕业设计答辩的演示文稿。

制作演示文稿的基本步骤如下：

(1) 搜集素材，并对素材进行筛选和提炼。

(2) 制作静态幻灯片并进行修饰美化。

(3) 设置幻灯片的切换方式、动画效果等，以使幻灯片页面活泼、生动。

(4) 放映演示文稿。

(5) 浏览修改。

项目6　计算机网络基础

6.1　计算机网络的组成

任务1　计算机网络的定义

一、任务描述

本任务讲解计算机网络的定义，并从功能和应用上使读者熟悉计算机网络。

二、相关知识与技能

按照资源共享的观点，网络是指将地理位置不同的、具有独立功能的多台计算机及其外部设备通过通信线路连接起来，在网络操作系统、网络管理软件及网络通信协议的管理和协调下，实现资源共享和信息传递的计算机系统。

两台或两台以上的计算机由一条电缆相连接就形成了最基本的计算机网络。不管多么复杂的计算机网络都是由它发展来的，如图6－1所示。

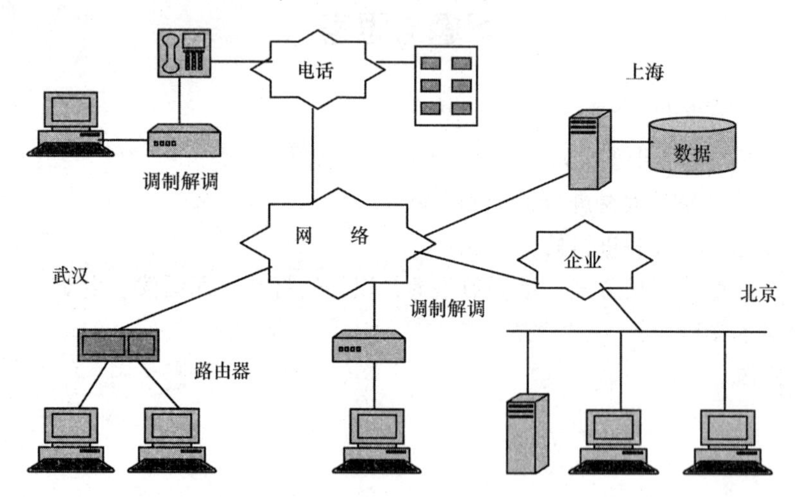

图6－1　计算机网络示意图

三、知识拓展

1. 计算机网络的功能

（1）通信功能。现代社会的信息量激增，信息交换也日益增多，每年有几万吨信件要传递。利用计算机网络传递信件是一种全新的电子传递方式。

（2）资源共享。在计算机网络中存在许多昂贵的资源，例如大型数据库、巨型计算机等。这些资源并非为单一用户所拥有，而是以共享的形式提供资源。

（3）分布式处理。一项复杂的任务可以被划分成许多部分，由网络内各计算机分别协作、并行完成有关部分，可提高整个网络系统的处理能力。

（4）集中管理和高可靠性。计算机网络技术的发展和应用，使现代的办公手段和经营管理发生了变化，如不少企事业单位都开发和使用了基于网络的管理信息系统（Management Information Systems，MIS），通过这些系统可以实现日常工作的集中管理，并大大提高了工作效率。可靠性高表现在网络中的各台计算机可以通过网络彼此互为后备机，此外，当网络中某个子系统出现故障时，可由其他子系统代为处理。

2. 计算机网络的应用

（1）办公自动化：其以计算机为中心，利用一系列现代化办公设备和先进的科学技术完成各种办公业务。OAS（Office Automation System）是在将办公室的计算机和其他办公设备连接成网络的基础上开发的无纸化办公软件。

（2）WWW 服务：其是 World Wide Web 的简称，WWW 服务也称 Web 服务，是目前 Internet 上最受欢迎的服务。

（3）电子数据交换（Electronic Data Interchange，EDI）：其是将贸易、生产运输、银行、海关等事务文件用一种国际公认的标准格式，通过计算机网络进行数据交换，并按照国际统一的语法规则对报文进行处理，完成以贸易为中心的业务的全过程。

（4）E－mail 服务：E－mail 服务即通过网络上的计算机相互传递、收发信息的邮件服务，其可以传输文本、图像、声音、视频等信息。

（5）FTP 服务：为使用户能发送或接收非常大的程序或数据文件，Internet 提供了称为 FTP（File Transfer Protocol）的文件传输应用程序。FTP 服务允许用户进入另一台计算机系统，并取得该系统中的文件。

（6）现代远程教育（Distance Education）：其是随着计算机网络技术、多媒体技术、通信技术的发展而产生的一种新型教育方式。

四、探索与练习

观察图 6－1，认识计算机网络的构成。

任务 2　计算机网络的组成

一、任务描述

本任务讲述计算机网络的组成。

计算机网络的组成

二、相关知识与技能

计算机网络系统是一个集计算机硬件设备、通信设施、软件系统及数据处理为一体的，能够实现资源共享的现代化综合服务系统。

计算机网络是由计算机、网卡、局域网电缆、网络操作系统及局域网应用软件组成的，如图 6－2 所示。

1. 计算机网络的硬件系统

计算机网络的硬件系统主要包括：

（1）服务器：其是指能向网络用户提供特定的服务的软件的配件。一般可按其提供服务的内容将其分为文件服务器、打印服务器、通信服务器和数据库服务器等。

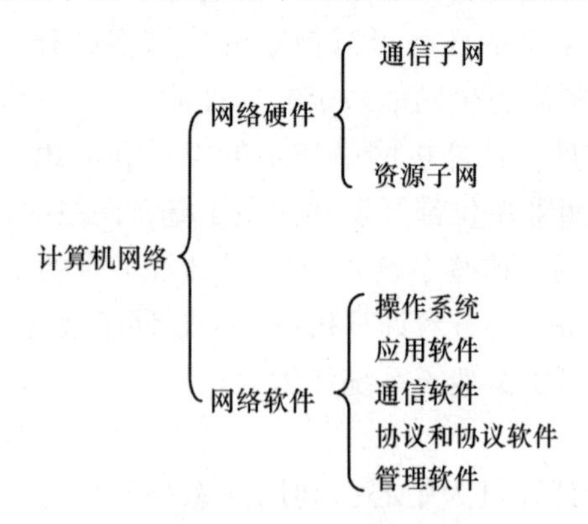

图6－2　计算机网络的组成

（2）工作站：其是指连接到计算机网络中具有独立处理能力并且能够接受网络服务器控制和管理，共享网络资源的计算机。其主要包括无盘工作站、微机、输入输出设备等。

（3）通信设备：其是指用于建立网络连接的各种设备，如交换机、路由器、防火墙、无线设备、网卡等。

（4）传输介质：主要有光纤、双绞线、无线、微波等。

2. 计算机网络的软件系统

网络软件通常指以下5种类型的软件：

（1）操作系统：实现系统调度、资源共享、用户管理和访问控制的软件，如Windows、UNIX、Linux、Novell等。

（2）应用软件：为网络用户提供信息服务并为网络用户解决实际应用问题的软件，如DB（Data Base）、VOD（Video On Demand）等。

（3）通信软件：保障网络相互正确通信的软件。

（4）协议和协议软件：通过协议程序实现网络协议功能的软件。

（5）管理软件：对网络资源进行管理和对网络进行维护的软件。

三、知识拓展

在物理组成上可以将计算机网络分成两个部分：负责信息处理的计算机和负责数据通信线路及通信控制的处理机。与此相对应，在逻辑上可以将计算机网络看作两个子网：信息资源子网和数据通信子网。计算机网络结构如图6－3所示。其中，$H_1 \sim H_4$代表主机（Host），T代表终端（Terminal），A、B、C、D代表有关的通信设备，如通信控制处理机、前端处理机、集线器等。

1. 资源子网

资源子网（Resource Subnet）主要由提供资源的主机和请求资源的终端组成。它们都是信息传输的源结点或宿节点，有时也统称为端结点，负责全网的信息处理。

它由拥有资源的主计算机（主机）系统、请求资源的用户终端、终端控制器、通信子网的接口、软件资源和数据资源组成。

（1）主机。

在计算机网络中，主机（Host）可以是大型机、中型机或小型机，也可以是终端工作站或者微型机。主机是资源子网的主要元素，它通过高速线路与通信子网的通信控制处理机相连接。普通的用户终端机通过主机连接入网，主机还为终端用户的网络资源共享提供服务。

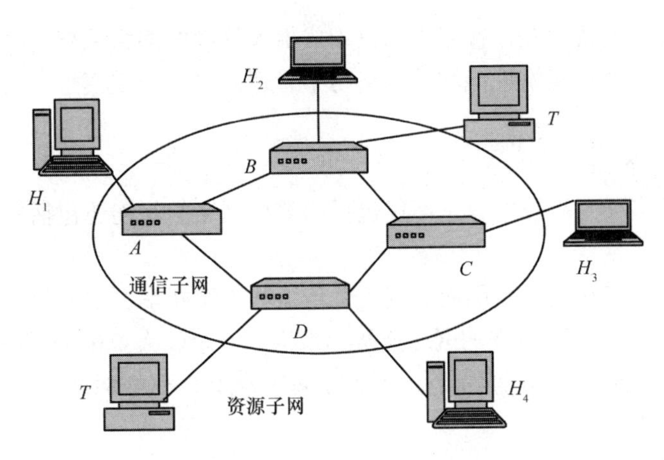

图6-3　通信子网与资源子网

(2) 终端。

终端（Terminal）是用户访问网络的界面装置。终端一般指没有存储与处理信息能力的简单输入、输出终端，但是有时也指带有微处理机的智能型终端。

2. 通信子网

通信子网（Communication Subnet）主要由网络结点和通信链路组成，负责全网的信息传递。其中网络结点也称为转接结点或中间结点，它们的作用是控制信息的传输和在端结点之间转发信息。从硬件角度看，通信子网由通信控制处理机、通信线路和其他通信设备组成。

(1) 通信控制处理机。

通信控制处理机（Communication Control Processor，CPP）是在数据通信系统中专门负责网络中的数据通信、传输和控制的专用计算机或具有同等功能的计算机部件。它一般由配置了通信控制功能的软件和硬件的小型机、微型机承担。

(2) 通信线路。

通信线路为 CPP 与 CPP、CPP 与主机之间提供数据通信的通道。通信线路和网络上的各种通信设备一起组成了通信信道。计算机网络采用的通信线路的种类很多。例如，可以使用双绞线、同轴电缆、光纤等有线通信线路组成通信通道；也可以使用无线通信、微波通信和卫星通信等无线通信线路组成通信信道。

四、探索与练习

举实例说明计算机网络的管理软件有哪些？

6.2　计算机网络的互连设备

任务3　网络互连简介

计算机网络的互连设备

一、任务描述

本任务讲解网络互连的概念。

二、相关知识与技能

网络互连（Interconnection）是指将分布在不同地理位置的网络，通过一定的方法，用一种或多种通信处理设备相互连接起来，以构成更大规模的网络系统，并实现更大范围的资源共享。也可以为了增加网络性能和使网络易于管理而将一个规模很大的网络划分为几个子网或网段。

1. 网络互连简介

网络互连涉及多种互连技术，它不仅包括同类型网络的互连还包括异构网络、异构网络接入服务商的互连。

网络互连允许用户在更大范围内实现信息传输和资源共享，主要包括两方面的内容：

（1）将多个独立的、小范围的网络连接起来构成一个较大范围的网络。

（2）将一个节点多、负载重的大型网络分解成若干个小型网络，再利用互连技术把这些小型网络连接起来。

网络互连的优点：

（1）提高网络的性能。

（2）降低成本。

（3）提高安全性。

（4）提高可靠性。

2. 网络互连的类型

（1）局域网与局域网的互连：局域网之间互连是指近程局域网的互连，其中又包括同种局域网之间的互连和异种局域网之间的互连。

（2）局域网和广域网的互连：局域网和广域网的连接可以采用多种接入技术，如通过Modem、ISDN、DDN、ADSL 等。

（3）广域网与广域网的互连：广域网可分为两类。一类是指电信部门提供的电话网或数据网络，如 X. 25、PSTN、DDN、FR 和宽带综合业务数字网。另一类是分布在同一城市、同一省或同一国家的专有广域网，这类广域网的通信子网和资源子网分别属于不同的机构，如通信子网属于电信部门、资源子网属于专有部门。

（4）局域网通过广域网与局域网的互连：这种类型的互连是多个远程的局域网通过公用的广域网进行的互连。一般使用路由器和网关通过广域网 ISDN、DDN、X. 25 等实现。

利用网络互连设备可以将两个或两个以上的同构或异构的网络互连在一起，形成一个较大规模的网络，从而使不同网络中的用户相互通信并实现资源共享。根据具体情况的不同，实现网络互连的设备可分为中继器、集线器、网桥、路由器、交换机和网关等。

任务4 OSI 模型

一、任务描述

本任务主要介绍中 OSI 模型。

二、相关知识与技能

OSI（Open System Interconnection，开放系统互连）七层网络模型称为开放式系统互连参考模型，是一个逻辑上的定义、一个规范。它把网络从逻辑上分为了七层。建立七层模型的主要目的是解决异种网络互连时所遇到的兼容性问题，其最主要的功能是帮助不同类型的主机实现数据传输。它的最大优点是将服务、接口和协议这三个概念明确地区分开来，通过七个层次化的结构模型使不同的系统、不同的网络之间实现可靠的通讯。

如图 6－4 所示，OSI 模型的每一层都有相对应的物理设备：中继器运行在 OSI 模型的最底层上，它扩展了网络传输的长度，是最简单的网络互连设备；网桥互连实现数据链路层一级的转换，它用于同一类型的网络互连；路由器工作在网络层上，通常它只能连接相同协议的网络；网关是运行在 OSI 模型的高层上的互连设备，执行协议的转换，实现不同协议的网络间的通信。

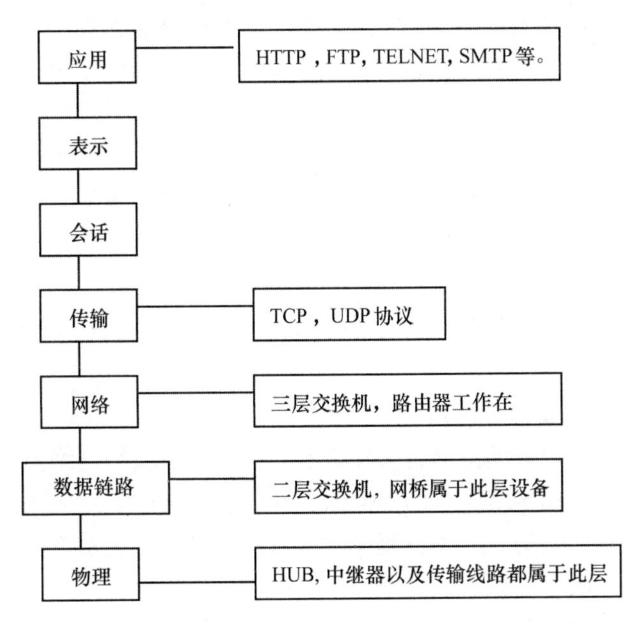

图 6－4　OSI 模型

（1）物理层（Physical Layer）。

它是 OSI 模型的最底层或第一层，该层包括物理连网媒介，如电缆连线连接器。物理层的协议产生并检测电压以便发送和接收携带数据的信号，它的传输单位是比特。在计算机上插入网络接口卡，就建立了计算机连网的基础。尽管物理层不提供纠错服务，但它能够设定数据传输速率并监测数据出错率。

（2）数据链路层（Data link Layer）。

它是 OSI 模型的第二层，数据链路层定义在两个系统的物理连接之间发送和接受信息的规则。这一层为进行传输作准备，对数据进行编码和编帧，另外还提供差错检测和控制。它控制网络层与物理层之间的通信。它的主要功能是在不可靠的物理线路上进行数据的可靠传递。为了保证传输，从网络层接收到的数据被分割成特定的可被物理层传输的帧。

（3）网络层（Network Layer）。

它是 OSI 模型的第三层，其主要功能是将网络地址翻译成对应的物理地址，并决定如何将数据从发送方路由到接收方。网络层和数据传输、交换的过程有关，而对上面的层隐藏了这些过程。路由器在网络层进行操作。网络层向传输层提供服务，同时接受来自数据链路层的服务。其实现了整个网络系统的内连接，为传输层提供整个网络范围内两个终端用户之间数据传输的通道。

（4）传输层（Transport Layer）。

它是OSI模型中最重要的一层。传输层同时进行流量控制或基于接收方可接收数据的快慢程度规定适当的发送速率。除此之外，传输层按照网络能处理的最大尺寸将较长的数据包进行强制分割。例如，以太网无法接收大于1 500 B的数据包。发送方节点的传输层将数据分割成较小的数据片，同时对每一数据片安排一个序列号，以便数据到达接收方节点的传输层时，能以正确的顺序重组。

传输层建立在网络层和会话层之间，实质上它是网络体系结构中高低层之间衔接的一个接口层。传输层不仅是一个单独的结构层，还是整个分层体系协议的核心，若没有传输层，整个分层协议就没有意义。

（5）会话层（Session Layer）。

它负责在网络中的两节点之间建立、维持和终止通信。会话层的功能包括：建立通信链接、保持会话过程通信链接的畅通、同步两个节点之间的对话、决定通信是否被中断以及通信中断时从何处重新发送。

会话层也称为对话层或会晤层。该层利用传输层提供的服务，组织和同步进程间的通信，提供会话同步等功能。

（6）表示层（Presentation Layer）。

它是应用程序和网络之间的翻译官，在表示层，数据将按照网络能理解的方案进行格式化，这种格式化也因所使用网络类型的不同而不同。表示层向上对应用层服务，向下接受来自会话层的服务。表示层是为在应用过程之间传送的信息提供表示方法的服务，它关心的只是发出信息的语法与语义。

（7）应用层（Application Layer）。

应用层是OSI参考模型的最高层，是用户与网络的接口。应用层通过支持不同协议的应用程序来解决用户的应用需求，如文件传输、远程操作和电子邮件服务等。

应用层的作用不是把用户的各种应用进行标准化，而是将应用进程需要的服务、功能及实现这些功能所要求的协议进行标准化，即应用层是直接为用户程序的应用进程提供服务的。

任务5 中继器

一、任务描述

本任务介绍中继器的功能及作用。

二、相关知识与技能

中继器（Repeater）又称转发器，是物理层的互连设备，执行物理层协议。中继器在OSI/RM中的最底层。其功能是在物理层内实现透明的二进制比特信号的再生，即中继器从一个网段接收比特信号，然后进行整形放大再传送到下一个网段。作为一种网络互连部件，中继器用于互连两个相同类型的网段（例如两个以太网网段），其主要功能是延伸网段和改变传输介质，从而实现信息位的转发。

最初的中继器是一种带有两个端口的设备，主要用于10 Mbit/s的粗缆以太网，它带有两个15针的AUI接口，每个接口连接一个收发器，用于连接一个粗同轴电缆（网段），这样就可以扩展粗缆以太网的距离。当细缆以太网出现以后，中继器上也就带有了多个细缆以太网端口（BNC 接口），可以直接连接细缆以太网的同轴电缆段，如图 6－5 所示。由于中继器不具备检查数据错误和纠正错误的功能，而只是将信号放大，并将其从一个电缆段传输到另一个电缆段，因此根据这个特征，通常把中继器看成是工作在 OSI 参考模型中的物理设备。

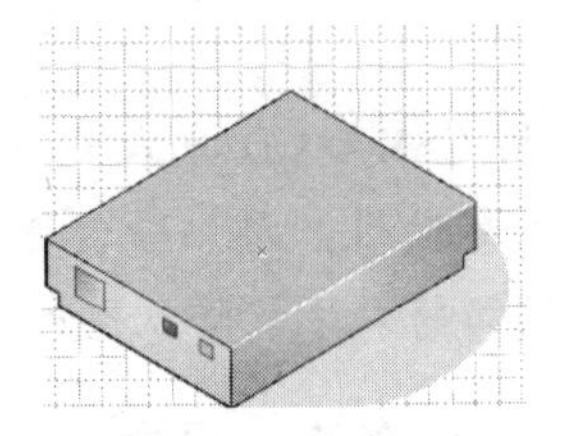

图 6－5　中继器

以太网“5－4－3－2－1”中继规则：在同一信道上最多可以连接四个中继器；允许五个网段，其中包括三个可用网段和两个扩展网段，从而形成一个完成的网络。用中继器连接起来的网络在逻辑上是同一个网络。

三、探索与练习

中继器的主要作用与功能是什么？

任务 6　集线器

一、任务描述

本任务主要介绍集线器的功能。

二、相关知识与技能

集线器（HUB）是 10Base－T 和 100Base－TX 网络中的常用设备，在本质上也是一种中继器，所以也是位于物理层的设备。集线器的多个端口通常连接工作站（计算机）和服务器。在集线器中，数据帧从一个节点被发送到集线器的某个端口上，然后又被转发到集线器的其他端口上。虽然每一个节点都使用一条双绞线连接到集线器，但基于集线器的网络仍属于共享介质的局域网。集线器如图 6－6 所示。

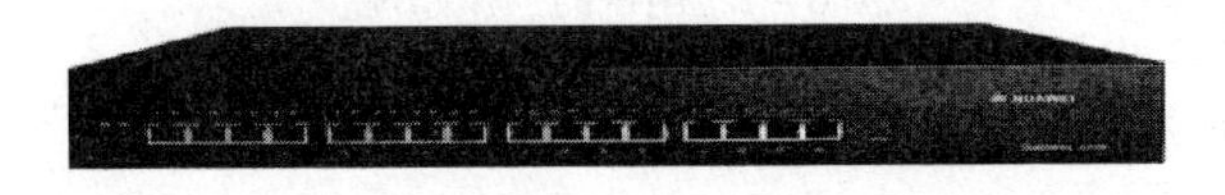

图 6－6　集线器

使用集线器可以将一组客户机和服务器连接在一起，在某一时刻集线器以“共享”信道的方式向客户机提供全部带宽。即在同一时刻，它只为网络上的一个客户服务。

集线器的分类如下：

（1）按传输速率可分为 10Mbps、100Mbps、10/100Mbps 自适应集线器。

（2）按结构可分为独立式集线器、堆叠式集线器、箱体式集线器。

（3）按供电方式可分为有源集线器和无源集线器。

（4）按有无管理功能可分为无网管功能集线器和智能型集线器。

（5）按端口数量可分为8口、16口、24口、32口集线器。

连接端口的所有计算机仍然采用CSMA/CD方式竞争带宽。当连接的计算机越来越多时，大家竞争使用带宽的情况就越来越激烈，因此每台计算机平均能抢到的概率越来越小，而且如果集线器发生故障，则整个网络将处于故障状态而无法运行。

任务7　网桥

一、任务描述

本任务主要介绍网桥的工作原理及分类。

二、相关知识与技能

网桥也称桥接器，是数据链路层的连接设备，准确地说，它工作在MAC子层上，用它可以连接两个采用不同数据链路层协议、不同传输介质与具有不同传输速率的网络。网桥在两个局域网的数据链路层（DDL）间按帧传送信息，一般情况下，被连接的网络系统都具有相同的逻辑链路控制规程（LLC），但媒体访问控制协议可以不同。

1. 网桥的工作原理（如图6－7所示）

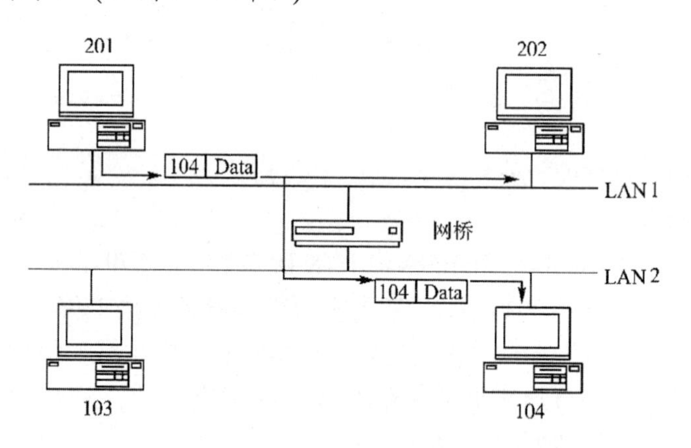

图6－7　网桥的工作原理

网桥与中继器不同，网桥处理的是一个完整的帧，具有帧过滤、存储和转发的能力，并使用和计算机相同的接口设备。

2. 网桥的功能

在互联局域网之间网桥存储转发帧，实现数据链路层上的协议转换。

（1）对收到的帧进行格式转换，以适应不同的局域网类型。

(2) 匹配不同的网速。

(3) 对帧具有检测和过滤作用。通过对帧进行检测，对错误的帧予以丢弃，起到了对出错帧的过滤作用。

(4) 具有寻址和路由选择的功能。它能对进入网桥数据的源/目的 MAC 地址进行检测，若目的地址是同一网段的工作站，则丢弃该数据帧，不予转发；若目的地址是不同网段的工作站，则将该数据帧发送到目的网段的工作站。这种功能称为筛选/过滤功能，它隔离掉不需要在网间传输的信息，大大减少了网络负载，改善了网络性能。但网桥不能对广播信息进行识别和过滤，容易形成网络广播风暴。

(5) 提高网络带宽，扩大网络地址的范围。

3. 网桥的分类

网桥依据使用范围的大小，可分成本地网桥（Local Bridge）和远程网桥（Remote Bridge），如图 6－8 所示。本地网桥又有内桥和外桥之分。

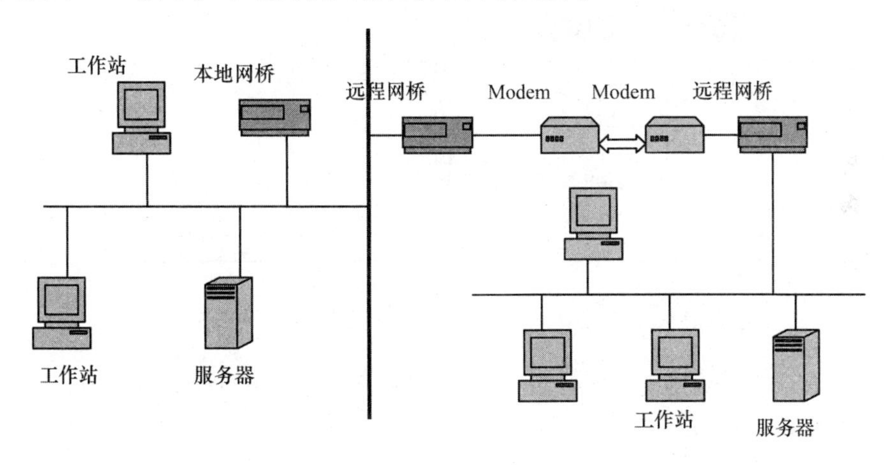

图 6－8 网桥的分类

4. 网桥选择路径的方法

网桥选择路径的方法，依据网络类型的不同而有所差异。例如，以太网中的透明网桥所使用的路径选择方法是动态树延伸法；令牌环网中的源路由网桥所使用的路径选择方法是源路由法。

(1) 动态树延伸法：动态树延伸法包含两个程序，分别是网桥前导程序（Bridge Forwarding Process）和网桥学习程序（Bridge Learning Process）。

(2) 源路由法：其以动态方式选择源结点到目的结点的路径，可避开一些拥塞的路径。

任务8 路由器

一、任务描述

本任务主要介绍路由器的工作原理和相关概念。

二、相关知识与技能

路由器（Router）是在网络层上实现多个网络互连的设备（如图 6－9 所示），用来互连两个或多个独立的相同类型或不同类型的网络，如局域网与广域网的互连、局域网与局域网的互连。

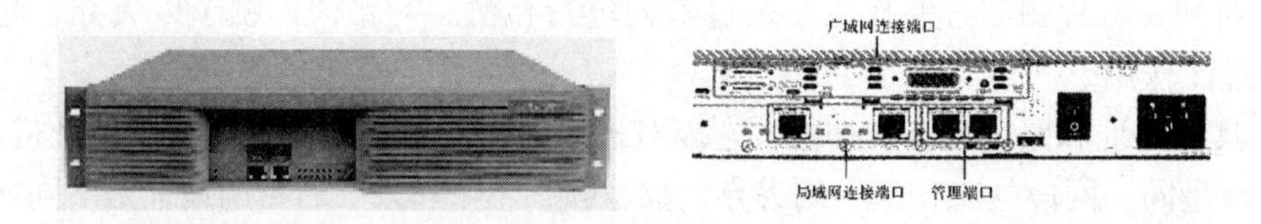

图6-9 路由器

1. 路由器的工作原理

如图6-10所示，局域网1、局域网2和局域网3通过路由器连接起来，3个局域网中的工作站可以方便地互相访问对方的资源。

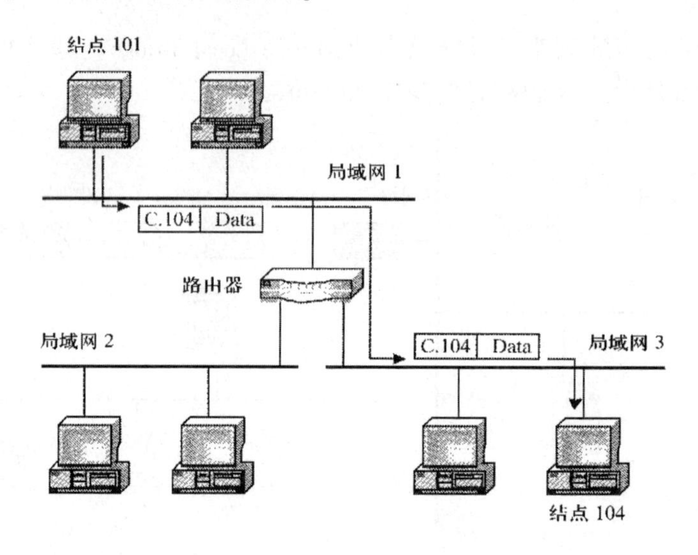

图6-10 路由器的工作原理

2. 路由器的功能

（1）网络互连：路由器工作在网络层，是该层的数据包转发设备，多协议路由器不仅可以实现不同类型局域网的互连，而且可以实现局域网和广域网的互连及广域网间的互连。

（2）网络隔离：路由器不仅可以根据局域网的地址和协议类型，而且可以根据网络号、主机的网络地址、子网掩码、数据类型来监控、拦截和过滤信息，具有很强的网络隔离能力。这种网络隔离功能不仅可以避免广播风暴，还可以提高整个网络的安全性。

（3）流量控制：路由器有很强的流量控制能力，可以采用优化的路由算法来均衡网络负载，从而有效地控制拥塞，避免因拥塞而使网络性能下降。

3. 路由表

路由表是指由路由协议建立、维护的，用于容纳路由信息并存储在路由器的中的表。路由表中一般保存着以下重要信息：

（1）协议类型。

（2）可达网络的跳数。

（3）路由选择度量标准。

（4）出站接口。

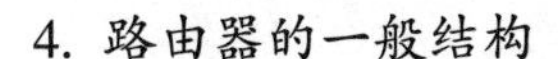
4. 路由器的一般结构

(1) 硬件结构：其通常由主板、CPU（中央处理器）、随机访问存储器（RAM/DRAM）、非易失性随机存取存储器（NVRAM）、闪速存储器（Flash）、只读存储器（ROM）、基本输入/输出系统（BIOS）、物理输入/输出（I/O）端口以及电源、底板和金属机壳等组成。

(2) 软件：路由器操作系统的主要作用是控制不同硬件并使它们正常工作。

(3) 常用连接端口：路由器的常用端口可分为三类，分别是局域网端口、多种广域网端口和管理端口。

三、探索与练习

观察图 6－10，理解路由器的工作原理。

任务9　交换机

一、任务描述

本任务主要讲解交换机的作用及二层交换机与三层交换机的概念。

二、相关知识与技能

1. 交换机的引入

交换机是交换型以太网的主要互连设备。根据交换机所在的 OSI 层次的不同，其可分为二层交换机和三层交换机；根据交换机的结构和扩展性能，有固定端口交换机和模块化交换机等类型；根据交换机在网络中的位置和交换机的性能档次，其可以分为核心层交换机、汇聚层交换机和接入层交换机等类型。模块化可扩展的交换机一般具有三层交换功能，多数用在网络的核心层和汇聚层。

二层交换机属于 OSI 数据链路层的设备，又称为交换式集线器（Switch Hub）或多口网桥（Multi－port Bridge），因此它同时具备了集线器和网桥的功能，如图 6－11 所示。

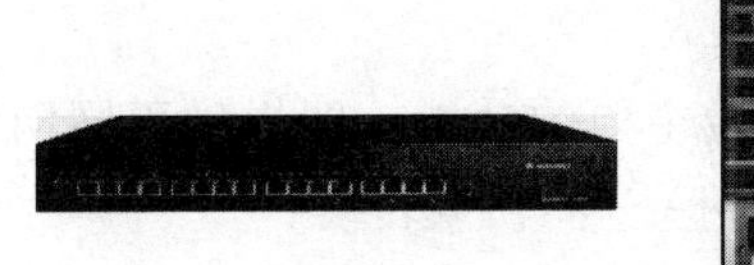

图 6－11　二层交换机

2. 二层交换机的分类

按传输速率分，二层交换机可以分为以下几类：

(1) 简单的 10Mbps 交换机。

(2) 快速交换机。

(3) 10/100Mbps 自适应交换机。

按产品结构分，二层交换机可分为单台式、堆叠式和箱体式三类。

3. 三层交换机

三层交换技术引入的原因：

（1）路由器的局限性。

（2）二层交换机的局限性。

三层交换机既克服了路由器数据转发效率低的缺点，又克服了二层交换机不能隔离广播风暴的缺点，其具有 IP 路由选择的功能，又具有极强的数据交换性能，能有效地提高网络数据传输的效率和隔离网络广播风暴的能力，同时价格又很经济。其常有以下两方面的用途：

（1）用于大型局域网的网络骨干互连设备。

（2）用于虚拟局域网的划分。

三、探索与练习

二层交换机与三层交换机的区别在哪里？

任务10 网关

一、任务描述

本任务主要讲解网关的功能。

二、相关知识与技能

网关（Gateway）工作在 OSI 七层协议的传输层或更高层，实际上网关使用了 OSI 所有的七个层次。它用于解决不同体系结构的网络连接问题，网关又称协议转换器。

网关有以下功能：

（1）地址格式的转换。网关可做不同网络之间不同地址格式的转换，以便寻址和选择路由。

（2）寻址和选择路由。

（3）格式的转换。

（4）数字字符格式的转换。网关对于不同的字符系统，必须提供字符格式的转换，如 ASCII ↔EBCDIC（Extended BCD Interchange Code）。

（5）网络传输流量控制。

（6）高层协议转换。这是网关最主要的功能，即提供不同网络间的协议转换，例如 IBM 的 SNA 与 TCP/IP 互连时就需要网关进行协议转换。

6.3 因特网的接入方式

任务11 因特网接入方式介绍

局域网

一、任务描述

本任务介绍因特网的接入方式（DDN 专线接入、ADSL 接入、电话拨号连接、通过局域网连接）。

二、相关知识与技能

Internet 是遵循一定协议，自由发展的国际互联网，它利用覆盖全球的通信系统使各类计算机网络及个人计算机互相连通，从而实现智能化的信息交流和资源共享。要上网，首先要让自己的计算机接入 Internet，才能利用 Internet 的各种应用软件实现对网上资源的访问。用户计算机与 Internet 的连接方式，通常可以分为 DDN 专线连接、电话拨号连接、通过局域网连接、通过 ISDN 连接、通过各种宽带连接和无线连接等。

三、知识拓展

1. DDN 专线接入

DDN 专线是数字数据专线（Digital Data Network Leased Line）的简称，是利用数字信道传输数据信号的数据传输网，它是随着数据通信业务的发展而迅速发展起来的一种新型网络。它的传输媒介有光纤、数字微波、卫星信道以及用户端可用的普通电缆和双绞线。

DDN 专线是指向电信部门租用的 DDN 线路，DDN 不仅可以为用户提供专用的数字传输通道，还能为用户建立自己的专用数据网提供条件。通过 DDN 专线上网，除上网的基本设备外，还需要购买 1 台基带 Modem 和一台路由器，如图 6－12 所示。

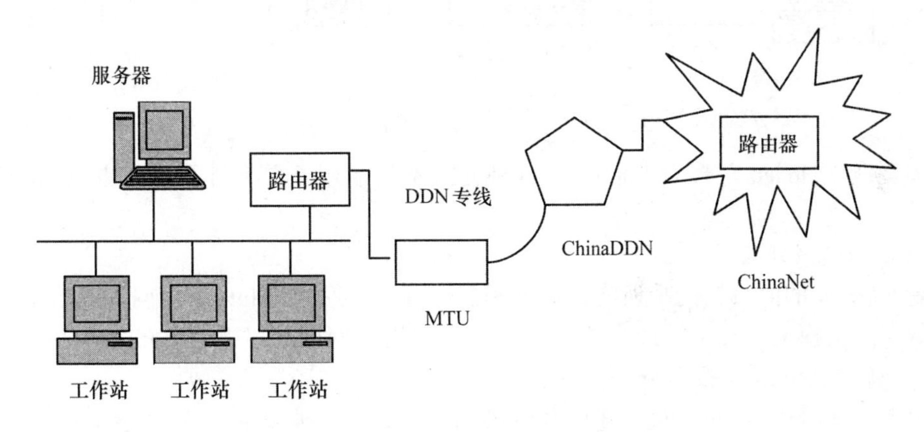

图 6－12　通过 DDN 专线连入 Internet

2. ADSL 接入

ADSL（Asymmetrical Digital Subscriber Line）称为非对称数字用户线，是一种能够通过普通电话线来提供宽待数据业务的技术，ADSL 能够支持广泛的宽带应用服务，例如高速 Internet 访问、电视会议、虚拟专用网络以及音频多媒体应用，是目前极具发展前景的一种接入技术。

ADSL 的安装通常都由电信公司的相关部门派人上门服务，其操作如下：

（1）局端线路调整：将用户原有电话线接入 ADSL 局端设备。

（2）硬件连接：先将电话线接入分离器（也叫做过滤器）的 Line 口，再用电话线分别将 ADSL Modem 和电话与分离器的相应接口相连，然后用交叉网线将 ADSL Modem 连接到计算机的网卡接口，如图 6－13 所示。

（3）软件安装：先安装适当的拨号软件（常用的拨号软件有 Enternet300/500、WinPoet、Raspppoe 等），然后创建拨号连接（输入 ADSL 账号和密码）。

（4）连接上网：双击已建立的 ADSL 连接图标，单击 connect 进行连接。

3. 电话拨号连接

通过电话拨号接入 Internet 是指用户计算机使用 Modem（调制解调器），通过电话网与

ISP 相连接，再通过 ISP 的连接通道接入 Internet。因为电话网是为传输模拟信号而设计的，计算机中的数字信号无法直接在普通电话线上传输，因此需要使用 Modem（俗称“猫”），其作用是在计算机与 Internet 之间拨入电话号码并处理数据的传输。Modem 将计算机中的数字代码转换成可以在电话线上传输的高调制音频信号（称为“调制”），位于另一端的 ISP（Internet 服务商）计算机的调制解调器再将该音频信号转换为数字代码（称为“解调”）。

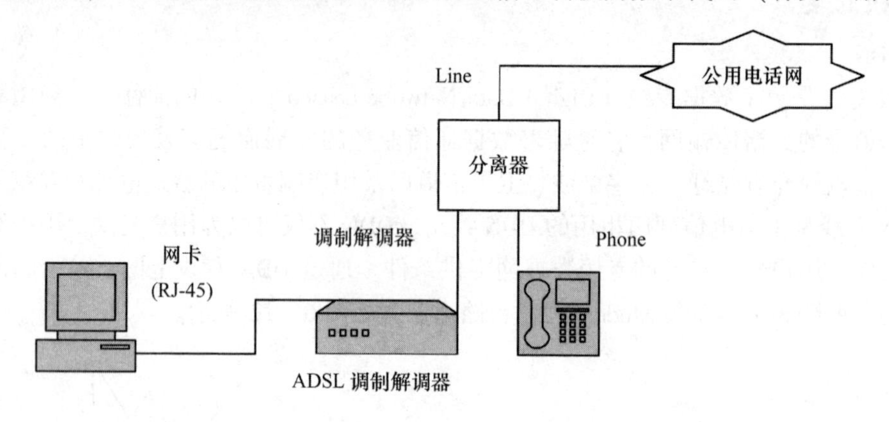

图 6－13 用户端接入 ADSL 示意图

使用“电话线＋Modem”接入 Internet，这种方式不仅适用于单台计算机，也适用于规模较小的局域网。

4. 通过局域网连接

随着 Internet 的流行，几乎所有的局域网都通过各种形式与 Internet 连接。大、中型局域网大多数通过交换机、路由器或专线，而一些小型局域网则通过拨号、ISDN、ADSL、数据通信网与 ISP 的连接通道接入 Internet。

如果需要随时接入 Internet，并且有较高的上网速度，那么需要拉一根专线到局域网。用户还可以通过无线接入方式连接局域网。只要在无线网的信号覆盖区域内，在任何一个位置都可以接入网络，而且使用灵活，上网位置可以随便变化。

用户计算机与局域网的连接方式取决于用户使用 Internet 的方式。如果仅打算在需要时才接入 Internet，那么可以通过用电话线和调制解调器进行拨号连接的方式接入。这种方式的连接费用较低，但传输速率也较低，而且受到诸多因素的影响。

四、探索与练习

观察图 6－13，说明通过 ADSL 上网需要哪些网络设备？

6.4 TCP/IP 协议

任务 12 TCP/IP 协议介绍

一、任务描述

本任务介绍 TCP/IP 协议的结构及协议的四个层次：网络接口层、互联网络层、传输层和应用层。

二、相关知识与技能

目前，TCP/IP 协议已经在几乎所有的计算机上得到了应用，从巨型机到 PC 机，包括 IBM、AT&T、DEC、HP、SUN 等主要计算机和通信厂家在内的数百个厂家，都在各自的产品中提供对 TCP/IP 协议的支持。局域网操作系统中的三大阵营：Netware、Microsoft 和 UNIX 都已将 TCP/IP 协议纳入自己的体系结构，著名的分布数据库 ORACLE 也支持 TCP/IP 协议。

TCP/IP 协议不仅仅是一个简单的协议，它是由一组小的、专业化的子协议所组成的，其中包含了许多通信标准，以便规范网络中计算机的通信和连接。TCP/IP 协议的结构可以分为四个层次，由下向上分别是：网络接口层（Network Interface Layer）、互联网络层（Internet Layer）、传输层（Transport Layer）和应用层（Application Layer）。

TCP/IP 协议的结构模型如图 6－14 所示。

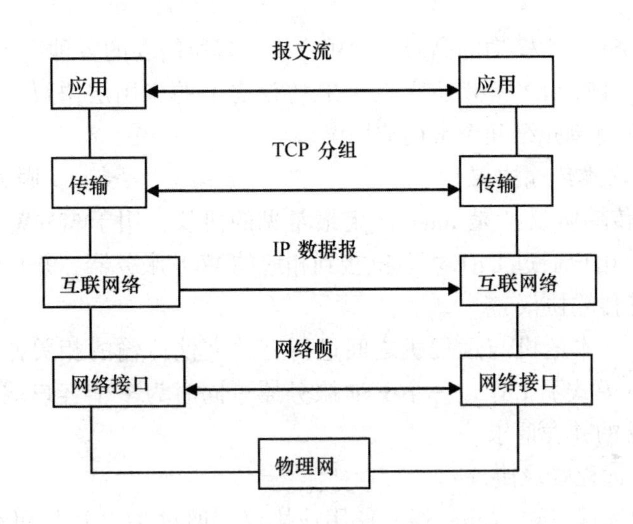

图 6－14　TCP/IP 协议的结构模型

三、知识拓展

1. 网络接口层

网络接口层是 TCP/IP 协议的最底层，与 OSI 参考模型中的物理层和数据链路层相对应。事实上，TCP/IP 本身并未定义该层的协议，而由参与互连的各物理网络使用自己的物理层和数据链路层协议（如以太网使用 IEEE802. 3 协议，令牌环网使用 IEEE802. 5 协议）与 TCP/IP 的网络接口层进行连接。换句话说，网络接口层是 TCP/IP 与各种 LAN 或 WAN 的接口。

2. 互联网络层

互联网络层的主要负责在互联网上传输数据报，在功能上类似于 OSI 体系结构中的网络层。它包括 3 个方面的功能：

（1）处理来自传输层的分组发送请求，收到请求后，将分组装入 IP 数据报，填充报头，选择去往信宿机的路径，然后将数据报发往适当的网络接口。

（2）处理输入的数据报，首先检查其合法性，然后进行路由选择。假如该数据报已到达信宿本地机，则去掉报头，将剩余部分（TCP 分组）交给适当的传输协议。假如该数据报尚未到达信宿，即转发该数据报。

（3）处理网际控制报文协议 ICMP，即处理路径、流控、拥塞等问题。

3. 传输层

传输层又称为 TCP 层，其根本任务是提供一个应用程序到另一个应用程序之间的通信。这样的通信常称为“端到端”通信。它包含了 OSI 传输层的功能和 OSI 对话层的某些功能。传输层的核心协议是传输控制协议（TCP）和用户数据报协议（UDP）。

TCP 协议是一个面向连接的数据传输协议，它提供数据的可靠传输。TCP 负责 TCP 连接的确立，信息包发送的顺序和接收，防止信息包在传输过程中丢失。

UDP 协议是一种提供无连接服务的协议。UDP 协议提供的传输是不可靠的，它虽然实现了快速的请求与响应，但是不具备纠错和数据重发功能。当被转移的数据量很小或不想建立一个 TCP 连接，或上层协议提供可靠传输时，采用 UDP 协议。

4. 应用层

应用层对应于 OSI 参考模型的高层，为用户提供其所需要的各种服务。例如，目前广泛采用的 HTTP、FTP、TELNET 等是建立在 TCP 协议之上的应用层协议，且不同的协议对应着不同的应用。下面简单介绍几个常用的协议。

（1）HTTP（超文本传输协议）。

HTTP（超文本传输协议）是 Internet 上最常见的协议，用于 WWW 服务器传输超文本文件到本地浏览器。用户通过 URL 可以链接到相应的 Web 服务器，并打开所访问的页面。

（2）FTP（文件传输协议）。

FTP 使用户可以在本地机与远程机之间进行有关文件传输的相关操作，如上传、下载等。FTP 也可在 C/S 模式下工作，一个 FTP 服务器可同时为多个客户端提供服务，并能够同时处理多个客户端的并发请求。

（3）TELNET（远程登录协议）。

TELNET 也称为远程终端访问协议。使用该协议，通过 TCP 连接可登录（注册）到远程主机上，使本地机暂时成为远程主机的一个仿真终端，即把在本地机输入的每个字符传递给远程主机，再将远程主机输出的信息回显在本地机的屏幕上。

（4）NNTP（网络新闻传输协议）。

NNTP 是一种通过使用可靠的客户端/服务器流模式实现新闻文章的发行、查询、修改及记录等过程的协议。借助 NNTP，新闻文章只需要存储在一台服务器主机上，而位于其他网络主机上的订户通过建立到新闻主机的流连接阅读新闻文章。NNTP 为新闻组的广泛应用建立了技术基础。

（5）DNS（域名系统协议）。

DNS 是一种分布式网络目录服务，主要用于域名与 IP 地址的相互转换，以及控制 Internet 的电子邮件的发送。大多数 Internte 服务依赖于 DNS。一旦 DNS 出错，就无法连接 WEN 站点，电子邮件的发送也会中止。

（6）SNMP（简单网络管理协议）。

SNMP 是专门用于在 IP 网络管理网络节点（服务器、工作站、路由器、交换机及集线器等）的一种标准协议，它是一种应用层协议。SNMP 使网络管理员能够管理网络效能，发现并解决网络问题，以及规划网络增长。网络管理系统通过SNMP接受随机消息（及事件报告），获知网络出现的问题。

四、探索与练习

（1）TCP/IP协议的网络接口层对应于OSI参考模型中的哪两层？

（2）简述传输层中的TCP协议与UDP协议的区别。

6.5　C/S结构和B/S结构

任务13　C/S结构

一、任务描述

本任务介绍C/S模式的网络结构及特点。

二、相关知识与技能

随着计算机技术和计算机网络的发展，以客户机/服务器为中心的计算模式逐渐取代了以大型主机为中心的计算模式，在处理特定的事务时，可以同时使用客户机和服务器两方的智能、资源和计算能力，极大地提高了网络计算的能力。因此，客户机/服务器模式作为一种先进的计算模式成为了网络计算发展的主流。随着Internet/Intranet技术和应用的发展，浏览器/服务器的计算模式在20世纪90年代中期逐渐形成和发展，目前已成为企业首选的计算模式。

客户机/服务器（Clinet－Server）模式，简称C/S模式，是一种软件系统体系结构。其通过将任务合理分配到Client端和Server端，降低系统的通信开销，并可以充分利用两端硬件环境的优势。

其网络结构如图6－15所示。

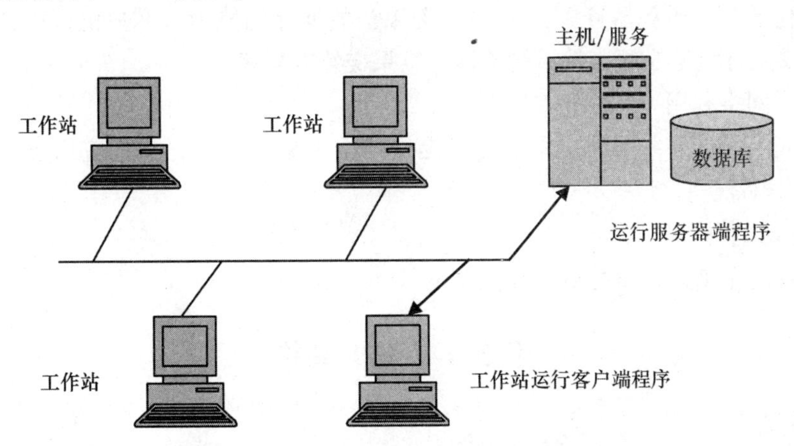

图6－15　客户机/服务器模式的网络结构

在客户机/服务器模式下，应用被分为前端（客户部分）和后端（服务器部分）。客户部分运行在微机或工作站上，而服务器部分可以运行在从微机到大型机等各种计算机上。客户机/服务器模式最大的技术特点是系统使用了客户机和服务器双方的智能、资源和计算能力来执行一个特定的任务，也就是说，一个任务由客户机和服务器双方共同完成。

1. 客户机的特点

在客户机/服务器系统中，客户机是与用户交互的部分，它具有以下几个典型的特点。

（1）客户机提供了一个用户界面，它负责完成用户命令和数据的输入，并根据用户的要求提供所得到的结果。

（2）客户机/服务器系统可以包括多个客户机，所以同一系统中可能有多个用户界面，但每个客户机要有一致的用户界面。

（3）客户机用一个预定义的结构化查询语言（SQL）构成一条或多条发送到服务器的命令，客户机和服务器使用标准的语言或该系统内特定的语言来传递信息。

（4）客户机可以利用操作系统进程间的通信机制和服务器进行通信，并把查询或命令传到服务器。

（5）客户机对服务器送回的查询或命令结果的数据进行分析处理，然后把它们提交给用户。

2. 服务器的特点

在客户机/服务器系统中，服务器是一个或一组进程，它向一个或多个客户机提供服务，并具有以下特点。

（1）服务器向客户机提供一种服务，服务的类型由客户机/服务器系统自己确定，例如大量的文件存储、需要集中计算的各种应用等。

（2）服务器只负责响应来自客户机的查询或命令，它不主动和任何客户机建立会话，而只是作为信息的存储或服务的提供者。

3. 客户机/服务器计算模式的特点

客户机/服务器计算模式从整体上看具备以下特点。

（1）桌面上的智能。因为客户机负责处理用户界面，它要把用户的查询或命令变换成可被服务器理解的预定义语言，并把服务器的返回结果提交给用户。

（2）优化的共享服务器资源，如CPU资源、数据存储能力。客户机可以请求服务器完成大型计算或运行大型应用，然后简单地把结果交给客户机。

（3）优化网络利用率。

（4）在底层操作系统和通信系统之上提供一个抽象的层次，允许应用程序有较好的可维护性和可移植性。

三、探索与练习

简述C/S模式中客户机和服务器的特点。

任务14 B/S结构

一、任务描述

本任务介绍B/S模式的网络结构及相关特性。

二、相关知识与技能

B/S结构，即Browser/Server（浏览器/服务器）结构，是随着Internet技术的兴起，在C/S结构的基础上进行变化或者改进的结构。在这种结构中，客户机上只要安装一个浏览器

（Browser），如 Netscape Navigator 或 Internet Explorer，服务器需安装 Oracle、Sybase、Informix 或 SQL Server 等数据库。浏览器通过 Web Server 同数据库进行数据交互。用户界面完全通过 WWW 浏览器实现，一部分事务逻辑在前端实现，但是主要事务逻辑在服务器端实现，形成所谓“3 - tier”结构。B/S 结构主要是利用了不断成熟的 WWW 浏览器技术，结合浏览器的多种 Script 语言（VBScript、JavaScript…）和 ActiveX 技术，用通用浏览器实现了原来需要复杂专用软件才能实现的强大功能，并节约了开发成本，如图 6 - 16 所示。

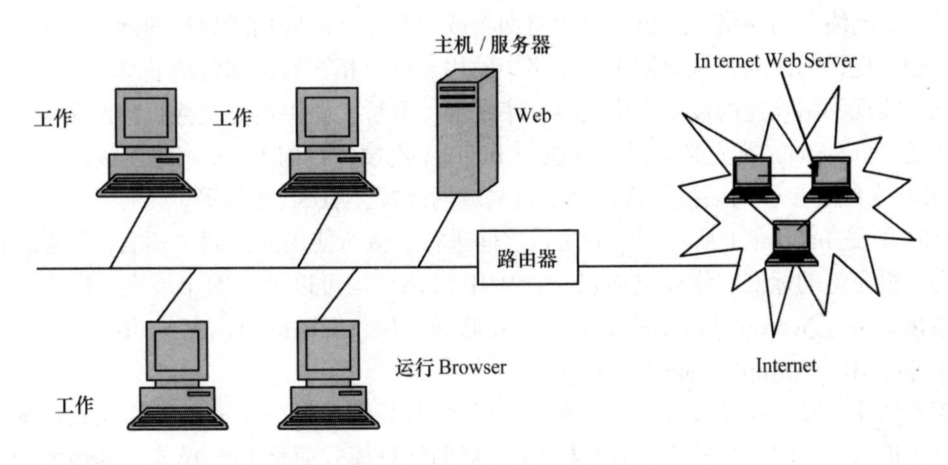

图 6 - 16　浏览器/服务器模式的网络结构

1. 基于 Web 技术的浏览器/服务器模式的特征

它与面向对象技术相结合，具有实时性、可伸缩性和可扩展性的协同事务处理能力，并具有浏览三维动画超媒体的能力。它采用面向对象的技术和虚拟现实标志语言。

2. 浏览器/服务器模式应用系统平台的特点

随着 Web 技术及应用的发展，Web 逐渐形成一个复杂的开发和应用平台，迫切要求更新的、更强壮的、更具规模化的应用来支持高效、分布和异构的应用环境。各大系统或软件厂商纷纷推出各自的 Internet/Intranet 应用系统平台及相应的产品系列以适应不断发展的需求。这些应用系统平台所反映的特点有以下几个方面。

（1）分散应用与集中管理。

（2）跨平台兼容性。

（3）交互性和实时性。

（4）协同工作。

（5）系统的易维护性。

B/S 最大的优点就是可以在任何地方进行操作而不用安装任何专门的软件。只要有一台能上网的电脑就能使用，客户端无需维护。

三、探索与练习

相对于 C/S 模式，B/S 模式在哪方面做了改进?

6.6 小结

本章介绍了计算机网络的定义，帮助初学计算机的读者初步了解计算机网络的组成结构。计算机网络主要由网络硬件和网络软件两部分组成，在物理组成上又可以将其分成通信子网和资源子网两部分。

计算机网络利用网络互连设备可以将两个或两个以上的同构或异构的网络连在一起，形成一个较大规模的网络，从而使不同网络中的用户可以相互通信和资源共享。根据具体情况的不同，实现网络互连的设备有中继器、集线器、网桥、路由器、交换机和网关等。

要访问 Internet，首先必须使计算机与 Internet 连接，目前 Internet 的连接方式通常可以分为 DDN 专线连接、电话拨号连接、通过局域网连接、ADSL 连接等。

TCP/IP 是 Internet 上所有网络和主机之间进行交流所使用的共同“语言”，也是 Internet 使用的一组完整的标准网络连接协议。TCP/IP 协议结构可以分为四个层次，由下向上分别是网络接口层（Network Interface Layer）、互联网络层（Internet Layer）、传输层（Transport Layer）和应用层（Application Layer）。

随着计算机技术和计算机网络的发展，以客户机/服务器为中心的计算模式逐渐取代了以大型主机为中心的计算模式，客户机/服务器的计算模式简称 C/S 模式，其最大的特点是系统使用了客户机和服务器双方的智能、资源和计算能力来执行一个特定的任务，也就是说，一个任务由客户机和服务器双方共同完成。浏览器/服务器的计算模式简称 B/S 模式，在 20 世纪 90 年代中期逐渐形成和发展，目前已成为企业首选的计算模式。网络用户可在基于浏览器的客户机上以网络用户界面多对多地访问应用服务器上的资源。

习题与思考

1. 叙述计算机网络的组成。
2. 什么是网络互连？网路互连的设备有哪些？每个网络设备分别工作在网络的哪一层？
3. 简述因特网的接入方式。
4. 比较 OSI 模型与 TCP/IP 协议的异同点。
5. 解释 C/S 结构和 B/S 结构的工作原理。

参考文献

[1] 王路群,等. 计算机应用基础(基础模块)[M]. 北京:电子工业出版社,2010.
[2] 王路群,等. 计算机网络基础及应用(第2版)[M]. 北京:电子工业出版社,2007.
[3] 尤峥,等. 计算机网络技术基础[M]. 武汉:武汉大学出版社,2010.
[4] 麓山文化. 中文版 Windows 7 从入门到精通[M]. 北京:机械工业出版社,2010.
[5] 王琛. 精解 Windows 7[M]. 北京:人民邮电出版社,2009.
[6] 刘晓辉,等. Windows 7 使用精解[M]. 北京:电子工业出版社,2010.